循序渐进学 AI 系列丛书

深度学习原理与应用

周中元 黄 颖 张 诚 周 新 著

电子工业出版社·

Publishing House of Electronics Industry

北京·BEIJING

内 容 简 介

本书从深度学习的历史和数学知识出发,系统性地介绍了深度学习的原理、关键技术及相关应用。其中,重点介绍了卷积神经网络、反馈神经网络、自编码器、循环神经网络、生成对抗网络等业界流行的深度学习技术,以及业界主流的深度学习技术框架和知名的自动化机器学习平台产品,旨在帮助读者更直观地体验到深度学习技术的革新与精妙之处。

图书在版编目(CIP)数据

深度学习原理与应用 / 周中元等著. —北京:电子工业出版社,2020.12

ISBN 978-7-121-40421-4

Ⅰ. ①深⋯ Ⅱ. ①周⋯ Ⅲ. ①机器学习 Ⅳ.①TP181

中国版本图书馆 CIP 数据核字(2021)第 008070 号

责任编辑:刘小琳
印　　刷:北京市大天乐投资管理有限公司
装　　订:北京市大天乐投资管理有限公司
出版发行:电子工业出版社
　　　　　北京市海淀区万寿路 173 信箱　邮编　100036
开　　本:787×1 092　1/16　印张:17　字数:435.2 千字
版　　次:2020 年 12 月第 1 版
印　　次:2020 年 12 月第 1 次印刷
定　　价:98.00 元

凡所购买电子工业出版社图书有缺损问题,请向购买书店调换。若书店售缺,请与本社发行部联系,联系及邮购电话:(010) 88254888,88258888。

质量投诉请发邮件至 zlts@phei.com.cn,盗版侵权举报请发邮件至 dbqq@phei.com.cn。

本书咨询联系方式:(010) 88254538,liuxl@phei.com.cn。

前　言

本书从深度学习的历史和数学知识出发，系统性地介绍了深度学习的原理、关键技术及相关应用。其中，重点介绍了卷积神经网络、反馈神经网络、自编码器、循环神经网络、生成对抗网络等业界流行的深度学习技术，以及业界主流的深度学习技术框架和知名的自动化机器学习平台产品，旨在帮助读者更直观地体验到深度学习技术的革新与精妙之处。本书共包括12章，主要内容如下：

第1章，主要介绍深度学习的基本概念、方法分类及历史渊源。

第2章，介绍理解深度学习所需的基本数据概念，包括线性代数、微积分、概率论与数理统计相关的数据知识。

第3章，介绍神经网络的基本概念和训练学习的算法。

第4~8章分别介绍了卷积神经网络、反馈神经网络、自编码器、循环神经网络和生成对抗网络的基本原理、网络结构和应用案例。

第9章，介绍深度学习实战过程中的注意事项和应用技巧。

第10章，介绍当前主流的深度学习开发框架（如TensorFlow和Caffe）的原理和应用。

第11章，介绍自动化机器学习的概念和几类知名平台的产品使用。

第12章，在回顾当前深度学习技术的发展现状的同时，展望了深度学习技术的应用前景和技术发展趋势。

本书由周中元、黄颖、张诚、周新著，力求将深度学习的概念和原理讲细讲透，对书中的每个公式都有详细的推导过程，语言通俗易懂，又不失严谨，并辅以大量图形说明，书中的应用实例都经过实际验证，适合各类读者阅读和参考。在阅读本书时，建议采用通读和精读相结合的学习方法：第一遍通读全书时，以厘清基本概念，初步掌握深度学习方法和应用场景为主；第二遍可针对书中介绍的算法公式加深理解，细究其推导过程，并选择感兴趣的例子去进一步实践。

由于编者时间有限，书中错误之处在所难免，恳请读者批评指正。

作　者

目　　录

第 1 章　深度学习概述

1.1　什么是深度学习

在介绍深度学习之前，我们先来探究一下我们人类是如何进行学习的，这对理解深度学习是有益的。

先从科班的定义开始。《现代汉语词典》第 6 版是这样定义学习的：从阅读、听讲、研究、实践中获得知识或技能。

百度百科的定义更为详细些。学习，是指通过阅读、听讲、思考、研究、实践等途径获得知识或技能的过程。学习分为狭义与广义两种。

狭义：通过阅读、听讲、研究、观察、理解、探索、实验、实践等手段获得知识或技能的过程，是一种使个体可以得到持续变化（知识和技能，方法与过程，情感与价值的改善和升华）的行为方式。例如通过学校教育获得知识的过程。

广义：是人在生活过程中，通过获得经验而产生的行为或行为潜能的相对持久的行为方式。

这两种定义虽然各不相同，但是，其核心要义都可以抽象成以下描述：通过学习过程，使人类获得了新的知识或能力。

接下来需要理解的是，什么是机器学习？从本质上讲，机器学习就是计算机通过模拟人类的学习行为，使自己获取新的知识或技能。

可是，计算机再先进也只是机器，而机器是死的，计算机的各种运算都是按照人类事先设定的程序和即时的输入，通过计算得出结果的。如何让计算机与人类一样具有不断进步的学习能力呢？

计算机发展到今天，所谓人类事先设定的程序，不再是所有指令都已经设定的、如同"铁板一块"的程序，而是在程序中设置了很多可以调节的参数，这些参数可以根据以后的输入不断地自行修正。修正的过程大致是这样的：将每次输入得到的运算结果与预期的结果进行比对，如果发现两者的差距过大，机器就自动修正参数，然后再进行下一次同样的比对，直至输出结果与预期结果的差值满足预期标准（不大可能与预期结果完全一致）。

同样可以将上述计算机学习的过程抽象成：机器学习就是通过输入大量的数据，将实际输出与预期输出的比对，逐步修正模型中的各项参数值，使实际输出与预期输出逐步接近，最终达到预期效果，从而使计算机达到或超过人类的能力。

其中的关键，一是需要大量的输入数据，二是机器要有足够的运算能力，可以承担巨大的运算来完成众多参数值的修正确定。

如果至此还是觉得有些抽象，下面通过 2 个例子来说明机器学习的基本方法和过程。

【例1】 预测降水量。图 1-1 是某市 2019 年月平均降水量。

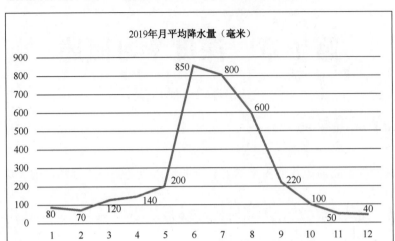

图 1-1　某市 2019 年月平均降水量

现在需要预测 2020 年的月平均降水量。如何预测会比较准？直接照搬 2019 年的数据肯定不行，必须找一个数学模型来预测。考虑到测量数据本身有误差，降水量也会因偶然因素出现偏离度较大的噪声数据，所以用一条平滑的曲线来拟合图 1-1 中在的折线，图 1-2 是根据 2019 年数据用四次多项式拟合出 2020 年月平均降水量的拟合曲线。

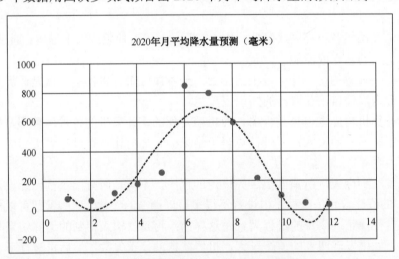

图 1-2　预测某市 2020 年月平均降水量

这个四次多项式就是我们选用的数学模型，公式为：

$$y = w_0 + w_1 x + w_2 x^2 + w_3 x^3 + w_4 x^4 \tag{1.1}$$

其中 $x = 1, 2, \cdots, 12$，通过公式（1.1）可以预测某个月的平均降水量，调整其中的 5 个参数 $w_0 \sim w_4$ 以得到不同的拟合曲线，下面的工作是选择拟合最佳的那条曲线。

现在我们已经选定了这 5 个参数的值，也就是确定了这个预测的数学模型。怎么评价这个模型预测数据的准确性呢？

我们有 2019 年的 12 个月的数据，记为 $r_1, r_2, \cdots, r_{12}$ λ, μ，将 $x = 1, 2, \cdots, 12$ 代入公式（1.1）

可以得到 2020 年 12 个月的预测数据 $y_1, y_2, \cdots, y_{12}$，用下面的平方误差公式来求误差值：

$$E = \frac{1}{2}\sum_{i=1}^{12}(f_i - r_i)^2 \tag{1.2}$$

如果误差太大，可以调整参数 $w_0 \sim w_4$ 的值，使误差更小，最终达到要求。公式（1.2）称为参数为 $w_0 \sim w_4$ 的误差函数。

这个例子说明，机器学习通常分以下三个步骤：

（1）基于样本数据，设计出预测模型，如公式（1.1）；

（2）设计一个误差函数，如公式（1.2），用它可以判断所用参数是否最优；

（3）通过不断调试，找到使误差函数值最小的参数值 $w_0 \sim w_4$。

这三个步骤称为"机器学习模型三步骤"。

【例2】检测患者是否感染了病毒。为了简单起见，仅检测患者的 2 个指标 x_1, x_2，根据这两个指标检测出的数值，求出患者感染病毒的概率。这个例子与第一个例子是不同的，第一个例子是预测数值，这个例子是对数据进行分类。

图 1-3 标出了患者检测的两个指标值散点图，以及后期检查确认患者是否已经感染病毒的分类标识。

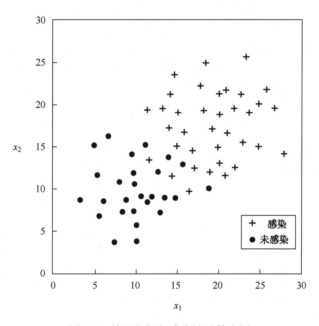

图 1-3　检测指标与感染结果散点图

我们希望能够根据这两个指标数值，找出是否感染病毒的计算公式，以便在后续检查之前可以预先给出是否感染病毒的初步判断。

可以发现，图 1-3 中的两类数据大致可以用一条直线将其分割开来，如图 1-4 所示。

这条直线可以用如下公式表示：

$$f(x_1, x_2) = w_0 + w_1 x_1 + w_2 x_2 = 0 \tag{1.3}$$

在这条直线的右上方，患者感染的概率很高，在直线的左下方感染的概率较低。沿着这条直线的法线方向，患者感染概率越来越高。

为了将这样的概率值表示出来，需要根据函数 $f(x_1, x_2)$ 的值，计算一个感染概率值。

在机器学习中，这样的转换函数选用 sigmoid 函数（见图1-5）：

$$P(x_1, x_2) = \sigma(f(x_1, x_2)) \tag{1.4}$$

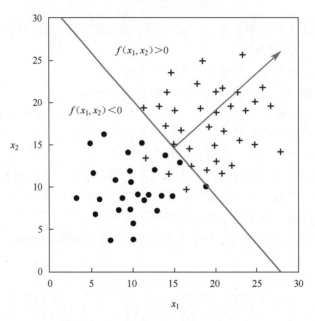

图1-4　散布数据点的直线分类

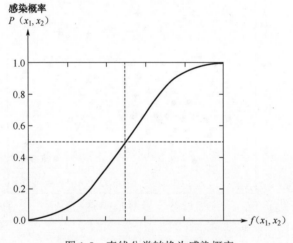

图1-5　直线分类转换为感染概率

公式（1.3）完成了"机器学习三步骤"的第一步，公式（1.4）是第二步，最后还有算出使误差函数取最小值的参数值 $w_0 \sim w_2$。

那么，机器是如何完成这些公式的运算呢？使用人工神经网络。

公式（1.3）（1.4）比较简单，如图1-6所示，用只含单个神经元的神经网络就可以完成。

在图1-6的神经网络中，首先将两个输入值 x_1, x_2 分别乘以其连接权重 w_1, w_2，然后相加，再加上阈值 w_0，得到值 $f(x_1, x_2)$，也就是完成了公式（1.3）的计算。然后再将其输入 sigmoid 函数，得出最终一个 $0 \sim 1$ 的值，即公式（1.4）。

如果公式复杂一点，可以增加神经网络的节点数和层数来完成。

图 1-7 是一个两层的神经网络，有 3 个神经元，可以完成下列运算：

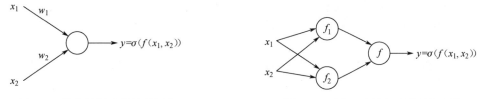

图 1-6　单个神经元的神经网络　　　　　图 1-7　两层 3 个神经元的神经网络

$$f_1(x_1, x_2) = w_{10} + w_{11}x_1 + w_{12}x_2$$

$$f_2(x_1, x_2) = w_{20} + w_{21}x_1 + w_{22}x_2$$

$$f(f_1, f_2) = w_0 + w_1 f_1 + w_2 f_2$$

这个稍微复杂一点的神经网络已经包含 9 个参数，可以想象，调整这些参数已经不容易了。现在所使用的神经网络具有更多的层数，每一层的节点数也更多，如图 1-8 所示，扩充神经网络都是从这两个维度来扩展的。

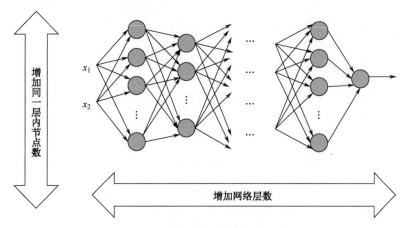

图 1-8　扩充复杂的神经网络

作为输入层的节点数非常重要，如果要足够细致地区分输入数据的细节特征，就需要有足够多的节点数。理论上，只要增加这个节点数，就可以描述任何复杂的细节。这与黎曼积分精细分割积分区间的做法是一样的。

有了以上铺垫，理解深度学习应该比较容易了。

深度学习是在机器学习基础上发展起来的更为复杂的、能力更强的方法，它运用的网络结构层数和节点数比机器学习更多，训练的数据量更大，输入数据的特征提取实现了自动化。

深度学习自动提取特征是非常神奇的事，我们将在卷积神经网络中清楚地看到这一奇迹。

与机器学习相比较，深度学习至少在以下几个方面与之有明显的差别：

（1）数据依赖。深度学习必须要有大量数据来支撑完成人工神经网络的训练、测试，如果数据量不足，深度学习的效果通常还不如机器学习好；

（2）特征工程。在机器学习中，数据的特征需要人工完成设计、标注，工作量非常巨大，往往需要采取众包等方式投入大量的人力来完成，而且质量严重依赖参与者的经验和能力。在深度学习中，数据特征是由机器自动完成提取和标注的，所付出的代价是需要大量的数据以及较长的训练时间；

（3）神经网络结构。深度学习所采样的人工神经网络层数更多，节点数更多，因此网络所需的训练时间更长；

（4）硬件依赖。机器学习可以在较低端的机器上运行，但深度学习因为需要完成大量的计算任务，所以必须要有 GPU 的支持。

当然，深度学习并不是单纯地增加网络层数，而是根据所要处理的问题，对各层的连接处增加了更多的处理机制。深度学习也不是随意增加网络节点数，而是为每个节点赋予了更加细致的角色。

深度学习的快速发展正在向更多应用领域拓展。目前应用比较活跃的应用领域包括：无人驾驶汽车、自然语音翻译、语音识别、智能医疗、智能投顾（智能金融）、图片识别与分类、人脸识别、目标识别、情感识别、艺术创作（绘画、作曲、写诗）、智能法务、机器博弈、预测未来、仓储自动管控等。

1.2　为什么会出现深度学习

在今天已经是如日中天的深度学习，它的出现和快速发展，主要归功于图像识别、语音识别技术的发展，以及 Google 等大数据公司的贡献，得益于大量训练测试数据的轻松获取、GPU 等硬件的发展，当然还有学习方法方面的发明创造。下面逐一简要说明它们在深度学习发展过程中所起的作用。

在图像识别方面，以往使用的是尺寸不变特征变换（Scale Invariant Feature Transform，SIFT）、视觉词袋模型（Bag of Visual Word，BoVW）特征表达，以及费舍尔向量（Fisher Vector，FV）等尺寸压缩方法。这些方法尽管发展了很多年，但是很难使图像识别技术走出实验室。

引入深度学习方法后，图像识别的能力在很短的时间内得到了大幅度的提升。以 2010 年开始举办的大规模视觉识别挑战赛（ILSVRC，ImageNet Large Scale Visual Recognition Challenge）竞赛为例，2012 年挑战赛冠军 AlexNet 的测试错误率为 16.4%，这个网络使用了 8 层神经网络，2014 年的冠军 InceptionNet 的错误率为 6.7%，使用了 22 层神经网络，2015 年的冠军 ResNet 的错误率已经降至 3.57%，共使用了 152 层神经网络。

ILSVRC 曾经是机器视觉领域最具权威的学术竞赛，使用的数据集是 ImageNet，由斯坦福大学美籍华裔科学家李飞飞教授主导。ILSVRC 竞赛项目主要包括：①图像分类与目标；定位；②目标检测；③视频目标检测；④场景分类。由于 2016 年 ILSVRC 的图像识别错误率已经达到 2.9%，远远超越人类 5.1% 的识别错误率，以后再进行这类竞赛意义不大了，2017 年 7 月 26 日，ILSVRC 举办了最后一届竞赛，标志着一个时代的结束，但也是新征程的开始。从 2018 年起，图像识别竞赛由苏黎世理工大学和谷歌等联合发起的 WebVision 竞赛接棒，重点在图像理解。而且，WebVision 使用的数据集抓取自浩瀚的网络，不经过人工处理与标签，难度大大增加了。

ImageNet 图像数据集始于 2009 年，当时李飞飞教授等在 CVPR2009 上发表了一篇名为《*ImageNet: A Large-Scale Hierarchical Image Database*》的论文中介绍了这个图像数据集，

之后应用于 ImageNet 挑战赛。ImageNet 是一个用于视觉对象识别软件研究的大型可视化数据库，包含 1400 余万的图像，2 万个类别（synsets），每个图像通过众包方式完成了手动标注，大类别包括：amphibian、animal、appliance、bird、covering、device、fabric、fish、flower、food、fruit、fungus、furniture、geological formation、invertebrate、mammal、musical instrument、plant、reptile、sport、structure、tool、tree、utensil、vegetable、vehicle、person。

在语音识别方面，以往使用的是高斯混合模型（GMM）和隐马尔科夫模型（HMM）。

仰仗不断增长的计算力、大规模的数据集，在隐马尔可夫模型中引入了深度神经网络，产生了 DNN-HMM 模型声学，使语音识别的性能得到大幅提升（2011 年）。2016 年，微软人工智能研究部门（MSR AI）的团队研发的语音识别系统将词错误率[WER=(替换词数+插入词数+删除词数)/正确文本中的总词数]降为 5.9%，已经达到人类速记员的顶级水平。

早在 2010 年，Google 公司开发的深度学习实现了猫脸自动识别，使得深度学习方法瞬间广为人知。2015 年，Google 公司收购的 DeepMind 公司提出了一种全新的自动学习方法（Deep Q-Network，强化学习），这个方法在设置游戏任务后，机器能够自动学习如何操作才能得到高分。这种方法被科学杂志 Nature 刊载，影响非凡。

深度学习的发展离不开大数据的支撑。现在人们不但可以通过手机智能 App、传感器获得源源不断的巨量数据用于开发深度学习应用，还可以直接从互联网上获得大量公开的语音和图像数据用于深度学习应用的开发与测试，在这些公开的数据中，比较有影响力的包括用于图像识别的数以百万计的图像（ImageNet："http://www.image-net.org"、Places："http://places.csail.mit.edu/downloadData.html"），用于语音识别的上千小时的语音数据（网上有开源的中英文数据集，如 http://www.openslr.org/resources.php）。

硬件方面的进步主要是 GPU（Graphics Processing Unit）的问世。GPU 是图形处理器，原本是作为专用的图像显卡，它集成了大量计算单元，能够提供强大的并行运算的能力，后来被大量应用于通用的数值计算。GPU 在 10 年的时间里，将计算速度提高了约 1000 倍。有了 GPU 强大的并行计算能力助阵，深度学习繁重的计算任务才能在规模不大的 PC 服务器集群中完成。

GPU 主要由 NVIDIA（英伟达）和 AMD 两家公司提供，但因为 NVIDIA 提供了 CUDA 这个面向 GPU 并行计算的编程环境，所以是当下的主要厂商。NVIDIA 提供的产品包括面向大众的 GeForce 系列和面向科学计算的 Tesla 系列，以及面向嵌入式主板的 Tegra 系列。还提供了面向深度学习的快速计算库。

GPU 与 CPU 的差别：GPU 采用了数量众多的计算单元和超长的流水线，但只有非常简单的控制逻辑并省去了 Cache。而 CPU 不仅被 Cache 占据了大量空间，而且还有复杂的控制逻辑和诸多优化电路，相比之下计算能力只是 CPU 很小的一部分。所以，CPU 擅长逻辑控制和通用类型数据运算；GPU 擅长大规模并发计算，最好是计算量大，但不复杂，且重复多次的计算任务。

经过十多年的发展，深度学习在算法性能方面获得了很多成果，归纳起来主要有以下三个方面：

- Dropout 等防止过拟合方法；
- 新的激活函数；
- 增加预训练方法。

1.3 深度学习方法的分类

深度学习发展到今天，总结起来，其起源可以归结为感知器和玻尔兹曼机两种不同的途径（见图1-9）。

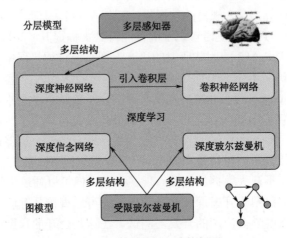

图 1-9 深度学习方法的起源

起源于感知器的深度学习把多个感知器组合到一起，得到多层结构的感知器，在多层感知器的基础上，再加上类似于人类视觉皮质结构而得到的卷积神经网络，被广泛应用于图像识别。这是一种有监督的学习，通过不断修正实际输出与期望输出之间的差值来训练网络。

起源于受限玻尔兹曼机的深度学习是一种无监督学习，只根据特定的训练数据来训练网络。玻尔兹曼机是基于图模型的，把多个受限玻尔兹曼机组合起来可以得到深度玻尔兹曼机和深度信念网络。

本书将在第 3 章中介绍神经网络的相关知识，在第 4 章中介绍卷积神经网络，在第 5 章中介绍玻尔兹曼机和深度信念网络。

机器学习的分层模型原理目前应用较广，本书在此不再赘述，重点介绍图模型原理。

引发一个事件往往有多种原因，每种原因所起的作用不一定相同。也就是说，这些原因引发该事件的可能性各不相同。因此，预测事件发生的机器学习算法经常涉及多个随机变量的概率。要计算多个变量的概率需要用到条件概率公式：

$$p(ab) = p(b)p(a|b)$$

假定有 3 个随机变量 a,b,c，它们之间的相互关系是：a 影响 b 的取值，b 影响 c 的取值，$a|b$ 与 $c|b$ 是独立的，那么有：

$$p(abc) = p(b)p(ac|b) = p(b)p((a|b)(c|b)) = p(b)p(a|b)p(c|b)$$
$$= p(ab)p(c|b) = p(a)p(b|a)p(c|b)$$

这样把 3 个变量同时发生的概率简化为 2 个变量的概率乘积。

借助有向图来描述前面的推导过程更加直观。有向图中的每个节点对应一个随机变量，连接 2 个节点的每条有向边，表示这 2 个随机变量之间的关系，即起始端变量影响结束端变量的取值。

如图 1-10 所示，5 个随机变量同时发生的概率可以分解为一串两个变量的概率的乘积：

$$p(abcde) = p(a)p(b|a)p(c|a)p(c|b)p(d|b)p(e|c)$$

推广到一般，设 y_i 为随机变量 x_i 的父节点，那么，图 1-2 的概率可以写成：

$$p(X) = \prod_i p(x_i|y_i)$$

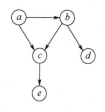

图 1-10　5 个随机变量的有向图

1.4　人工神经网络的发展简史

深度学习概念是由英国出生的加拿大计算机学家和心理学家杰弗里·辛顿（Geoffrey Hinton）于 2006 年首次提出的，是人工神经网络进一步发展的产物。因此，要了解深度学习的发展历史，就首先要了解人工神经网络的发展历史。

人工神经网络的研究始于 20 世纪 40 年代，距今已近八十年了！"McCulloch and Pitts. A logical calculus of the ideas immanent in nervous activity. *Bulletin of mathematical Biophysics, Vol.5,No.4,pp.115-133,1943*" 被认为是介绍人工神经网络的第一篇论文，在这篇文章中，首次提出了人工神经元模型，即 M-P 模型。

加拿大著名的神经心理学家唐纳德·赫布（Donald Olding Hebb）在其 1949 年出版的著作《The Organization of Behavior. New York, Wiley》中首次提出了学习规则，后称"Hebb 规则"，为神经网络的学习算法奠定了基础。Hebb 学习规则与"条件反射"机理是一致的。

1958 年，康奈尔大学的实验心理学家弗兰克·罗森布拉特（Frank Rosenblatt）在计算机上模拟实现了称为"感知机"的神经网络模型，"The perceptron: A probabilistic model for information storage and organization in the brain. Psychological Review,Vol.65,No.6,pp.386-408, 1958"。这个模型可以通过训练自动确定神经元的连接权重，神经网络由此迎来了第一次热潮。

感知机被认为能够模拟人脑的工作，因此，美国国防部等政府机构纷纷赞助研究，神经网络的风光持续了十多年。

1962 年，大卫·休伯尔（David Hunter Hubel）和托斯坦·威泽尔（Torsten Wiesel）发表了 "Receptive Fields, Binocular Interaction and Functional Architecture in the Cat's Visual Cortex" 一文，第一次报道了由微电极记录的单个神经元的响应特征，日后的深度学习网络的架构类似于视觉皮质的层次结构。

1969 年，人工智能之父马文·明斯基（Marvin Lee Minsky）等人指出，感知机无法解决线性不可分问题 "Minsky and Papert. Perceptrons: An Introduction to Computational Geometry. MIT press,1969"。这一缺陷的公布，浇灭了人们对神经网络的热情，资助逐渐停止，神经网络陷入了长达 10 年的低潮。

1974 年，哈佛大学的博士沃波斯（Paul Werbos）证明了神经网络在多加一层后，可以解决线性不可分问题，可惜的是，这一证明使神经网络的研究陷入了低潮，没有能够拯救神经网络"Paul Werbos. Beyond regression: New tools for prediction and analysis in the behavioral sciences. PhD thesis, Harvard University,1974"。

直到 20 世纪 80 年代，通过全世界一批科学家不懈的努力，神经网络终于引来了复兴。

神经网络的第一次复兴，首功应该归功于美国生物物理学家约翰·霍普菲尔德（John Joseph Hopfield）。他在加州理工学院担任生物物理教授期间，于 1982 年发表了"Neural networks and physical systems with emergent collective computational abilities, Proceedings of the National Academy of Sciences, National Academy of Sciences, 1982, 2554-2558"一文，提出了全新的神经网络——离散型 Hopfield 神经网络，可以解决一大类模式识别问题，还可以解决一类组合优化问题。1984 年霍普菲尔德用模拟集成电路构建出了连续型 Hopfield 神经网络"Neurons with graded response have collective computational properties like those of two-state neurons, Proceedings of the National Academy of Sciences, National Academy of Sciences,1984,3088-3092"。霍普菲尔德提出的模型让人们再次认识到人工神经网络的威力和付诸应用的现实性，引起了巨大的反向。而且，由于霍普菲尔德的模型来自纯粹的物理领域，之后吸引了大批物理学家加入人工神经网络的研究。

1980 年，日本科学家福岛邦彦（Kunihiko Fukushima）在论文"K. Fukushima: Neocognitron: A self-organizing neural network model for a mechanism of pattern recognition unaffected by shift in position, Biological Cybernetics, 36[4], pp. 193-202 (April 1980)."首次提出了一个包含卷积层、池化层的神经网络结构。1982 年，福岛邦彦等人提出了神经认知机，用计算机模拟了生物的视觉传导通路，奠定了计算机视觉处理的技术基础。"Fukushima and Miyake. Neocognitron: A new algorithm for pattern recognition tolerant of deformations and shifts in position. Pattern Recognition,Vol.15,No.6,pp. 455-469,1982"。

1985 年，美国心理学家鲁姆哈特（David Rumelhart）、辛顿等人提出了误差反向（BP）算法来训练神经网络，解决了多层神经网络的训练问题。BP 算法在很长一段时间内一直作为神经网络训练的专用算法。"Rumelhart, David E., Hinton, Geoffrey E., Williams, Ronald J. Learning representations by back-propagating errors. Nature, 1985, 323(6088); 533-536"。

1995 年，杨立昆（Yann LeCun，卷积神经网络之父，Facebook AI 研究院院长）等人将相当于生物初级视觉皮层的卷积层引入神经网，提出了卷积神经网络。这种网络模拟了视觉皮层中的细胞，根据特定细胞只对特定方向的边缘发生反应的原理，使网络分层完成对图像的分类。"Bengio, Y.LeCun, Y.Convolutional networks for images,speech, and time-series,1995" 1998 年，在这个基础上，杨立昆在论文"Y.LeCun, L.Bottou, Y.Bengio, and P.Haffner. Gradient-based learning applied to document recognition. Proceedings of the IEEE, Vol.86, No.11, pp2278-2324, 1998"中提出了 LeNet-5，将 BP 算法应用到这个神经网络结构的训练上，就形成了当代卷积神经网络的雏形。

发展不会总是一帆风顺的。

BP 算法虽然可以完成多层神经网络的分层训练，但是，训练时间过长，而且只能根据经验设定参数，容易产生过拟合问题，以及会出现梯度消失问题，再加上支持向量机等浅层学习算法表现不俗，神经网络又一次被人遗弃。

在这一轮低潮中，辛顿、加拿大计算机科学家约书亚·本吉奥（Yoshua Bengio）等人坚持不懈地研究神经网络。2006 年，辛顿和他的学生在 Science 杂志上发表的文章再次掀起了深度学习的浪潮。"Hinton, Geoffrey, Salakhutdinov, Ruslan. Reducing the Dimensionality of Data with Neural Networks. Science,2006(313) 504-507"。

2009 年，微软研究院和辛顿合作研究基于深度神经网络的语音识别，其误差降低了25%。"NIPS Workshop: Deep Learning for Speech Recognition and Related Applications, Whistler, BC, Canada, Dec. 2009 (Organizers: Li Deng, Geoff Hinton, D.Yu)"

2011 年，弗兰克·塞得（Frank Seide）等人的研究成果在语音识别基准测试中获得了压倒性优势。

2012 年，辛顿又带领他的学生，在 Imagenet 图像识别大赛中，引入了全新的深层结构和 dropout 方法，在图像识别领域分类问题取得惊人成就，将 Top5 错误率从 26%降至 15% "Krizhevsky, Alex, Sutskever, Ilya, Hinton, Geoffrey: Image Net Classification with Deep Convolutional Neural Networks. NIPS 2012: Neural Informatiopn Processing Systems, Lake Tahoe, Nevada, 2012"。2013 年辛顿又提出 Dropconnect 处理过拟合方法，将错误率进一步降到了 11%。到 2016 年，ILSVRC 的图像识别错误率已经达到了 2.9%。

自 2011 年起，神经网络在语音识别和图像识别基准测试中获得了极大成功，看到了实用的曙光，自此引来了神经网络的第三次崛起。

第三次崛起与前面不同，因为有了硬件的支持和大量训练数据的支持，其基础更加扎实。

2014 年，Ian Goodfellow 等人发表了论文"Goodfellow, Ian J., Pouget-Abadie, Jean, Mirza, Mehdi, Xu, Bing, Warde-Farley, David, Ozair, Sherjil, Aaron, Bengio, Yoshua. Generative Adversarial Networks, 2014"，提出了生成对抗网络，标志着 GAN 的诞生，并从 2016 年开始，成为学界、业界炙手可热的概念，为创建无监督学习提供了强有力的算法框架。神经网络的 3 个发展阶段如图 1-11 所示。

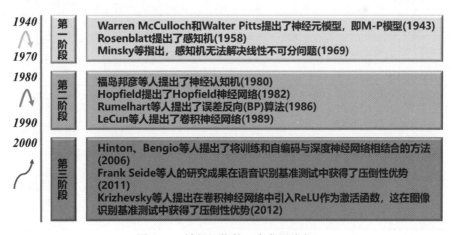

图 1-11　神经网络的 3 个发展阶段

2019 年 3 月 27 日晚，ACM（国际计算机学会）宣布，有"深度学习三巨头"之称的杨立昆、辛顿、本吉奥共同获得了 2018 年的图灵奖，如图 1-12 所示。

神经网络经过 70 多年的发展，已经产生了各种类型的神经网络，表 1-1 列出了主要的神经网络种类。

图 1-12 深度学习三巨头

Yann LeCun、Geoffrey Hinton、Yoshua Bengio

表 1-1 常见神经网络种类一览表

序 号	网络英文名称	网络中文名称	网络简图
1	Perceptrons	感知器	
2	Feed Forward Neural Networks	前馈神经网络	
3	Radial Basis Function，RBF	径向基函数网络	
4	Hopfield Network，HN	Hopfield 神经网络	
5	Boltzmann Machines，BM	玻尔兹曼机	
6	Restricted Boltzmann Machines，RBM	受限玻尔兹曼机	
7	Autoencoders，AE	自编码器	
8	Sparse Autoencoders，SAE	稀疏自编码器	

序　号	网络英文名称	网络中文名称	网 络 简 图
9	Variational Autoencoders，VAE	变分自编码器	
10	Denoising Autoencoders，DAE	去噪自编码器	
11	Deep Belief Networks，DBN	深度信念网络	
12	Convolutional Neural Networks，CNN	卷积神经网络	
13	Deconvolutional Networks，DN	反卷积神经网络	
14	Generative Adversarial Networks，GAN	生成对抗网络	
15	Recurrent Neural Networks，RNN	循环神经网络	
16	Long Short Term Memory，LSTM	长短时记忆网络	
17	Gated Recurrent Units，GRU	门控循环单元	
18	Neural Turing Machines，NTM	神经图灵机	
19	Deep Residual Networks，DRN	深度残差网络	

序　号	网络英文名称	网络中文名称	网 络 简 图
20	Echo State Networks，ESN	回声状态网络	
21	Extreme Learning Machines，ELM	极限学习机	
22	Liquid State Machines，LSM	液体状态机	
23	Support Vector Machines，SVM	支持向量机	
24	Kohonen Networks，KN	Kohonen 网络	

表格中的网络简图图例：

◎	反向输入单元	◎	匹配输入输出单元
●	输入单元	◎	记忆单元
△	噪声输入单元	●	循环单元
◎	概率隐藏单元	△	差分记忆单元
●	隐藏单元	●	激活函数
△	脉冲隐藏单元	◎	卷积或池化
●	输出单元		

思 考 题

1. 传统机器学习和深度学习有什么联系和关系？

第 2 章　必备的数学知识

深度学习的很多理论都是建立在数学基础之上的，例如图形变换的基础是线性代数，寻找最优解离不开多变量微分、梯度，根据现有数据预测未来肯定离不开概率论与数理统计。在开始介绍深度学习之前，本章将先行介绍必备的数学知识，以便读者进行一次简要回顾。囿于篇幅，介绍大多只讲结论，略去了证明，也没有十分顾及知识的系统性，所以，强烈建议读者能够参考专门的数学书籍。为此，书后将列出建议的参考数学书籍。

2.1　线性代数

2.1.1　矩阵

矩阵（matrix）是将一个集合中的元素按如下形式组成的一个矩形阵列：

$$A = \begin{bmatrix} a_{11} & a_{12} & \cdots & a_{1n} \\ a_{21} & a_{22} & \cdots & a_{2n} \\ \vdots & \vdots & \ddots & \vdots \\ a_{n1} & a_{n2} & \cdots & a_{nn} \end{bmatrix}_{m \times n}$$

其中，元素 a_{ij} 以是数字，也可以是函数，阵列中横的一排称为"行"，竖的一列称为"列"。数字 $m \times n$ 表示这个矩列具有 m 行 n 列，这也称为矩阵的阶数。如果行中所含元素与列中所含元素相同，即 $m = n$，这个矩阵称为方阵。

所有元素均为 0 的矩阵称为零矩阵。

1. 矩阵的加法

两个 $m \times n$ 矩阵 A 和 B 的加法定义为：其阵列中对应位置上的元素相加：

$$A + B = \begin{bmatrix} a_{11} + b_{11} & a_{12} + b_{12} & \cdots & a_{1n} + b_{1n} \\ a_{21} + b_{21} & a_{22} + b_{22} & \cdots & a_{2n} + b_{2n} \\ \vdots & \vdots & \ddots & \vdots \\ a_{n1} + b_{n1} & a_{n2} + b_{n2} & \cdots & a_{nn} + b_{nn} \end{bmatrix}_{m \times n}$$

矩阵加法具有以下性质：

交换律：$A + B = B + A$

结合律：$(A + B) + C = A + (B + C)$

负矩阵的存在：对于任意一个矩阵 A，都存在一个负矩阵 $-A$，使得 $A + (-A) = 0$

由此定义矩阵的减法为：$A - B = A + (-B)$

2．矩阵的标量乘法

标量 λ 与矩阵 A 的乘积定义为：

$$\lambda A = \begin{bmatrix} \lambda a_{11} & \lambda a_{12} & \cdots & \lambda a_{1n} \\ \lambda a_{21} & \lambda a_{22} & \cdots & \lambda a_{2n} \\ \vdots & \vdots & \ddots & \vdots \\ \lambda a_{n1} & \lambda a_{n2} & \cdots & \lambda a_{nn} \end{bmatrix}_{m \times n}$$

矩阵标量乘法具有以下性质（ λ ， μ 为标量）：

结合律： $(\lambda \mu) A = \nu (\mu A)$

分配律： $(\lambda + \mu) A = \lambda A + \mu A$

$\qquad \lambda (A + B) = \lambda A + \lambda B$

3．矩阵的乘法

设 $A = (a_{ij})$ 是阶数为 $m \times r$ 的矩阵， $B = (b_{ij})$ 是阶数为 $r \times n$ 的矩阵，定义矩阵 A 与矩阵 B 的乘积是一个阶数为 $m \times n$ 的矩阵 $C = (c_{ij})$ ，其中

$$c_{ij} = a_{i1} b_{1j} + a_{i2} b_{2j} + \cdots + a_{ir} b_{rj} = \sum_{k=1}^{r} a_{ik} b_{kj} \quad (i = 1, 2, \cdots, m; j = 1, 2, \cdots, n)$$

此矩阵乘法记为

$$C = AB$$

可以用下图表示矩阵乘法：

矩阵乘法具有以下性质：

结合律： $(AB) C = A(BC)$

分配律： $\lambda (AB) = (\lambda A) B = A(\lambda B)$

$\qquad A(B + C) = AB + AC, (B + C) A = BA + CA$

单位矩阵的存在：方阵 I 称为单位矩阵，满足仅在对角线上的元素为 1 ，其余为 0 ，对于任意矩阵 $A_{m \times n}$ ，有

$$A_{m \times n} I_n = A_{m \times n}, I_m A_{m \times n} = A_{m \times n}$$

矩阵乘法一般不满足交换律： $AB \neq BA$ ，只有单位矩阵与其他矩阵相乘时才满足交换律： $AI = IA$ 。

只有具有相容阶数的两个矩阵才能相乘。所谓相容阶数，是指第一个矩阵的列数与第二个矩阵的行数相等，即： $A_{m \times r} \times B_{r \times n} = C_{m \times n}$

4．转置矩阵

把矩阵 A 的行换成同序数的列所得到的新矩阵称为 A 的转置矩阵，记作

$$A^T = \left[a_{ij}\right]^T = \left[a_{ji}\right]$$

5．逆矩阵

对于 n 阶方阵 A，如果存在一个 n 阶矩阵 B，使得

$$AB = BA = I$$

那么，称矩阵 A 是可逆的，矩阵 B 称为 A 的逆矩阵，记作 A^{-1}。

矩阵的转置运算和矩阵逆运算的规律有些相似和关联，见表 2-1：

表 2-1　矩阵的转置运算和逆运算

转置运算	逆运算
$\left(A^T\right)^T = A$	$\left(A^{-1}\right)^{-1} = A$
$(\lambda A)^T = \lambda A^T$	$(\lambda A)^{-1} = \dfrac{1}{\lambda} A^{-1}, \lambda \neq 0$
$(AB)^T = B^T A^T$	$(AB)^{-1} = B^{-1} A^{-1}$
$(A+B)^T = A^T + B^T$	
$\left(A^T\right)^{-1} = \left(A^{-1}\right)^T$	

6．正定矩阵

对于一个 $n \times n$ 的对称矩阵 A，如果对于所有的非零向量 $\vec{x}$，都满足：

$$\vec{x}^T A \vec{x} > 0$$

则称 A 为正定矩阵。

如果：

$$\vec{x}^T A \vec{x} \geqslant 0$$

则称 A 是半正定矩阵。

如果：

$$\vec{x}^T A \vec{x} < 0$$

则称 A 是负定矩阵。

7．线性变换与矩阵的关系

如果将一个 $m \times n$ 矩阵 $A_{m \times n}$ 与一个 $n \times 1$ 的列向量 $\vec{u}_{n \times 1}$ 相乘，其结果是一个 $m \times 1$ 的列向量 $\vec{v}_{m \times 1}$：

$$A_{m \times n} \times \vec{u}_{n \times 1} = \vec{v}_{m \times 1}$$

上述公式实际上是将列向量 $\vec{u}$ 通过矩阵 A 变换成另一个列向量 $\vec{v}$。因此，矩阵 A 是向量空间映射到另一个向量空间的函数。由于矩阵运算具有线性性，即：

$$A\left(\alpha \vec{u} + \beta \vec{v}\right) = \alpha A \vec{U} + \beta A \vec{v}$$

因此，可以将矩阵 A 看作向量 $\vec{u}$ 和向量 v 之间的一个线性变换：

$$A\vec{u} = \vec{v}$$

如果矩阵 A 是一个方阵，经过矩阵 A 的线性变换后，向量的维数保持不变。有一类向量非常值得研究，这类向量经过线性变换 A 后，仅改变向量度，向量的方向保持不变或成反方向。这类向量称为线性变换 A 的特征向量，用数学表示：

$$A\vec{u} = \lambda\vec{u}$$

数值 λ 称为特征值。如果 $\lambda > 1$，特征向量长度变长，方向保持不变；如果 $0 < \lambda < 1$，特征变量长度变短，方向保持不变；如果 $\lambda < 0$，特征向量变成了反方向。

对于行向量，只要将矩阵左乘，可以得到类似的结果：

$$\vec{u}_{1 \times m} \times A_{m \times n} = \vec{v}_{1 \times n}$$

在三维空间中，习惯用行向量 (x, y, z) 表示空间中的一个点位置，所以，三维空间中的坐标变换使用矩阵左乘的方式。下面给出常见的平移变换（Translation Transformation）、缩放变换（Scaling）、旋转变换（Rotation）对应的矩阵。

8. 平移变换

将三维空间中的一个点 (x, y, z) 移动到另外一个点 (x', y', z')，三个方向的位移分别是 T_x, T_y, T_z。用方程式表示新旧点的坐标关系为：

$$\begin{cases} x' = x + T_x \\ y' = y + T_y \\ z' = z + T_z \end{cases}$$

如果用 3×3 矩阵表示平移变换是不可能的，因为

$$\begin{pmatrix} x' \\ y' \\ z' \end{pmatrix} = \begin{bmatrix} 1 & 0 & 0 \\ 0 & 1 & 0 \\ 0 & 0 & 1 \end{bmatrix} \begin{pmatrix} x \\ y \\ z \end{pmatrix} + \begin{pmatrix} T_x \\ T_y \\ T_z \end{pmatrix}$$

所以需要引入 4×4 矩阵，平移变换的矩阵形式如下：

$$(x', y', z', 1) = (x, y, z, 1) \begin{bmatrix} 1 & 0 & 0 & 0 \\ 0 & 1 & 0 & 0 \\ 0 & 0 & 1 & 0 \\ T_x & T_y & T_z & 1 \end{bmatrix} = (x, y, z, 1) A$$

$$A = \begin{bmatrix} 1 & 0 & 0 & 0 \\ 0 & 1 & 0 & 0 \\ 0 & 0 & 1 & 0 \\ T_x & T_y & T_z & 1 \end{bmatrix}$$

9. 缩放变换

对空间中的点 (x, y, z) 依次按 x 轴、y 轴、z 轴方向分别缩放 S_x、S_y、S_z 倍，缩放变换的矩阵形式如下：

$$(x', y', z', 1) = (x, y, z, 1) \begin{bmatrix} S_x & 0 & 0 & 0 \\ 0 & S_y & 0 & 0 \\ 0 & 0 & S_z & 0 \\ 0 & 0 & 0 & 1 \end{bmatrix} = (x, y, z, 1) \boldsymbol{A}$$

$$\boldsymbol{A} = \begin{bmatrix} S_x & 0 & 0 & 0 \\ 0 & S_y & 0 & 0 \\ 0 & 0 & S_z & 0 \\ 0 & 0 & 0 & 1 \end{bmatrix}$$

10．旋转变换

这里仅给出绕坐标轴旋转的矩阵变换公式，绕任意轴的旋转变换最多需要连续做三次绕坐标轴的旋转变换。统一为按顺时针方向旋转角度 θ，下面依次绕 x 轴、y 轴、z 轴进行旋转变换。

绕 x 轴旋转时，点的 x 坐标不发生变化，y 坐标和 z 坐标绕 x 轴旋转 θ 度。绕 x 轴旋转变换的矩阵形式如下：

$$(x', y', z', 1) = (x, y, z, 1) \begin{bmatrix} 1 & 0 & 0 & 0 \\ 0 & \cos\theta & \sin\theta & 0 \\ 0 & -\sin\theta & \cos\theta & 0 \\ 0 & 0 & 0 & 1 \end{bmatrix} = (x, y, z, 1) \boldsymbol{A}$$

$$\boldsymbol{A} = \begin{bmatrix} 1 & 0 & 0 & 0 \\ 0 & \cos\theta & \sin\theta & 0 \\ 0 & -\sin\theta & \cos\theta & 0 \\ 0 & 0 & 0 & 1 \end{bmatrix}$$

绕 y 轴旋转变换的矩阵形式如下：

$$(x', y', z', 1) = (x, y, z, 1) \begin{bmatrix} \cos\theta & 0 & -\sin\theta & 0 \\ 0 & 1 & 0 & 0 \\ \sin\theta & 0 & \cos\theta & 0 \\ 0 & 0 & 0 & 1 \end{bmatrix} = (x, y, z, 1) \boldsymbol{A}$$

$$\boldsymbol{A} = \begin{bmatrix} \cos\theta & 0 & -\sin\theta & 0 \\ 0 & 1 & 0 & 0 \\ \sin\theta & 0 & \cos\theta & 0 \\ 0 & 0 & 0 & 1 \end{bmatrix}$$

绕 z 轴旋转变换的矩阵形式如下：

$$(x', y', z', 1) = (x, y, z, 1) \begin{bmatrix} \cos\theta & \sin\theta & 0 & 0 \\ -\sin\theta & \cos\theta & 0 & 0 \\ 0 & 0 & 1 & 0 \\ 0 & 0 & 0 & 1 \end{bmatrix} = (x, y, z, 1) \boldsymbol{A}$$

$$A = \begin{bmatrix} \cos\theta & \sin\theta & 0 & 0 \\ -\sin\theta & \cos\theta & 0 & 0 \\ 0 & 0 & 1 & 0 \\ 0 & 0 & 0 & 1 \end{bmatrix}$$

11．相似矩阵与对角矩阵

设 A,B 是 n 阶矩阵，若存在可逆矩阵 P，使 $P^{-1}AP = B$，则称 B 是 A 的相似矩阵，也称合同矩阵，记为 $A \sim B$。

定理：若 n 阶矩阵 A 与 B 相似，则 A 与 B 的特征多项式相同，也即有相同的特征值。

对角矩阵是比较简单的矩阵，它的特征值就是所有对角线上的元素。即矩阵 Λ：

$$\Lambda = \begin{bmatrix} \lambda_1 & & & \\ & \lambda_2 & & \\ & & \cdots & \\ & & & \lambda_n \end{bmatrix}$$

的特征值就是 $\lambda_1, \lambda_2, \ldots, \lambda_n$。

于是，如果有矩阵与对角矩阵相似，那么，对角矩阵的对角线上元素就是这个矩阵的特征值。

矩阵可对角化条件：

定理：n 阶矩阵 A 与对角矩阵相似（即 A 能对角化）的充分必要条件是 A 有 n 个线性无关的特征向量。

2.1.2 向量

1．向量定义及基本运算

在欧氏空间中，可以把向量看作具有方向和长度的一个量，在二、三维空间中，向量可以看成一个有向线段。

向量 $\vec{a}$ 的数学定义为 n 个有序数 $a_1, a_2, \cdots, a_n$ 所组成的一个数组，n 为向量的维数，数组中的第 i 个元素 a_i 称为向量 $\vec{a}$ 的第 i 个分量。这个数组可以有以下两种书写形式：

列向量形式：

$$\vec{a} = \begin{pmatrix} a_1 \\ a_2 \\ \vdots \\ a_n \end{pmatrix}$$

行向量形式：

$$\vec{a}^{\mathrm{T}} = (a_1, a_2, \cdots, a_n)$$

向量的运算规则：可以将一个 n 维向量的列形式看成一个 $n \times 1$ 的矩阵，行形式看成一个 $1 \times n$ 的矩阵。于是，向量的运算规则就与矩阵的运算规则一样了。

向量 a 的长度定义为向量自身标量积的开根号：$|\vec{a}| = \sqrt{\vec{a} \cdot \vec{a}}$

在欧氏空间中，如果两个向量的标量积为 0，则称这两个向量垂直（或称正交）。零向量 $\vec{0}$ 与任何向量垂直。

需要注意的是，向乘法有标量积和向量积两种，标量积的运算结果是标量，向量积的运算结果仍然是一个向量。

标量积公式为：

$$\vec{a} \cdot \vec{b} = \vec{b} \cdot \vec{a} = (a_1, a, \cdots, a_n) \begin{pmatrix} b_1 \\ b_2 \\ \vdots \\ b_n \end{pmatrix} = a_1 b_1 + a_2 b_2 + \cdots + a_n b_n$$

向量积运算结果是一个向量 $\vec{a} \times \vec{b}$，其长度为：$\left| \vec{a} \times \vec{b} \right| = \left| \vec{a} \right| \left| \vec{b} \right| \sin\theta$，$\theta$ 是向量 $\vec{a}$，$\vec{b}$ 之间的夹角，方向是 3 个，$\vec{a} \times \vec{b}$ 构成的右手系。结果向量 $\vec{a} \times \vec{b}$ 的方向垂直于向量 $\vec{a}$，$\vec{b}$ 所决定的平面，$\vec{a} \times \vec{b}$ 的指向按右手规则从 $\vec{a}$ 转向 $\vec{b}$ 来确定。

2．向量空间

向量空间是一个非空集合，在这个集合上对于向量的加法和标量乘法两种运算封闭。所谓封闭是指任何运算结果仍然在这个集合中。

如果一个向量集中的每个向量都不能表示成其他向量的线性组合，则该向量集是线性独立的。用数学表示就是：

对于一个向量集 $\vec{a}_1, \vec{a}_2, \cdots, \vec{a}_n$，如果如下的线性组合：

$$c_1 \vec{a}_1 + c_2 \vec{a}_2 + \cdots + c_n \vec{a}_n = \vec{0}$$

只有在 $c_1 = c_2 = \cdots = c_n = 0$ 时才能成立，就说这 n 个向量是线性独立的。

2.2　微积分

2.2.1　微分

1．切线

如图 2-1 所示，如果方程 $y = f(x)$ 的图像是曲线 C，求曲线 C 在点 $P(a, f(a))$ 的切线。

考虑点 P 的邻近点 $Q(x, f(x))$，$x \neq a$，计算直线 PQ 的斜率：

$$m_{PQ} = \frac{f(x) - f(a)}{x - a}$$

通过让 x 趋近 a，使得 Q 沿曲线 C 趋近 P。如果 m_{PQ} 接近一个数值 m，则经过点 P 的切线 t 的斜率为 m。

由此，曲线 C：$y = f(x)$ 在点 $P(a, f(a))$ 的切线是通过点 P 的斜率为 m 的直线 t。

$$m = \lim_{x \to a} \frac{f(x) - f(a)}{x - a}$$

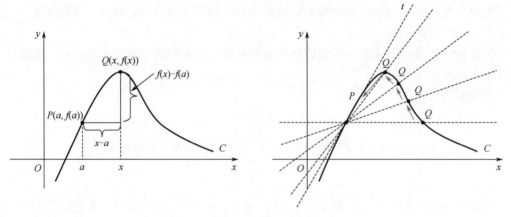

图 2-1　函数的切线

2. 导数

函数 $f(x)$ 的导数记为 $f'(x)$，定义为：

$$f'(x) = \lim_{h \to 0} \frac{f(x+h) - f(x)}{h}$$

导数的运算法则

如果函数 $f(x)$，(x) 可导，则：

$$\left[f(x) \pm g(x) \right]' = f'(x) \pm g'(x)$$

$$\left[f(x)g(x) \right]' = f'(x)g(x) + f(x)g'(x)$$

$$\left[\frac{f(x)}{g(x)} \right]' = \frac{f'(x)g(x) - f(x)g'(x)}{g^2(x)} \quad (g(x) \neq 0)$$

复合函数导数的链式法则

如果函数 $y = f(u)$，$u = g(x)$ 都是可导函数，则：

$$\frac{\mathrm{d}y}{\mathrm{d}x} = \frac{\mathrm{d}y}{\mathrm{d}u} \frac{\mathrm{d}u}{\mathrm{d}x}$$

高阶导数

如果函数 $f(x)$ 的导数 $f'(x)$ 仍然可以求导，则称这个导数是函数 $f(x)$ 的二阶导数，记为：

$$f''(x), \text{ 或 } \frac{\mathrm{d}^2 f}{\mathrm{d}x^2}$$

推广到 n 阶导数，记法为：

$$f^{(n)}(x), \text{ 或 } \frac{\mathrm{d}^n f}{\mathrm{d}x^n}$$

偏导数

如果 $f(x, y)$ 是一个二元函数，其偏导数为分别对两个变量求导数：

$$f_x(x, y) = \frac{\partial f}{\partial x} = \lim_{h \to 0} \frac{f(x+h, y) - f(x, y)}{h}$$

$$f_y(x,y) = \frac{\partial f}{\partial y} = \lim_{h \to 0} \frac{f(x, y+y) - f(x,y)}{h}$$

偏导数的几何解释

如图 2-2 所示，方程 $z = f(x,y)$ 为曲面 S，如果 $f(x,y) = c$，表示点 $P(a,b,c)$ 位于曲面 S 上。固定 $y = b$，得到垂直平面 $y = b$ 与曲面 S 的相交曲线 C_1，同样可以得到垂直平面 $x = a$ 与曲面 S 的相交曲线 C_2。C_1、C_2 都经过点 $P(a,b,c)$。

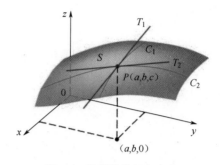

图 2-2　偏导数的几何意义

曲线 C_1 是函数 $g(x) = f(x,b)$ 的图像，因此，它在 P 点的切线 T_1 的斜率为 $g'(a) = f_x(a,b)$，曲线 C_2 是函数 $G(y) = f(a,y)$ 的图像，因此，它在 P 点的切线 T_2 的斜率为 $G'(b) = f_y(a,b)$。

因此，偏导数可以几何解释为，在点 $P(a,b,c)$ 处，$f_x(a,b)$ 是曲线 C_1 的切线 T_1 的斜率，$f_y(a,b)$ 是曲线 C_2 的切线 T_2 的斜率。

高阶偏导数

如果二元函数 $f(x,y)$ 的偏导数 $f_x(x,y)$、$f_y(x,y)$ 仍然可导，则它们的偏导数称为 $f(x,y)$ 的二阶偏导数，记作：

$$f_{xx} = \frac{\partial}{\partial x}\left(\frac{\partial f}{\partial x}\right) = \frac{\partial^2 f}{\partial x^2}$$

$$f_{xy} = \frac{\partial}{\partial y}\left(\frac{\partial f}{\partial x}\right) = \frac{\partial^2 f}{\partial y \partial x}$$

$$f_{yx} = \frac{\partial}{\partial x}\left(\frac{\partial f}{\partial y}\right) = \frac{\partial^2 f}{\partial x \partial y}$$

$$f_{yy} = \frac{\partial}{\partial y}\left(\frac{\partial f}{\partial y}\right) = \frac{\partial^2 f}{\partial y^2}$$

注意，偏导数与求偏导数的先后次序无关，即有：

$$f_{xy} = \frac{\partial^2 f}{\partial y \partial x} = \frac{\partial^2 f}{\partial x \partial y} = f_{yx}$$

类似可以得到 3 阶、4 阶，甚至 n 阶偏导数。

偏导数的链式法则

如果函数 $u = u(x,y), v = v(x,y)$ 在点 (x,y) 处可偏导，复合函数 $f(u,v)$ 在点 (u,v) 处可偏导，那么有：

$$\frac{\partial f}{\partial x} = \frac{\partial f}{\partial u}\frac{\partial u}{\partial x} + \frac{\partial f}{\partial v}\frac{\partial v}{\partial x}$$

$$\frac{\partial f}{\partial y} = \frac{\partial f}{\partial u}\frac{\partial u}{\partial y} + \frac{\partial f}{\partial v}\frac{\partial v}{\partial y}$$

方向导数与梯度

函数 $f(x,y)$ 在点 (x_0, y_0)，沿着单位向量 $\vec{u} = (a,b)$ 的方向导数为：

$$D_u f(x_0, y_0) = \lim_{h \to 0} \frac{f(x_0 + ha, y_0 + hb) - f(x_0, y_0)}{h}$$

如果 $f(x, y)$ 是 x, y 的可导函数，那么，$f(x, y)$ 在单位向量 $\vec{u} = (a, b)$ 方向上的方向导数为：

$$D_u f(x, y) = f_x(x, y)a + f_y(x, y)b$$

如果 $f(x, y)$ 是 x, y 的可导函数，$f(x, y)$ 的梯度是一个向量函数，定义为：

$$\nabla f(x, y) = (f_x, f_y) = \frac{\partial f}{\partial x} \vec{i} + \frac{\partial f}{\partial y} \vec{j}$$

因此有：

$$D_u f(x, y) = \nabla f(x, y) \cdot \vec{u}$$

3. 单变量函数的极值

函数有极值的必要条件：如果函数 $f(x)$ 在 $x = c$ 处有局部极大值或极小值，而且 $f'(c)$ 存在，那么，必有

$$f'(c) = 0$$

注意，$f'(x) = 0$ 的点称为驻点，驻点不一定是极值点。

函数的单调性判别定理：

① 如果在一个区间内有：$f'(x) > 0$，那么，函数 $f(x)$ 在该区间内是上升函数；

② 如果在一个区间内有：$f'(x) < 0$，那么，函数 $f(x)$ 在该区间内是下降函数。

函数的凹凸性判别定理：

① 如果在一个区间内有：$f''(x) > 0$，那么，函数 $f(x)$ 在该区间内的曲线是下凹的；

② 如果在一个区间内有：$f''(x) < 0$，那么，函数 $f(x)$ 在该区间内的曲线是上凸的。

所谓曲线下凹，是指曲线上的每一条切线位于曲线下方，曲线上凸是指曲线上的每一条切线位于曲线上方。

函数极值判别定理：

如果 $f''(x)$ 在点 c 附近连续，那么：

① 如果 $f'(c) = 0$，$f''(c) > 0$，那么，函数 $f(x)$ 在 $x = c$ 处有局部极小值；

② 如果 $f'(c) = 0$，$f''(x) < 0$，那么，函数 $f(x)$ 在 $x = c$ 处有局部极大值。

4. 多变量函数的极值

函数有极值的必要条件：如果函数 $f(x, y)$ 在点 (a, b) 处有局部极大值或极小值，而且 $f(x, y)$ 的一阶偏导数存在，那么，必有

$$f_x(a, b) = 0, \ f_y(a, b) = 0$$

函数极值判别定理：

如果 $f''(x)$ 在点 (a, b) 的某个邻域连续，而且，$f_x(a, b) = 0$，$f_y(a, b) = 0$，令

$$D = D(a,b) = f_{xx}(a,b)f_{yy}(a,b) - \left[f_{xy}(a,b)\right]^2$$

① 如果 $D > 0$，$f_{xx}(a,b) > 0$，那么，$f(a,b)$ 是函数的局部极小值；

② 如果 $D > 0$，$f_{xx}(a,b) < 0$，那么，$f(a,b)$ 是函数的局部极大值；

③ 如果 $D < 0$，那么，$f(a,b)$ 不是极值，点 (a,b) 称为函数的鞍点。

2.2.2　积分

积分分为定积分和不定积分两种。

函数 $f(x)$ 的不定积分可以写为：

$$F(x) = \int f(x)\,\mathrm{d}x$$

其中，$F(x)$ 称为 $f(x)$ 的原函数或反导函数，$\mathrm{d}x$ 表示积分变量为 x。当 $f(x)$ 是 $F(x)$ 的导数时，$F(x)$ 是 $f(x)$ 的不定积分。根据导数的性质，一个函数 $f(x)$ 的不定积分是不唯一的，若 $F(x)$ 是 $f(x)$ 的不定积分，$F(x) + C$ 也是 $f(x)$ 的不定积分，其中 C 为一个常数。

如图 2-3 所示，一元正实值函数的定积分可以理解为在坐标平面上，由函数曲线、定积分区间直线和坐标轴围成的曲边梯形的面积。

定积分比较严格的定义是由黎曼（Riemann）给出的：

如果函数 $f(x)$ 定义在区间 $a \leqslant x \leqslant b$ 内，将区间 $[a,b]$ 划分为 n 个宽度为 $\Delta x = \dfrac{b-a}{n}$ 的子区间，

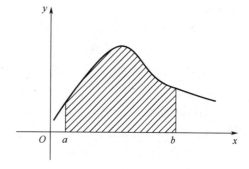

图 2-3　定积分的几何意义

设这些子区间的端点为 $x_0(=a), x_1, x_2, \cdots, x_n(=b)$，在这 n 个子区间中，每个子区间任意选取一个样本点，得到 n 个样本点：$x_1^*, x_2^*, \cdots, x_n^*$，$x_i^*$ 位于第 i 子区间 $[x_{i-1}, x_i]$ 中，那么函数 $f(x)$ 从 a 到 b 的定积分是：

$$\int_a^b f(x)\,\mathrm{d}x = \lim_{n \to \infty} \sum_{i=1}^n f(x_i^*)\Delta x$$

当 n 足够大时，上述极限值与样本点的选取无关。

2.3　概率统计

2.3.1　随机事件

自然界的各种现象，按其发生的结果，可以分成确定性（或偶然）现象和随机（或必然）现象两类。确定性现象是指在一定条件下必然发生的现象，只要保持条件不变，任何

人重复实验或观察，该现象的结果总是确定的。随机现象是指在一定条件下，可能发生也可能不发生的现象。不论何种现象，对其所进行的观察、实验统称为试验（experiment）。

随机现象的试验特征是：

- 在一定条件下，其试验的可能结果不止一个；
- 一次试验中，可能出现某一结果，也可能出现另一个结果，事先无法预知；
- 就一次试验而言，其结果表现出偶然性，但在大量重复试验下，其试验结果呈现出某种规律性。

随机现象的这种隐蔽的内在规律性叫做统计规律性。要获得统计规律性，必须在相同的条件下，大量重复地做试验，这类试验称随机试验（random experiment），有时简称试验。随机试验具有三个特性：

- 试验可以在相同的条件下重复进行；
- 每次试验的可能结果不止一个，究竟会出现哪一个结果，试验前不能准确预言；
- 试验所有的可能结果在试验前是明确（已知）的，而每次试验必有其中的一个结果出现，而且仅有一个结果出现。

试验的每一个可能的结果称为一个基本事件（basic event）。全体结果所构成的集合称为随机试验的样本空间（sample space），记为 Ω。样本空间中的元素称为样本点（sample points）。

样本空间的子集称为随机事件（random event），简称事件。

事件 A 的对立事件或补集是指 Ω 中不在 A 中元素组成的集合，记为 $\bar{A}$，$\bar{A} = \Omega - A$。

事件 A 和 B 的并（或和）记为 $A \cup B$，是指事件 A 和事件 B 中至少有一个发生的集合。

事件 A 和 B 的积（或交）记为 $A \cap B$ 或 AB，是指事件 A 和事件 B 同时发生的集合。

事件 A 和 B 的差记为 $A-B$，是指事件 A 发生而事件 B 不发生的集合。

由差事件和对立事件的定义可以得到下列结论：$A - B = A\bar{B}$。

事件的运算满足以下规则：

交换律：$A \cup B = B \cup A, AB = BA$

结合律：$(A \cup B) \cup C = A \cup (B \cup C)$

$\qquad (AB)C = A(BC)$

分配律：$(A \cup B) \cap C = AC \cup BC$

$\qquad (A \cap B) \cup C = (A \cup C) \cap (B \cup C)$

德·摩根（De Morgan）律（对偶原则）：

$$\overline{A \cup B} = \bar{A} \cup \bar{B}$$

$$\overline{AB} = \bar{A} \cup \bar{B}$$

2.3.2 概率的定义

随机事件 A 发生的可能性大小的度量称为 A 发生的概率，记作 $P(A)$。

概率 P 是定义在样本空间 Ω 上的实数函数，满足如下性质：

非负性：对于任一事件 A，$0 \leqslant P(A) \leqslant 1$；

规范性：$P(\Omega) = 1$；

可列加性：对于样本空间中的任意不相交的事件 $A_1, A_2, \cdots, A_n$：

$$P\left(\bigcup_{i=1}^{n} A_i\right) = \sum_{i=1}^{n} P(A_i)$$

不可能事件的概率为 0，即 $P(\varPhi) = 0$。

如果事件之间存在相交，计算其概率就需要用到加法公式：

$$P(A \cup B) = P(A) + P(B) - P(A \cup B)$$

特殊地：$P(A) + P(\overline{A}) = 1$

还可以导出：$P(A - B) = P(A) - P(A \cap B)$

2.3.3　条件概率和贝叶斯公式

条件概率（两个事件先后发生）：已知事件 A 发生条件下，事件 B 发生的概率为：

$$P(B \mid A) = \frac{P(A \cap B)}{P(A)}$$

乘法公式（两个事件同时发生）：$P(A \cap B) = P(A)P(B \mid A)$

全概率公式（样本空间某种划分下的概率）：如果事件 $B_1, B_2, \cdots, B_n$ 构成样本空间 $\varOmega$ 的一种划分，且 $P(B_i) > 0, i = 1, 2, \cdots, n$，则对于样本空间 $\varOmega$ 中的任一事件 A，有：

$$P(A) = \sum_{i=1}^{n} P(B_i \cap A) = \sum_{i=1}^{n} P(B_i)P(A \mid B_i)$$

样本空间划分是把所有可能情况都列全，而且不同情况之间没有交叉重叠，即：

$$\varOmega = \bigcup_{i=1}^{n} B_i, \ B_i \cap B_j = \varPhi(\mathrm{i} \neq \mathrm{j}), \ P(B_i) > 0 (i = 1, 2, \cdots, n)$$

贝叶斯公式（事件发生后分析各种诱因）：事件 $B_1, B_2, \cdots, B_n$ 是样本空间 $\varOmega$ 的一种划分，对于 $\varOmega$ 中的任一事件 A，如果满足 $P(A) > 0$，有：

$$P(B_k \mid A) = \frac{P(B_k \cap A)}{P(A)} = \frac{P(A \mid B_k)P(B_k)}{P(A)} = \frac{P(A \mid B_k)P(B_k)}{\sum_{i=1}^{n} P(A \mid B_i)P(B_i)}$$

其中，$k = 1, 2, \cdots, n$。

当事件 A 已经发生后，贝叶斯公式可以用来寻找分析导致事件发生的原因。把样本空间 $\varOmega$ 看作事件 A 发生的各种原因组成的空间，$B_1, B_2, \cdots, B_n$ 表示各种原因，概率 $P(A \mid B_k)$ 表示事件 B_k 导致事件 A 发生的概率，$P(B_k)$ 是原因 B_k 发生的概率，一般是根据以往的积累数据或经验得出的，是先于试验就得到的概率，所以称先验概率。相应地，通过试验得到的概率称后验概率。因此，贝叶斯公式是由"结果"求"原因"的。

2.3.4　常用概率模型

1．古典概型

若试验具有以下两个特征：

1）有限性。试验的样本空间 Ω 是有限集，即

$$\Omega = \{\omega_1, \omega_2, \cdots, \omega_n\}$$

2）等可能性。每个样本点（即基本事件）发生的可能性都相等，即

$$P(\omega_1) = P(\omega_2) = \cdots = P(\omega_n) = \frac{1}{n}$$

则称此试验为古典概型试验，简称古典概型（classical probability model）。

设古典概型试验 E 的样本空间 Ω 有 n 个样本点，若事件 A 包含其中的 m 个样本点，$m \leq n$，则事件 A 的概率为：

$$P(A) = \frac{m}{n}$$

古典概型样本点计算中经常用到排列和组合公式。

不重复排列公式：从 n 个元素中任取 m 个元素，$m \leq n$，按照一定的顺序排成一列，其排列数为：

$$\mathrm{A}_n^m = \frac{n!}{(n-m)!}, \ m \leq n$$

可重复排列公式：从 n 个不同元素中有放回地抽取 m 个元素按照一定的顺序排成一列，$m \leq n$，其排列数为：

$$n^m$$

圆排列：将 n 个元素环形排列，仅区分元素之间的相对位置，这种排列法称为圆排列，其排列数为：$(n-1)!$。

组合公式：从 n 个不同元素中取出 m 个元素，不计顺序组成一组，其组合数为：

$$\mathrm{C}_n^m = \begin{cases} 1, & m = n \\ 0, & m > n \\ \dfrac{\mathrm{A}_n^m}{m!} = \dfrac{n!}{m!(n-m)!}, & m < n \end{cases}$$

加法原理：如果完成一件工作有 m 个不同的方法，其中任何一个方法都可以一次完成这件工作。假设第 i 个方法有 $n_i (i = 1, 2, \cdots, m)$ 个方案，则完成该件工作的全部方案有 $n_1 + n_2 + \cdots + n_m$ 个。

乘法原理：如果一件工作先后需 m 个步骤才能完成，其中第 i 个步骤有 $n_i (i = 1, 2, \cdots, m)$ 个方案，则完成该项工作的方案有 $n_1 n_2 \cdots n_m$ 个。

2. 几何概型

古典概型的试验结果是有限多个，几何概型的试验结果为无穷多个。几何概型是指具有下列两个特征的随机试验：

1）有限区间，无限样本点：试验的所有可能结果为无穷多个样本点，但其样本空间 Ω 表现为直线、平面或三维空间中具有几何度量的有限区域；

2）等可能性：试验中每个基本事件出现的可能性相同，且任意两个基本事件不可能同时发生。

在几何概型中，设样本空间为 Ω，事件 $A \subset \Omega$，则事件 A 发生的概率为：

$$P(A) = \frac{A\text{的几何度量}}{\Omega\text{的几何度量}} = \frac{S_A}{S_\Omega}$$

3. 伯努利概型

如果一个试验只有成功（A）和失败（$\overline{A}$）两种可能的结果，每次试验成功的概率是一个常数 $P(A) = p$。重复 n 次试验构成一个过程，这个过程称为伯努利过程，每次试验称为伯努利试验，或伯努利概型。

在 n 次伯努利试验中，事件 A 出现 k 次的概率为：

$$P(A\text{出现}k\text{次}) = C_n^k p^k (1-p)^{n-k}$$

2.3.5　随机变量与概率分布

为了将随机事件进行量化，需要引入随机变量。

设 E 是随机试验，其样本空间为 $\Omega = \{\omega\}$，如果对于每一个样本点 $\omega \in \Omega$，都有唯一确定的实数 $\xi(\omega)$ 与之对应，则称实值函数 $\xi(\omega)$ 为一个随机变量，常用大写字母 X、Y、Z 表示。由此，随机事件不论与数量是否直接有关，都可以用数量化的方式表达。

如果随机变量 X 只可能取有限个或至多可列个值，则称 X 为离散型随机变量。取值为 0 或 1 的特殊随机变量称为伯努利随机变量。

对于随机变量 X，若存在一个定义在 $(-\infty, \infty)$ 内的非负实值函数 $f(x)$，使得对于任意实数 x，总有

$$P(X \leqslant x) = \int_{-\infty}^{x} f(t)\mathrm{d}t, \ -\infty < x < \infty$$

则称 X 为连续型随机变量。

设离散型随机变量 X 所有可能的取值为：$\{x_1, x_2, \cdots, x_n, \cdots\}$，每个值都有一个相应的概率 $P(X = x_k) = p_k \ (k = 1, 2, \cdots)$，称为随机变量 X 的分布列，或称概率函数。

离散型随机变量的分布列满足：

1）$\sum\limits_{k} p_k = 1$；

2）$p_k \geqslant 0, \ k = 1, 2, \cdots$。

X 的分布函数为：$F(x) = P(X \leqslant x) = \sum\limits_{x_k \leqslant x} p_k, \ -\infty < x < \infty$

连续型随机变量定义中的 $f(x)$ 称为概率密度函数，简称密度函数。连续随机变量在其任一点取值的概率均为 0，对这个函数的积分可以得到 X 在 a 和 b 之间的概率值：

$$P(a < X < b) = \int_a^b f(x)\mathrm{d}x$$

或

$$F(x) = P(X \leqslant x) = \int_{-\infty}^{x} f(t)\mathrm{d}t$$

$F(x)$ 称为 X 的分布函数。

因为表示的是概率值，所以，概率密度函数需要满足：

① $f(x) \geqslant 0$；

② $\int_{-\infty}^{\infty} f(x) \mathrm{d}x = 1$。

注意：离散随机变量有概率函数，连续随机变量只有概率密度函数，概率是由面积表示的，即是由概率密度函数积分得到的。进一步，连续随机变量可以用曲线表示，但是，曲线上的点的高度表示的不是概率值！

如果事件的发生涉及多个随机变量，需要引入联合概率分布。

离散型随机变量 X 和 Y 的联合概率分布为：$P(X = x_i, Y = y_j) = p_{ij}, i, j = 1, 2, \cdots$：

① $p_{ij} \geqslant 0, i, j = 1, 2, \cdots$；

② $\sum_i \sum_j p_{ij} = 1$。

连续型随机变量 X 和 Y 的联合密度函数 $f(x, y)$：

① 对于所有 (x, y)，$f(x, y) \geqslant 0$；

② $\int_{-\infty}^{\infty} \int_{-\infty}^{\infty} f(x, y) \mathrm{d}x \mathrm{d}y = 1$；

③ 对于 xy 平面上的任意区域 S，$P[(X, Y) \in S] = \iint_S f(x, y) \mathrm{d}x \mathrm{d}y$。

2.3.6 随机变量的数字特征

1．均值（期望值）

如果 X 是离散的，X 的均值或期望值是：

$$\mu = E(X) = \sum_{k=1}^{\infty} x_k p_k$$

如果 X 是连续的，X 的均值或期望值是：

$$\mu = E(X) = \int_{-\infty}^{\infty} x f(x) \mathrm{d}x$$

2．方差

随机变量 X 的均值或期望值描述了概率分布的中心位于何处，方差用来描述随机变量偏离中心的程度。之所以不用标准差而用平方差，是为了避免出现正负误差相互抵消的情况。

如果 X 是离散的，那么其方差为：

$$\sigma^2 = E\left[(X - \mu)^2\right] = \sum_{k=1}^{\infty} (x_k - \mu)^2 p_k$$

如果 X 是连续的，那么其方差为：

$$\sigma^2 = E\left[(X - \mu)^2\right] = \int_{-\infty}^{\infty} (x - \mu)^2 f(x) \mathrm{d}x$$

$x - \mu$ 称为观测值对均值的离差。

随机变量 X 求方差的简便计算公式：

$$\sigma^2 = E\left(X^2\right) - \mu^2$$

3．协方差

对于多个随机变量，用协方差来分析它们之间的相互影响程度。比如有两个随机变量 X、Y，其组合 (X,Y) 就组成了一个二维随机变量。这个二维随机变量的方差就是协方差。

如果 X 和 Y 是离散的，那么其协方差为：

$$\mathrm{Cov}\left(X,Y\right) = E\left[\left(X - \mu_X\right)\left(Y - \mu_Y\right)\right] = \sum_x \sum_y \left(x - \mu_X\right)\left(y - \mu_Y\right)f\left(x,y\right)$$

如果 X 和 Y 是连续的，那么其协方差为：

$$\mathrm{Cov}\left(X,Y\right) = E\left[\left(X - \mu_X\right)\left(Y - \mu_Y\right)\right] = \int_{-\infty}^{\infty}\int_{-\infty}^{\infty}\left(x - \mu_X\right)\left(y - \mu_Y\right)f\left(x,y\right)\mathrm{d}x\mathrm{d}y$$

均值分别为 μ_X 和 μ_Y 的两个随机变量 X、Y 的协方差可以用下列公式计算：

$$\mathrm{Cov}\left(X,Y\right) = E\left(XY\right) - \mu_X \mu_Y$$

两个随机变量 X、Y 之间的相互影响关系有如图 2-4 所示的正相关、负相关和不相关三种关系。

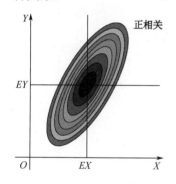 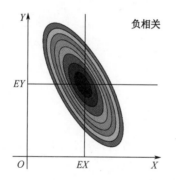 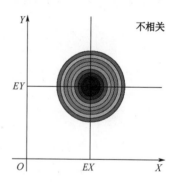

图 2-4　协方差表示的变量相关关系

当 X 越大，Y 也越大，X 越小，Y 也越小时，称为正相关，此时：$\mathrm{Cov}\left(X,Y\right) > 0$。

当 X 越大，Y 反而越小，X 越小，Y 反而越大时，称为负相关，此时：$\mathrm{Cov}\left(X,Y\right) < 0$。

当 X 的变化不会引起 Y 任何变化时，称为不相关，此时：$\mathrm{Cov}\left(X,Y\right) = 0$。

如果还需要度量两个随机变量 X、Y 之间的关系，可以用相关系数：

$$\rho_{XY} = \frac{\mathrm{Cov}\left(X,Y\right)}{\sigma_X \sigma_Y}$$

2.3.7　典型的概率分布

1．二项分布

n 次伯努利试验的成功次数 X 称为二项随机变量。这个离散随机变量的概率分布称为二项分布，即：

如果一个伯努利试验成功的概率是 p，把 n 次独立试验中的成功次数作为二项随机变量 X，其概率分布为：

$$b(x;n,p) = C_n^x p^x (1-p)^{n-x}, \quad x = 0,1,2,\cdots,n$$

二项分布的概率计算方法如下：

$$P(X < k) = \sum_{x=0}^{k} b(x;n,p)$$

$$P(a \le X \le b) = \sum_{x=a}^{b} b(x;n,p)$$

二项分布的均值和方差为：

$$\mu = np, \quad \sigma^2 = npq$$

2. 多项式分布

如果每次试验可能的结果多于两种，二项试验就变成多项式试验了。

多项式分布　如果给定的试验有 k 种可能结果 $E_1, E_2, \cdots, E_k$，对应的概率分别为 $p_1, p_2, \cdots, p_k$，随机变量 $X_1, X_2, \cdots, X_k$ 分别表示在 n 次独立试验中结果 $E_1, E_2, \cdots, E_k$ 出现的次数，则 $X_1, X_2, \cdots, X_k$ 的概率分布为：

$$f(x_1, x_2, \cdots, x_k; p_1, p_2, \cdots, p_k, n) = \left(\frac{n}{x_1, x_2, \cdots, x_k}\right) p_1^{x_1} p_2^{x_2} \cdots p_k^{x_k}$$

其中，$\sum_{i=1}^{k} x_i = n, \sum_{i=1}^{k} p_i = 1$

3. 超几何分布

二项分布要求试验是独立的，即抽样后取出的样本在下次试验前必须放回。超几何分布不要求试验相互独立，即是基于不放回抽样的。

超几何分布　总数为 N 的对象中，有 k 件被标记为成功，N-k 件被标记为失败，随机选取 n 个对象作为样品，超几何随机变量 X 表示选中标记为成功对象的数目，它的概率分布为：

$$h(x;N,n,k) = \frac{\binom{k}{x}\binom{N-k}{n-x}}{\binom{N}{n}}, \quad \max\{0, n-(N-k)\} \le x \le \min\{n,k\}$$

超几何分布 $h(x;N,n,k)$ 的均值和方差为：

$$\mu = \frac{nk}{N}, \quad \sigma^2 = \frac{N-n}{N-1} \times n \times \frac{k}{N} \times \left(1 - \frac{k}{N}\right)$$

4. 负二项分布和几何分布

对于二项试验，如果不是按试验次数 n 去求有 x 次成功的概率，而是按成功次数 k 去求试验次数 x 的概率，这类试验称为负二项试验。

做 X 次试验成功了 k 次，X 被称为负二项随机变量，它的概率分布称为负二项分布。

负二项分布　如果重复的独立试验成功的概率为 p，以 X 表示出现 k 次此成功结果所用的试验次数，此随机变量的概率分布为：

$$b^*(x;k,p) = \binom{x-1}{k-1} p^k (1-p)^{x-k}, \ x = k, k+1, k+2, \cdots$$

几何分布在伯努利试验中，试验进行到第 X 次才第一次成功，随机变量 X 的概率分布为：

$$g(x;p) = p(1-p)^{x-1}, \ x = 1, 2, 3, \cdots$$

由此可见，几何分布就是 $k=1$ 时的负二项分布。

服从几何分布的随机变量的均值和方差为：

$$\mu = \frac{1}{p}, \ \sigma^2 = \frac{1-p}{p^2}$$

5．泊松分布

泊松分布适合于描述单位度量区间内随机事件发生的次数，而且是小概率事件。单位度量区间包括单位时间区间、单位长度、单位面积、单位体积等。

泊松分布适用的事件有以下特点：

① 这个事件是一个小概率事件；

② 事件的每次发生是独立的，不会相互影响；

③ 事件的概率是稳定的。

泊松分布　X 表示在给定的时间间隔或指定区域 t 内结果的发生数量，则泊松随机变量 X 的概率分布为：

$$p(X=k) = \frac{\lambda^k}{k!} \mathrm{e}^{-\lambda}, \ k = 0, 1, 2, \cdots$$

其中，λ 表示在单位度量区间内得到结果的平均数量，e 为欧拉常数。

当二项分布的 n 很大而 p 很小时，且 $\lambda = np$ 大小适中时，泊松分布可作为二项分布的近似公式。

6．指数分布

指数分布是描述泊松过程中事件之间的时间概率分布。指数分布 X 的密度函数为：

$$f(x) = \begin{cases} \lambda \mathrm{e}^{-\lambda x}, & x \geqslant 0 \\ 0, & x < 0 \end{cases}$$

其中 $\lambda > 0$ 是分布的一个参数，常被称为率参数（rate parameter），即每单位时间内发生某事件的次数。

其分布函数为：

$$F(x) = \begin{cases} 1 - \mathrm{e}^{-\lambda x}, & x \geqslant 0 \\ 0, & x < 0 \end{cases}$$

7．均匀分布

在任何情况下概率都是一样的分布称为均匀分布。均匀分布是用一个"平坦的"密度函数描述的，因此在闭区间[A，B]上的概率是均匀的。

均匀分布 在区间[A，B]上的连续均匀分布随机变量 X 的密度函数为：

$$f(x;A,B) = \begin{cases} \dfrac{1}{B-A}, & A \leqslant x \leqslant B \\ 0, & 其他 \end{cases}$$

均匀分布的均值和方差是：

$$\mu = \frac{A+B}{2}, \ \sigma^2 = \frac{(B-A)^2}{12}$$

8. 高斯分布（正态分布）

如果某个现象的发生是由大量偶然因素相互作用的结果，通常使用正态分布来描述。"正态 normal"的含义是指不是因为某种特定原因，而是多种偶然因素造成的事件发生。或者说，正态分布的原因"绝大部分是普通，极少数是特殊"。

正态分布的曲线是非常漂亮的对称钟形曲线，其形状由两个参数完全决定：均值 μ 和标准差 σ。经验表明，一些物理量和科学测量的误差均符合正态分布。

正态分布 均值为 μ，方差为 σ^2 的正态随机变量 X 的密度为：

$$n(x;\mu,\sigma) = \frac{1}{\sqrt{2\pi}\sigma} e^{-\frac{1}{2\sigma^2}(x-\mu)^2}, \ -\infty < x < \infty$$

均值 μ=0，标准差 σ=1 的正态随机变量的分布称为标准正态分布 $n(x;0,1)$。

正态分布的分布函数为：

$$F(x) = \int_{-\infty}^{x} \frac{1}{\sqrt{2\pi}\sigma} e^{-\frac{1}{2\sigma^2}(t-\mu)^2} dt$$

其概率值为（正态曲线下的面积）：

$$P(x_1 < x < x_2) = F(x_2) - F(x_1) = \frac{1}{\sqrt{2\pi}\sigma} \int_{x_1}^{x_2} e^{-\frac{1}{2\sigma^2}(t-\mu)^2} dt$$

9. 伽玛分布

正态分布解决了很多工程和科学上的问题，但有些情况下还需要其他类型的分布。指数分布和伽玛分布在排队论和可靠性问题中发挥了重要作用。

到达服务设施的时间间隔、部件和系统的失效时间等，通常用指数分布来建立模型。指数分布是伽玛分布的特例。

伽玛分布得名于著名的伽玛函数：

$$\Gamma(a) = \int_0^{\infty} x^{a-1} e^{-x} dx, \ a > 0$$

伽玛函数的性质：

① $\Gamma(n) = (n-1)(n-2)\cdots(1)\Gamma(1)$，其中 n 为正整数；

② $\Gamma(n) = (n-1)$ 其中 n 为正整数；

③ $\Gamma(1) = 1$；

④　$\Gamma\left(\dfrac{1}{2}\right)=\sqrt{\pi}$。

伽玛分布　连续随机变量 X 服从参数为 α 和 β 的伽玛分布，若它的密度函数为：

$$f(x;\alpha,\beta)=\begin{cases}\dfrac{1}{\beta^{\alpha}\Gamma(\alpha)}x^{\alpha-1}\mathrm{e}^{-\frac{x}{\beta}}, & x>0\\[2mm]0, & \text{其他},\end{cases}$$

其中，$\alpha>0,\beta>0$。

伽玛分布的均值和方差为：$\mu=\alpha\beta$，$\sigma^2=\alpha\beta^2$。

10．卡方分布

卡方分布主要用来评估实际结果与期望结果之间的差异是否异常，包括检验拟合优度，即检验一组给定数据与指定分布的吻合程度，以及检验两个变量的独立性。

若 n 个相互独立的随机变量 $\xi_1,\xi_2,\cdots,\xi_n$ 均服从标准正态分布，则这 n 个服从标准正态分布的随机变量的平方和构成一个新的随机变量，其分布规律称为卡方分布。

在伽玛分布中，令 $\alpha=\dfrac{v}{2},\beta=2,v$ 为正整数，就可得到卡方分布。因此，卡方分布是伽马分布的另一个特例，该分布仅有一个参数 v，称为自由度。

卡方分布的密度函数为：

$$f(x;v)=\begin{cases}\dfrac{1}{2^{v/2}\Gamma(v/2)}x^{\frac{v}{2}-1}\mathrm{e}^{-x/2}, & x>0\\[2mm]0, & \text{其他},\end{cases}$$

2.3.8　统计与概率

统计与概率如同"一对亲兄弟"。老大"概率"天资聪慧，喜欢使用自己的天赋与知识对未来事件进行预测；老二"统计"踏实肯干，只顾埋头收集数据，从数据中发现隐藏的规律。因此，概率使用的是推理方法，而统计使用的则是归纳方法。

如图 2-5 所示，统计推断运用概率论中的基本概念，基于样本数据进行统计推断，得出涵盖总体的结论；概率论是根据总体的已知特征，对样本数据做出判别。

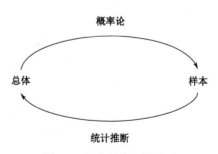

图 2-5　概率与统计的关系

2.3.9　样本与总体

数据是统计学的基础。在统计学中，数据分成样本和总体两类。总体是指一个试验中所有可能的观察值，样本是从总体中抽取的一部分观测值。

抽取样本的过程称为抽样。抽样的准确与否，直接决定了分析结果的准确性。如果是小概率事件的样本十分稀少，抽样更加困难。

从总体 X 中随机抽取一部分个体 $X_1, X_2, \cdots, X_n$，称 $(X_1, X_2, \cdots, X_n)$ 为取自总体 X 的容量为 n 的样本。若 $X_1, X_2, \cdots, X_n$ 相互独立，且具有相同的概率分布（每个观察值被抽取的概率相等），那么称 $(X_1, X_2, \cdots, X_n)$ 为随机样本，n 为样本容量。

2.3.10　统计量与抽样分布

统计量是随机样本的一个函数，如果样本容量是 n，它就是 n 个随机变量的函数。

统计量是一个仅依赖于样本的随机变量，因此也有概率分布。一个统计量的概率分布称为抽样分布。一个统计量的抽样分布依赖于总体大小、样本容量和选择样本的方法。

与概率分布一样，抽样分布也有描述其分布情况的数字特征，唯一的区别是抽样分布的数字特征受随机样本的观测值影响，而概率分布的数字特征是恒定的总体参数。

常用的统计量包括：

1. 样本均值

$$\bar{X} = \frac{1}{n} \sum_{i=1}^{n} X_i$$

2. 样本方差

$$S^2 = \frac{1}{n-1} \sum_{i=1}^{n} \left(X_i - \bar{X} \right)^2$$

图 2-6 是概率与统计在数字特征方面的区别与联系。

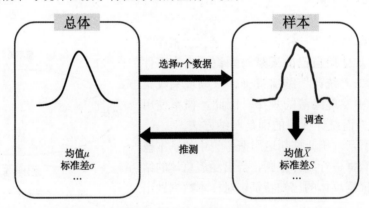

图 2-6　总体与样本的关系

均值的抽样分布：当样本容量足够大时，样本均值 $\bar{X}$ 的抽样分布近似于一个均值为 μ，方差为 $\dfrac{\sigma^2}{n}$ 的正态分布！这个结论就是中心极限定理。

2.3.11　参数估计

参数估计是运用样本数据对总体的某些数字特征，如数学期望、方差等参数做出估计。

点估计是利用样本数据计算得出关于总体数字特征的一个估计值。常用的点估计有矩估计和最大似然估计。最大似然估计适用范围较广泛。

如果已知总体分布，但其参数未知，想借助样本值来估计出未知参数，可使用最大似然估计。因此，最大似然估计适用于"模型已定，参数未知"的情况。

设 X 的概率密度函数 $f(x;\theta_1,\cdots,\theta_k)$ 为已知，而 $\theta_1,\cdots,\theta_k$ 为未知参数，$X_1,X_2,\cdots,X_n$ 是从总体 X 中抽取的样本，$x_1,x_2,\cdots,x_n$ 是样本值，则称：

$$L(x_1,x_2,\cdots,x_n;\theta_1,\cdots,\theta_k)=\prod_{i=1}^{n}f(x_i;\theta_1,\cdots,\theta_k)$$

为样本的似然函数。使似然函数 L 达到最大值的 $\hat{\theta}_1,\cdots,\hat{\theta}_k$ 称为 $\theta_1,\cdots,\theta_k$ 的最大似然估计。

若 L 关于参数 $\theta_1,\cdots,\theta_k$ 可微，一般使用似然方程组或对数似然方程组来求最大似然估计 $\hat{\theta}_1,\cdots,\hat{\theta}_k$：

$$\frac{\partial L}{\partial \theta_i}=0 \quad (i=1,2,\cdots,k)$$

或

$$\frac{\partial \ln L}{\partial \theta_i}=0 \quad (i=1,2,\cdots,k)$$

区间估计利用样本值确定总体参数所在的区间，并以一定的概率保证总体参数不会超出这个区间。

图 2-7 给出了参数估计形象的思考方法。

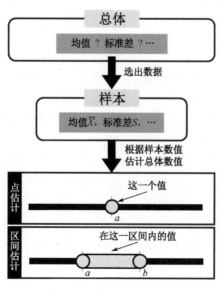

图 2-7　参数估计思考方式

第3章 神经网络

3.1 生物神经元

人脑是一个叹为观止的、高效的、巧夺天工的信息处理系统，是一个高度复杂的、非线性的和并行的系统。据研究，人脑有 1000 亿个神经元，每个神经元与其他神经元之间有 1000 个以上的连接。因此，人脑中有 100～1000 万亿个连接。从结构上看，人脑中的神经元之间的连接形式既非全连接、更不是分层次的连接形式，而是部分互连形式。而且，大脑工作的能耗非常低，每秒每个操作消耗能量仅约 10^{-16} 焦耳，远低于当今世界最先进的计算机。

如图 3-1 所示，大脑内部有许多叫作神经元的神经细胞互相连接。每个神经元由四个部分组成：细胞体、树突、轴突、突触。

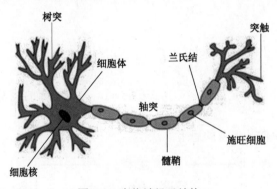

图 3-1　生物神经元结构

神经元的主体是细胞体，它由细胞核、细胞质、细胞膜等组成，每个细胞体都有一个细胞核，埋藏在细胞体之中，进行呼吸和新陈代谢等生化过程。

树突为多个较短的神经纤维组成的接收网络，轴突是单根长纤维，负责把细胞体的输出信号导向其他神经元。突触为两个神经元的结合点。

我们最感兴趣的是，树突是信号的输入端，轴突负责信息传递和输出。

神经元有两种工作状态：兴奋、抑制，这非常适合用计算机的二进制"0、1"来处理。

当经树突传入的神经冲动使细胞膜电位升高超过阈值时，细胞进入兴奋状态，产生神经冲动并由轴突输出。对应于计算机可以设成输出"1"。

当经树突传入的神经冲动使细胞膜电位下降低于阈值时，细胞进入抑制状态，没有神经冲动输出。对应于计算机可以设成输出"0"。

3.2　M-P 模型

M-P 模型是首个模仿生物神经元的人工神经网络模型，由美国心理学家麦卡洛克（Warren McCulloch）和数学家皮茨（Walter Pitts）于 1943 年共同提出。

一个神经网络模型通常包括网络结构、连接权重和学习能力这三个部分。如图 3-2 所示，在 M-P 模型中，有多个输入 $\{x_i | i = 1, 2, \cdots, n\}$，经过运算，产生一个输出 y。如图 3-2（a）所示，运算部分包括加权累加和阈值判别两部分。M-P 模型规定，输入输出信号都是二进制信号，即 0 或 1。

每个输入 x_i 乘以相应的连接权重 w_i，然后相加得到激活值 $\sum\limits_{i=1}^{n} w_i x_i$。每个输入信号都有一个连接权重，表示该输入信号与其他输入信号相比较的重要程度，权重越大，表示输入值越重要。

与生物神经元类似，如果输入的激活值足够大，神经元就会被激活而处于兴奋状态，否则神经元就处于抑制状态。用数学表示就是，如果激活值大于阈值，即 $\sum\limits_{i=1}^{n} w_i x_i - h > 0$，神经元处于兴奋状态，此时的输出应该是"1"；如果激活值小于等于阈值，即 $\sum\limits_{i=1}^{n} w_i x_i - h \leqslant 0$，神经元处于抑制状态，此时的输出应该是"0"。

但是，由于 $\sum\limits_{i=1}^{n} w_i x_i - h$ 可能是一个任意值，而不是 M-P 模型限定的 0 或 1，因此，还需要一个被称为激活函数的函数对这个任意值作一个变换，使其输出值为 0 或 1。由此可见，激活函数既是阈值的判别器，又是输出值的规范器。

M-P 模型使用的激活函数是一个阶梯函数，如图 3-2（b）所示，如果激活值大于阈值 h，输出 1，否则输出 0。归纳起来的数学表示为：$y = f\left(\sum\limits_{i=1}^{n} w_i x_i - h\right)$。

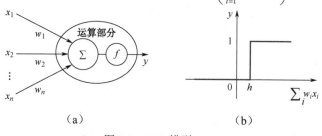

图 3-2　M-P 模型

总结一下，整个模型用数学公式表示：

$$y = f(\sum_{i=1}^{n} w_i x_i - h) = \begin{cases} 1 & \text{如果} \sum\limits_{i=1}^{n} w_i x_i - h > 0 \\ 0 & \text{如果} \sum\limits_{i=1}^{n} w_i x_i - h \leqslant 0 \end{cases}$$

函数 $f()$ 是激活函数，M-P 模型选用的是阶梯函数，也称阈值型激活函数。

从这个模型中可以看出，阈值判别器 $\sum_{i=1}^{n} w_i x_i - h = 0$ 是一个边界决策超平面，如果取值位于这个边界决策超平面之上，输出值为 1，如果在边界决策超平面之下，输出值为 0。

M-P 模型可以实现 NOT、AND 和 OR 三种逻辑运算。下面来看 M-P 模型是如何完成 NOT、AND 和 OR 三种逻辑运算的。

如图 3-3（a）所示，取 $w = -1, h = -0.5$，

模型 $f(-x + 0.5) = \begin{cases} 1 \text{ if } x = 0 \\ 0 \text{ if } x = 1 \end{cases}$ 就实现了 NOT 运算。

如图 3-3（b）所示，取 $w_1 = w_2 = 1, h = 0.5$，

模型 $f(x_1 + x_2 - 0.5) = \begin{cases} 1 \text{ if } x_1 = 1 \text{ or } x_2 = 1 \\ 0 \text{ if } x_1 = 0 \text{ and } x_2 = 0 \end{cases}$ 就实现了 OR 运算；

取 $w_1 = w_2 = 1, h = 1.5$，

模型 $f(x_1 + x_2 - 1.5) = \begin{cases} 1 \text{ if } x_1 = 1 \text{ and } x_2 = 1 \\ 0 \text{ if } x_1 = 0 \text{ or } x_2 = 0 \end{cases}$ 就实现了 AND 运算。

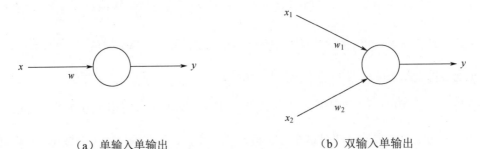

（a）单输入单输出　　　　　　　　　（b）双输入单输出

图 3-3　M-P 模型表示的逻辑运算

但是，M-P 模型无法实现异或 XOR 运算，即如果两个值不同，则结果为 1，如果两个值相同，结果为 0。

注意，在 M-P 模型中，参数 w_i, h 只能事先人为设定，因此这个模型是没有学习能力的，也就是模型参数无法在运行过程中自动修正。

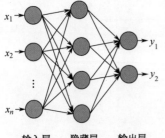

输入层　隐藏层　输出层

图 3-4　前馈神经网络

3.3　前馈神经网络

前馈神经网络（Feedforward Neural Network）是一种最简单的神经网络，如图 3-4 所示，各神经元分层排列，从网络的第一层输入层开始直至最后层输出层，每个神经元只与前一层的神经元相连，接收前一层的输出，并输出给下一层，各层之间没有反馈。

在前馈神经网络中，输入层节点负责接收输入向量中的各个元素值，隐藏层节点是核心，负责接收前一层传来的数据后进行计算，产生一个输出

值，继续向前传递给下一层各节点。输出层负责向外界输出最终处理结果。

前馈神经网络有两种，一种是使用十分广泛的反向传播网络（Back Propagation Networks，BP），另一种是径向基函数（Radial Basis Function，RBF）神经网络。

径向基函数神经网络是一种以径向基函数为激活函数的神经网络，具有近似模拟能力强、分类能力强和学习速度快等优势，径向基函数是一个取值仅仅依赖于离原点距离的实值函数。

反向传播网络在按层向前传递计算结果之后，将最后的输出结果与期望结果进行比较，得到网络的误差值。为了修正缩小误差，从最后的输出层开始，将误差值反向传递给前一层，让前一层根据误差值调整网络参数，以缩小误差值，如此逐层反向传递，直至输入层。这样的算法称为误差反向传播算法。

3.4 节中的感知器就属于反向传播网络。

3.4　感知器

3.4.1　单层感知器

感知器是美国康奈尔大学的罗森布拉特于 1958 年提出的，之所以称为感知器，是因为这种学习算法可以学习如何将图案进行分类，例如识别字母、数字。在 1.3 节已经讲过，感知器是深度学习的两大起源之一，如果理解了感知器学习识别图案的基本原理，那么，你已理解了一半的深度学习工作原理，所以，还是有必要简单介绍一下感知器。

与 M-P 模型一样，单个单层感知器通常可以接收多个输入信号，只输出一个信号，感知器的输入信号只有 "0/1" 两种。感知器根据其结构有单层和多层之分。

单层感知器是最简单的前馈神经网络，仅包含输入层和输出层。而且，只有输出层的神经元是可计算节点。

如图 3-5 所示，在单层感知器中，每个可计算节点都是一个线性阈值神经元，当输入信息的加权和大于等于阈值时，其输出为 1，否则输出为 0。其计算公式为：

$$y = \begin{cases} 0\left(if \sum_{i=1}^{n} w_i x_i - h \leqslant 0 \right) \\ 1\left(if \sum_{i=1}^{n} w_i x_i - h > 0 \right) \end{cases}$$

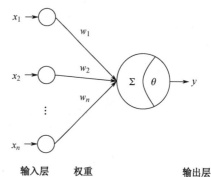

感知器的作用是完成外部输入的分类识别。罗森布拉特已经证明（感知器收敛定理），如果外部输入是线性可分的，则单层感知器一定能够把它分成两类。

从结构上看，单层感知器与 M-P 模型是一样的，但这两者的区别是本质的，M-P 模型的连接权重参数 w_i 和阈值 h 是事先设定的，不能改变；而感知器的连接权重参数 w_i 和阈值 h 是可以通过训练自动修正的。这是一个了不起的进步，人们只需

图 3-5　单层感知器

给感知器一组参数，然后再给它足够的样本数据让其学习，它就可以自己找到一组更合适的参数！

训练的方式为有监督学习，就是事先设定期望输出 r，然后计算实际输出 y 和期望输出 r 之间的误差，如果这个误差没有满足预期控制标准，则调整参数后再继续训练，直至误差满足预期标准，或者参数不再变化。这种方法称为误差修正学习。

为了有一个感性认识，先简单说明如何实现自动调整连接权重和阈值，严格的过程将在误差反向算法中给出。

假设感知器有 n 个输入信号，其参数调整算法大致为：

第 t 次输入信号用 $n+1$ 维输入向量表示，+1 是将阈值当作第 0 个输入，这样做可以将阈值与连接权重一起处理：

$$x(t) = \left[1, x_1(t), x_2(t), \cdots, x_n(t) \right]^{\mathrm{T}}$$

相应地，这 $n+1$ 个连接权重组成的向量为：

$$w(t) = \left[h, w_1(t), w_2(t), \cdots, w_n(t) \right]^{\mathrm{T}}$$

h 为阈值，$y(t)$ 为实际输出值，$r(t)$ 为期望输出值，注意，输出值是 0 或 1。η 为学习率，$0 < \eta \leqslant 1$。

更新参数 w 的做法：用 $w + \Delta w$ 来替代原来的 w，即每次迭代时，权重的修正量为 Δw：

① 初始化。设 $w(0)=0$，依次对时间步 $t=1,2,\cdots$ 执行下列计算

② 输入感知器。在时间步 t，输入向量 $x(t)$

③ 计算实际输出。$y(i) = f\left[w^{\mathrm{T}}(t)x(t) \right]$

④ 权重向量的自动修正。更新感知器的权重向量

$$w(t+1) = w(t) + \eta \left[r(t) - y(t) \right] x(t)$$

⑤ 继续。时间步 t 增加 1，返回第②步。

感知器虽然具备了学习能力，但它还存在一个很大的局限性，无法解决二维平面中简单的线性不可分的分布问题。感知器输出取值的判断依据仍然是边界决策平面：$\sum_{i=1}^{n} w_i x_i - h = 0$。这是一个线性平面，无法处理线性不可分的情况。如图 3-6 右侧所示的两种线性不可分情况，用决策平面作为分类工具时就无法进行分类。因此，单层感知器无法处理线性不可分时的数据分类问题。

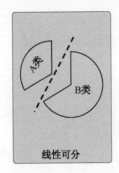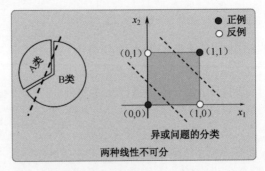

图 3-6　线性可分与不可分图示

受感知器的启发，1995 年，俄罗斯数学家弗拉基米尔·瓦普尼克（Vladimir Vapnik）

设计了一种新的分类器，称为"支持向量机"（Support Vector Machine），支持向量机可以在有限的样本情况下学习寻求最佳的分类方案。支持向量机分为线性和非线性两类，线性支持向量机是以样本间的欧氏距离大小为依据来决定划分结构的，非线性的支持向量机中以卷积核函数代替内积后，相当于定义了一种广义的距离，以这种广义距离作为划分依据。

3.4.2 多层感知器

为解决线性不可分数据的分类问题，1974 年，哈佛大学博士沃波斯的博士论文证明了在单层感知器中多加一层，形成一个多层感知器，就可以解决异或问题的分类。

如图 3-7 所示，多层感知器是由多个单层感知器叠加组成的前馈网络，通常由输入层、中间层（可以不止一个）和输出层组成。

中间层的各神经元连接输入层各单元，同样将每个输入 x_i 乘以相应的连接权重 w_i，然后再累加，最后通过激活函数计算中间层各单元的输出值，输出层的计算过程也类似。下面通过多层感知器解决线性不可分问题中异或问题的分类来看各层是如何进行运算的。

如图 3-8 所示，感知器采用的激活函数为阶梯函数，初始输入为 x_1, x_2，输入层与中间层的连接权重为 $w_1 = w_2 = 1$，中间层的阈值分别为 $h_1 = 1.5, h_2 = 0.5$，中间层与输出层的的连接权重为 $w_3 = -2, w_4 = 1$，输出层的阈值为 $h = 0.5$，输出为 y。

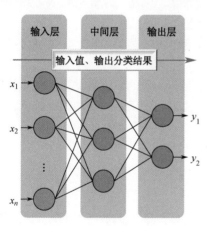

图 3-7　多层感知器

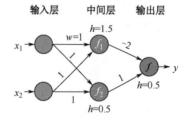

图 3-8　多层感知器实现异或运算

当 $x_1 = 1, x_2 = 1$ 时，

$$f_1 = f(w_1 x_1 + w_2 x_2 - h_1) = f_1(1 \times 1 + 1 \times 1 - 1.5) = f_1(0.5) = 1$$
$$f_2 = f_2(1 \times 1 + 1 \times 1 - 0.5) = f_1(1.5) = 1$$
$$y = f(w_3 f_1 + w_4 f_2 - h) = f(-2 \times 1 + 1 \times 1 - 0.5) = f(-1.5) = 0$$

同样，当 $x_1 = 0, x_2 = 0$ 时，可以算出，$y = 0$

当 $x_1 = 1, x_2 = 0$ 时，$y = 1$；

当 $x_1 = 0, x_2 = 1$ 时，$y = 1$。

这正是异或运算的结果。

注意，连接权重 w_3 取了负值。

沃波斯的这篇博士论文很好地解决了异或问题，但没有得到应有的反响，因为当时正是神经网络研究的低谷。

当然，多层感知器解决了异或问题并不是说可以解决所有非线性分类问题，要解决线性不可分问题通常需要通过核函数映射到高维空间来解决。

3.5 神经网络的学习

每个特定的神经网络的网络结构是事先设计好的，包括有多少个神经元、这些神经元之间的相互连接关系。如果是分层网络，还需要设计好输入层、隐藏层（可以有多个）和输出层。但是，光设计好这些是不够的，一个神经网络中还有大量的参数需要确定，包括神经元之间的每条连接的连接权重、每个输出的阈值。这些参数是在网络的训练阶段完成设置的。

神经网络的学习是指从训练数据中自动调整模型中的参数，最终获得最优参数的过程。根据训练数据集是否有标记以及训练评价方法，学习方式主要有以下三类。

监督学习：训练数据集包括输入和通过标记给出的正确输出。通过这种方式，网络可以比较计算结果和正确输出之间的误差值，并据此修正网络参数来缩小误差值。大部分机器学习是监督学习，如支持向量机、逻辑回归算法等。

无监督学习：训练数据集仅包括输入，没有正确答案，网络自动完成输入数据的运算分类，如主成分分析算法、聚类算法等是典型的无监督学习算法。

强化学习：训练数据集包括输入，以及为训练行为给出的奖惩策略。如果训练行为正确，视情给予相应的奖励，否则就是惩罚。

人工神经网络，尤其是深度学习神经网络，必须要有大量的训练数据和测试数作为支撑。没有大量的数据对网络模型进行训练测试，就无法得到实用的网络模型。因此，人工神经网络的特征就是可以"从数据中学习"。

3.5.1 数据驱动

千百年来，人类解决问题是以知识、经验和直觉为依据的。机器学习的方法是要尽可能避免人为介入，尝试从收集的海量数据中寻找规律，找出解决问题的方法，这就是数据驱动。

数据驱动的提法另外一个原因是相对于信息化建设的需求牵引原则。信息化的任务是将人员的人工管理转变为计算机管理，因此，要建设一个具备哪些能力的系统是可以说清楚的，能力包括具有哪些功能，达到什么样的指标。这就是所谓的用户需求。开发者必须让信息系统实现用户所要求的所有功能和性能要求。以深度学习为特征的智能系统所做的功能基本上是以前人们没有做的，有些是以前想做而做不到的，有些干脆是没有想过的。现在技术的进步允许处理海量数据，就有机会分析数据，找出数据中蕴藏的规律。这样的做法显然不是需求牵引，只能是数据驱动。

从数据中找规律通常的做法是先对数据提取特征，比如对图像数据，提取反映图像本质的特征量。传统的机器学习由人设计并标注特征，工作量非常大，人为标注的优劣对模型最终的结果影响巨大。如果提取的特征有偏差，最后的结果一定出问题。

深度学习所采用的网络层级远比机器学习要多，因此需要确定的参数成千上万，数据量也更大，再由人来设计标注特征不切实际，深度学习的特征选取和标注是由机器自动完成的。深度学习有时被称为端到端的机器学习，即输入原始数据就可以获得目标结果，中间不再需要人的介入。

机器学习使用的数据根据用途分为训练数据和测试数据。机器学习模型首先使用训练数据进行学习，寻找出最优参数，将神经网络模型固定下来；然后使用测试数据对训练得到的模型进行测试，评判模型的实际效果。使用训练数据对模型进行测试除了验证模型的准确性外，还可以提高模型的泛化能力，这是把训练数据与测试数据分列的主要原因。

3.5.2　损失函数

对于同一个结构的神经网络，如果网络参数（权重和阈值）不同，即使输入的是同一个数据集，达到的输出结果显然是不同的。这些不同的输出值就有优劣之分，自然我们要寻找的是，使得输出值最接近期望值的那组参数。

用来计算评估实际输出值与期望输出值（正确答案）之间的差异的函数称损失函数，或称误差函数。使用哪些函数作为损失函数呢？

原则上只要是能够计算实际输出值与期望输出值之间差异的函数都可以作为损失函数，但通常使用的损失函数是均方差函数和交叉熵误差函数，这两种函数各有用途。

（1）对于多分类问题（n 个训练数据分成 m 个类），一般使用交叉熵损失函数

$$E = -\frac{1}{n}\sum_{i=1}^{n}\sum_{j=1}^{m} r_{ij} \ln y_{ij}$$

（2）对于递归问题，通常使用均方差（最小二乘）损失函数

$$E = \frac{1}{2}\sum_{i=1}^{n}\left(r_i - y_i\right)^2$$

其中，r 表示网络的期望输出，y 表示网络的实际输出。

均方差损失函数非常普通，容易理解，BP 网络通常使用它。其中的系数 1/2 是为了计算方便，最小二乘法的平方和是为了避免误差值的代数和出现正负抵消而影响误差值的实际总和，网络实际输出值是由激活函数计算得出的位于 0 到 1 之间的一个值。

交叉熵损失函数中的实际输出是通过似然函数 softmax 计算得到的一个概率值。交叉熵损失函数有些费解，需要一些信息论的知识。

先介绍信息的定义。

1928 年哈特莱（R.V.L. Hartley）定义的信息是"信息是被消除的不确定性"。有些抽象，举个例子。

中国足球队与韩国足球队比赛，结果说"韩国队赢了"，这是一条信息，如果再说"中国队输了"，因为没有再消除不确定性，所以不是信息。但如果说"中国队以 0：1 惜败"则又是信息了，继续说"中国队在加时遭韩国队绝杀，以 0：1 惜败"，这还是一条信息。

信息有了明确的定义，如何比较不同信息之间所含的信息量的大小呢？这就是信息的度量问题。

对信息进行量化的想法还是哈特莱提出的。

他提出，如果信息源有 m 种消息，且每个消息是以相等可能产生的，则该信源的信息量定义为：

$$I = \log_2 m$$

【例 1】中国女排与美国女排比赛，结果有两种，中国队胜，美国队胜。比赛结果为信源 m，此时 $m=2$，信息量 $I = \log_2 2 = 1$，单位是比特（bit）。

【例 2】2018 年俄罗斯世界杯有 32 支球队争夺冠军，如何用信息量来描述哪支球队获得冠军？

如果按照哈特莱的算法（每支球队获得冠军的概率相等），各支球队获得冠军的信息量是：

$$I = \log_2 32 = \log_2 2^5 = 5$$

这是不严谨的，因为 32 支球队获得冠军的概率是不同的。国际足联在对 32 支球队分组前，先根据 FIFA 排名将其划分成四档：

第一档：德国、巴西、葡萄牙、阿根廷、比利时、波兰、法国、俄罗斯；

第二档：西班牙、秘鲁、瑞士、英格兰、哥伦比亚、墨西哥、乌拉圭、克罗地亚；

第三档：丹麦、冰岛、哥斯达黎加、瑞典、突尼斯、埃及、塞内加尔、伊朗；

第四档：塞尔维亚、尼日利亚、澳大利亚、日本、摩洛哥、巴拿马、韩国、沙特。

概率不同如何计算信息量？这是香农的贡献，根据"事件出现的概率越小，信息量越大"原理，事件 X_i 的信息量定义为：（$P(X_i)$ 表示事件 X_i 发生的先验概率）

$$H(X_i) = -\log_2 P(X_i)$$

综合各队近期表现、球员实力、比赛经验，认为巴西队最终夺冠的概率最高，有 1/16 的可能性，那么，巴西队夺冠的信息量是：

$$H(\text{巴西}) = -\log_2 \frac{1}{16} = -\log_2 2^{-4} = 4$$

如果认为韩国队夺冠的概率只有巴西队的 $\frac{1}{16}$，那么，韩国队夺冠的信息量是：

$$H(\text{韩国}) = -\log_2 \frac{1}{16} \times \frac{1}{16} = -\log_2 2^{-8} = 8$$

前面说明的是单个事件的信息量，对于一个样本整体，如何来描述其信息量呢？

香农用熵来描述一个样本整体的信息量，也就是其杂乱程度或意外程度的数值。

信息熵的定义是，对于任一随机变量 X，其信息熵为：

$$H(X) = -\sum_{x \in X} P(x) \log P(x)$$

就是把每个可能项的概率值乘以该可能项所含的信息量，然后累加。由于 $0 \leqslant P(x) \leqslant 1$，$\log P(x) \leqslant 0$，加 "−" 保证得到正值。

前面第 2 个例子"谁是世界杯冠军"的信息量公式应该是：

$$H = -(p_1 \log_2 p_1 + p_2 \log_2 p_2 + \cdots + p_{32} \log_2 p_{32})$$

其中，$p_1, p_2, \cdots, p_{32}$ 分别是 32 支球队夺冠的概率。

可以检验，当各支球队夺冠概率相差越大，熵越小，夺冠概率相差越小，熵越大，等概率时的熵为 5，这是最大值。

归纳一下：

越是难以分出各球队夺冠概率的大小，说明我们掌握的信息越少，竞争形势越混乱，此时的熵越大。

如果能够确定有球队夺冠概率很大（或很小），说明我们掌握的信息较多，竞争形势较明朗，此时的熵就小。

因此，信息量大小与熵的大小成反比。

理解了信息熵概念再介绍交叉熵就容易了。

先看只有一组训练数据的情况，回顾一下自然对数函数负值部分的图像，如图 3-9 所示。

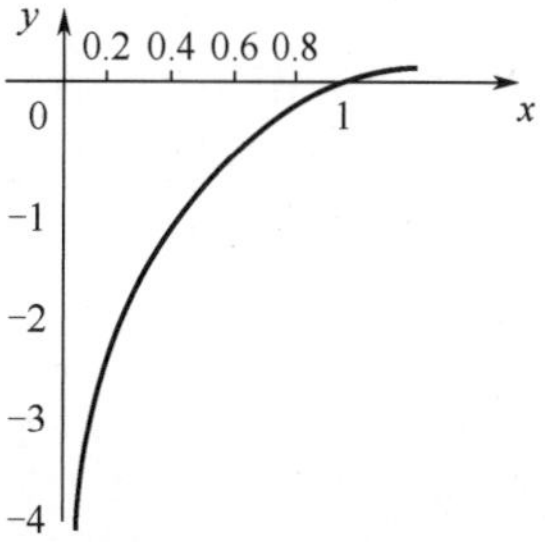

此时，交叉熵误差函数定义为：

$$E = -\sum_k r_k \ln y_k$$

图 3-9 自然对数函数 $y = \ln x$ 的图像

y_k 为神经网络的实际输出，取值区间[0,1]；r_k 为期望输出，只取 0 或 1 两个值。因此，只有当分类正确时，r_k 为 1，否则为 0。比如，假设数据标签为"A"，对于一个输入，神经网络认为数据为"A"的输出（可能性）为 0.6，则交叉熵误差为 $-\ln 0.6 = 0.51$，如果输出为 0.1，则交叉熵误差为 $-\ln 0.1 = 2.3$。显然离正确值差距越大，其交叉熵值越大。

由于在不正确分类时，$r_k = 0$，上述公式实际上是对正确分类的输出数据的对数值求和，因此，交叉熵误差值只与由正确分类的输出结果有关。

由对数函数性质可知，正确分类（r_k 为 1）的输出值 y_k 越大（接近 1），$\ln y_k$ 越接近 0，此时，交叉熵误差值最小；当 y_k 越小（接近 0），$\ln y_k$ 越接近 1，此时，交叉熵误差值最大。y_k 越接近 r_k，交叉熵误差值越小，反之越大。所以，交叉熵误差值可以作为损失函数。

由此可知，交叉熵误差值越小，结果越好，交叉熵误差值越大，结果越差。

再看训练数据分成 N 个组的情况，此时交叉熵误差为：

$$E = -\frac{1}{N}\sum_n\sum_k r_{nk} \ln y_{nk}$$

y_{nk} 为第 n 组数据的第 k 个元素的网络输出；r_{nk} 为第 n 组数据的第 k 个元素的理想输出。除以 N 是求单组数据的"平均误差"。至此，交叉熵损失函数就解释清楚了。

损失函数是调整网络参数的工具。如何通过计算损失函数的值来调整参数值呢？

参数值通常是微调的，所以想到对损失函数 E 求关于参数值 W（权重）的导数 $\dfrac{\partial E}{\partial w}$。

损失函数对参数的导数值的正、负和 0 值，可以指明参数的变化方向，以保证损失函数逐步收敛：

$$\begin{cases} if \ \dfrac{\partial E}{\partial w} < 0, \ then \ w\uparrow, \ E\downarrow; \\[2mm] if \ \dfrac{\partial E}{\partial w} > 0, \ then \ w\downarrow, \ E\downarrow; \\[2mm] if \ \dfrac{\partial E}{\partial w} = 0, \ then \ E\text{不变化} \end{cases}$$

3.5.3　激活函数

激活函数是人工神经网络的重要组成部分，负责对输入信号进行非线性变换，可以拟合各种曲线，并输出最终结果。如果没有经过激活函数处理，神经网络的每一层节点的输入都是上层输出的线性函数，很容易验证，无论神经网络有多少层，输出都是输入的线性组合，网络仅能够表达线性映射，此时即便有再多的隐藏层，整个网络跟单层神经网络也是等价的。因此，激活函数提供了网络的非线性建模能力。

激活函数中的"激活"一词是指对网络中的某个神经元是否被接收到的所有输入信号之和所激活，或者说，这个神经元所接收到的信号是起作用，还是被忽视。激活函数将神经元的所有输入，包括输入值、连接权重，经过代数运算，得到一个综合的激活值，激活函数根据这个激活值离阈值的远近，决定这个神经元输出 0～1 或-1～1 的数值。

不是任何函数都适合做神经元的激活函数的。那么激活函数应该具有哪些性质呢？

可导性：由于人工神经网络的误差反向传递算法需要对损失函数求导数 $\dfrac{\partial E}{\partial w}$，因此，激活函数必须是可导的；

单调性：只有当激活函数是单调的，才能保证根据输出的误差值，逐步调整网络参数，达到误差收敛的效果；

非线性性：如果使用线性函数作为激活函数，增加网络层数将变得没有意义。这是因为，假设用线性函数 $f(x)=cx$ 作为激活函数，后续再增加一层，其运算近似于 $y(x)=f(f(x))=c^2x$，这样的结果可以直接设 $f(x)=c^2x$，从而使增设一层网络变得没有意义；

输出值的范围：原则上对激活函数的输出值是没有限定的。但是，如果激活函数输出值为有限时，基于梯度的优化方法会更加稳定，因为特征的表示受有限权重的影响更显著；如果激活函数输出值为无限时，模型的训练会更加高效，不过在这种情况下，一般需要更小的学习率。另外，激活函数的值域最好是在概率空间[0,1]范围内，否则不能直接作为输出层的输出值，还需要通过 softmax 函数来计算分类的概率。

1. 阶梯函数

M-P 模型和感知器使用如下的阶梯函数作为激活函数（见图 3-10）。

$$f(x)=\begin{cases} 0 & \text{if } \sum_{i=1}^{n}w_ix_i-h\leqslant 0 \\ 1 & \text{if } \sum_{i=1}^{n}w_ix_i-h>0 \end{cases}$$

其中，x_i 为网络的输入，w_i 为连接权重，h 为阈值。

2. sigmoid 函数

最初的神经网络就是将感知器的激活函数中的阶梯函数换成 sigmoid 函数（见图 3-11），从而将神经元的输出从二值改成了 0～1 的连续值：

$$f(u) = \frac{1}{1 + e^{-u}}$$

$$u = \sum_{i=1}^{n} w_i x_i - h$$

使用阶梯函数作为激活函数的想法很自然，满足条件（阈值）函数取值为 1，不满足函数取值为 0。但是，在数据分析中，很多判断只能是一个概率值，无法给出明确的二值逻辑值，所以阶梯函数在很多场合是不适应的，于是又引入了 sigmoid 函数。

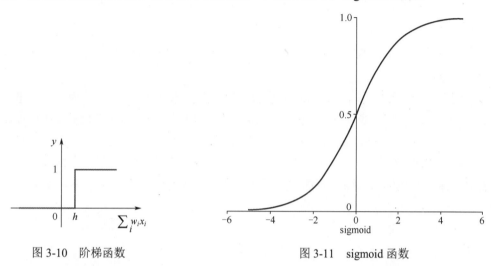

图 3-10　阶梯函数　　　　　　　　　　图 3-11　sigmoid 函数

尽管因为其一些固有的缺陷，现在的神经网络已经很少使用 sigmoid 函数了，但是，不可否认，当初想到构造这样一个函数还是很不简单的，其最初的启发个人猜测是来自于伯努利试验。

来看伯努利试验：如果每次试验只有"成功（取值为 1）"与"失败（取值为 0）"两种结果，成功的概率 P 是一个常数，这种试验成为伯努利试验。1 次伯努利试验的概率是：

$$P = \begin{cases} p & \text{取值为1的概率} \\ 1-p & \text{取值为0的概率} \end{cases}$$

因为只能给出一种结果的概率值，所以来看每次试验的成功与失败的比值 $s = \dfrac{p}{1-p}$，

令：$t = \ln s = \ln \dfrac{p}{1-p}$

$$e^t = \frac{p}{1-p}, \quad p = \frac{1}{1 + e^{-t}}$$

p 是伯努利试验成功的概率，以此作为激活函数更符合对分类判断可能性的描述。

下面来比较一下阶梯函数与 sigmoid 函数的不同之处。

阶梯函数在阈值处出现陡变，在阈值处不连续，无法求导数值，在其他地方导数值为 0，函数值非 0 即 1。

sigmoid 函数是一条光滑的曲线，在区间(0,1)连续取值，处处可以求导数，导数值为正数。

误差反向传递算法需要对损失函数求导数 $\dfrac{\partial E}{\partial w}$，因此，阶梯函数就无法完成参数自动学习调整的任务，而 sigmoid 函数是可以的。

进一步，阶梯函数只能输出 0 或 1 两个值，而 sigmoid 函数可以输出区间(0,1)上的任意值，因此，对结果的描述更加精细。

sigmoid 函数是不是没有毛病了呢？下面来继续分析 sigmoid 函数的特性。

为了推导方便，将 sigmoid 函数写成如下形式：

$$f(x) = \frac{1}{1 + \mathrm{e}^{-x}}$$

可以对 sigmoid 函数求一阶导数：$f'(x) = f(x)(1 - f(x))$，因此可以作为误差反向传递算法（见第 3.6 节）训练使用。

如图 3-12 所示，首先，sigmoid 函数的一阶导数（梯度值）≤0.25，而且，变量取值只在区间 $[-5,5]$ 之间梯度值较大，其余区域梯度值会很小，有可能引发梯度消失问题（见第 3.6 节）；其次，sigmoid 函数还包含指数函数，运算量很大；第三，sigmoid 函数的值域是 $(0,1)$，函数值都是正值，算法不是一个对称算法，并不是所有情况下都希望下一个神经元只能接受正值输入，而且算法收敛缓慢。所以，现在深度学习中已不常使用。

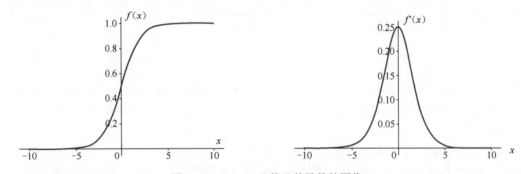

图 3-12　sigmoid 函数及其导数的图像

3. tanh 函数

杨立昆先生建议采用双曲正切函数 tanh 来解决 sigmoid 的非对称问题。tanh 函数的图像形状与 sigmoid 函数很像，区别是值域从 $(0,1)$ 扩大到 $(-1,1)$，这是一个对称区间。

$$\tanh: f(x) = \frac{\mathrm{e}^x + \mathrm{e}^{-x}}{\mathrm{e}^x - \mathrm{e}^{-x}}$$

tanh 函数的导数为：

$$f'(x) = 1 - (f(x))^2$$

tanh 函数的值域是以 0 为中心的区间 $(-1,1)$，因此优化更容易，但同样存在梯度消失和运算效率问题。因此，必须寻找新的激活函数来解决梯度消失问题和运算效率问题。

4. ReLU 函数

激活函数 ReLU（Rectified Linear Unit，修正线性单元）是一个非常简单的函数，但有着不简单的效果。

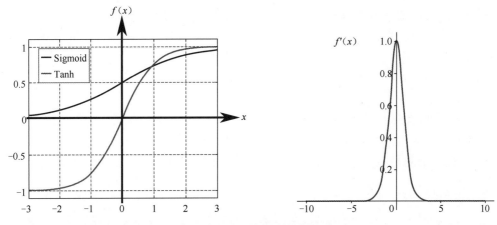

图 3-13 tanh 函数及其导数的图像

修正线性单元 ReLU 的定义为：$f(x) = \max(x, 0)$，或定义成：

$$f(x) = \begin{cases} 0 & if \ x \leqslant 0 \\ x & if \ x > 0 \end{cases}$$

即如果输入值大于 0，直接输出该值，否则输出 0（函数及其导数的图像见图 3-14）。

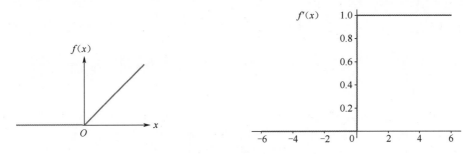

图 3-14 ReLU 函数及其导数的图像

显然，ReLU 函数的作用是，当 $x > 0$ 时，$f(x) > 0$，模型会更新参数，否则不会更新。再来看看这个函数的导数：

$$f'(x) = \begin{cases} 1 & if \ x > 0 \\ 0 & if \ x \leqslant 0 \end{cases}$$

这个导数函数是一个标准的阶梯函数。

不难看出，ReLU 函数计算显然简单，而且不会出现梯度问题。文献"Krizhevsky, ImageNet Classification with Deep Convolutional Neural Networks, 2012"已经证明，与 sigmoid 和 tanh 相比，ReLU 的收敛速度提高了 6 倍。

但是，ReLU 函数在解决了梯度消失和计算效率问题的同时，又出现了下列两个问题：

- ReLU 的取值范围为 $(0, \infty)$，已经超出概率空间 $[0, 1]$，因此不能直接作为输出值出现在输出层，还需要使用 softmax 函数（见 3.5.3 节似然函数）来计算分类的概率；

- ReLU 的另一个问题是"死神经元"问题。当 $x \leqslant 0$ 时，对应的梯度值为 0，神经元无法更新；当 $x > 0$ 时，因为 ReLU 函数的梯度值可以很大，可能导致权重 w 调整步伐过大，使得某个神经元跳过调整，以后的梯度都是 0，神经元不会再被激活；

- 和 Sigmoid 激活函数类似，ReLU 函数的输出同样不以零为中心。

尽管存在这些问题，ReLU 目前仍是最常用的激活函数，在搭建人工神经网络时推荐优先尝试。

下列函数可以解决 ReLU 的死神经元问题：

- Maxout
- Leaky ReLU
- Parametric ReLU(PReLU)
- Randomized leaky Rectified Linear Units(RReLU)

5. maxout 函数

maxout 函数是一种新型的激活函数，是一个可学习的分段线性函数，是从 k 个候选输出值中选取最大的一个作为这个值的唯一输出。

实际上，是将网络的中间层所有 m 个元素分成 d 个小组，每个小组有 k 个元素，每个小组只取其最大值作为这个小组的代表输出。

如图 3-15 所示，首先将中间层分成若干个（图中为 d 个）元素相等（图中为 k 个）的小组，设 z_{pl} 为中间层的第 P 小组的第 l 个元素，其计算公式为：

$$z_{pl} = \sum_{j=1}^{k} w_{pj} x_j + b_p \quad (p = 1, 2, \cdots, d)$$

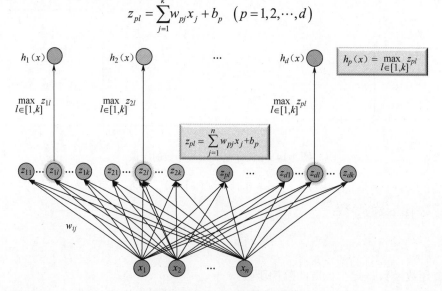

图 3-15　maxout 函数示意图

于是，被选作第 P 小组唯一的输出为：

$$h_p(x) = \max_{l \in [1,k]} z_{pl}$$

6. ReLU 函数的衍生函数

由于函数 ReLU 在 $x < 0$ 时梯度为 0，这样，这个神经元有可能再也不会被任何数据激活。如图 3-16 所示的 3 个函数都是对函数 ReLU 的负数端进行了改进，因此都属于 ReLU 的衍生函数。

Leaky ReLU 函数：$y = f(x) = \begin{cases} x & if\ x > 0 \\ ax & if\ x \leqslant 0 \end{cases}$

其导数为：$f'(x) = \begin{cases} 1 & if\ x > 0 \\ a & if\ x \leqslant 0 \end{cases}$

当 $x < 0$ 时，Leaky ReLU 函数让变量乘以一个很小的常数 a ，例如 $a = 0.01$ ，这样就可以得到 0.01 的正梯度，从而避免出现死神经元问题。

PReLU 函数：$y = \max(\alpha x, x)$ ，a 是一个超参数，不是一个固定值，是由误差反向传播算法计算出来的，从理论上看比 Leaky ReLU 函数设计得更合理些。PReLU 激活函数出自于微软研究院何凯明等人的论文《*Delving Deep into Rectifiers:Surpassing Human-Level Performance on ImageNet Classification*》。

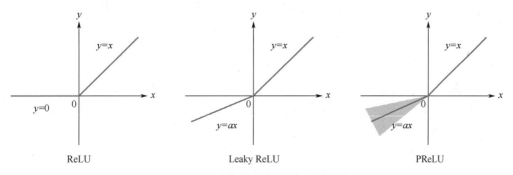

图 3-16　ReLU 及其衍生函数示意图

理论上来讲，ReLU 函数的衍生函数有 ReLU 的所有优点，且不会有死神经元问题，但是在实际操作当中，并没有完全证明它们总是好于 ReLU 函数。

3.5.4　似然函数

机器学习的目的是让机器的实际输出与期望输出尽可能地接近。判断实际输出与期望输出是否足够接近的常用手段有两种：计算二者差异程度的误差函数，或者是计算二者接近程度的似然度。所谓似然度就是二者的相似程度。

这两种方法的目的或结果是一致的，差别是分析问题的角度不同。一个是从两者的相差程度来衡量它们的接近程度，另一个是从两者的相似程度来计算它们的接近程度。当然希望二者的误差函数值能够最小，或者二者的似然度最大。

与计算实际输出值与期望输出值之间差异的误差函数类似，似然度是通过计算似然函数获得的。在介绍似然函数之前，需要介绍最大似然估计，为此，还需引入先验概率和后验概率概念。

先验概率：在一个事件发生前，人们根据已有的经验或知识预测该事件发生的概率。如，掷六面骰子，掷出点数为 1 的概率为 1/6。再如，已知机场已经实行了流量控制，根据自己以往乘坐飞机的经验，预测自己今天乘坐的那个航班延误的概率。

后验概率：在一个事件发生后，人们分析计算导致该事件发生的各种原因的各自概率。如已知连续掷两次骰子的点数和为 8，求其中 1 次点数和为 3，1 次点数和为 5 的概率。再如，已知自己乘坐的航班已经延误，计算因为机场流控造成这个航班延误的概率和因为机械故障造成航班延误的概率。

先验概率是根据经验或知识来预测未来事件出现的可能性，后验概率是在事件已发生后，分析计算导致事件发生的各种原因的可能性。在分析计算后验概率时，会用到先验概率的知识。

例：已知连续投掷两次骰子的点数之和为 8，求其中一次为点数和 3，另一次点数和为 5 的概率。

$$P("3+5" \mid "和为8") = \frac{P("3+5" \cap "和为8")}{P("和为8")}$$

$$= \frac{P("3+5") + P("5+3")}{P("2+6") + P("3+5") + P("4+4") + P("6+2") + P("5+3")}$$

$$= \frac{2}{5}$$

其中，按照经验，掷出 2+6、3+5、4+4 等的概率是一样的，是先验概率。

有了先验概率和后验概率知识后，理解最大似然估计就比较容易了。

先举个例子，一天，一个猎人带着他的一帮朋友去林子里打猎，看到远处树梢上有只野鸡，猎人要求大家一起向这只可怜的野鸡开枪。一声令下，枪声一片，野鸡应声落树。走近细看，一枪爆头！是谁打了神准的这一枪？大家一致认为是猎人，因为他的枪法最好，一枪爆头只有他能做到。大家的思维方式不自觉地用到了最大似然估计。

用数学描述最大似然估计就是：给定一组样本数据，一个计算模型，在这个计算模型中有一些未确定的参数。利用样本数据，对各种参数组合进行分别测试，通过模型计算比较哪种参数组合得到的概率值最大，即找出一种参数组合，可以得出引发该事件的概率最大。

在统计中，似然函数是一种关于统计模型中的参数的函数，表示模型中参数的似然性，是根据参数的作用对结果进行区分。在数据可用之前，使用概率来描述对于一组参数可能出现的结果。在数据可用之后，使用似然把结果描述成参数的函数。当给定输出 x 时，关于参数 θ 的似然函数 $L(\theta)$（在数值上）等于给定参数 θ 后变量 X 的概率：

$$L(\theta) = P(X = x \mid \theta)$$

进一步：

$$L(\theta) = P(X \mid \theta) = \prod_{i=1}^{n} P(x_i \mid \theta)$$

其中，$X = (x_1, x_2, \cdots, x_n)$

下面来解释公式：$L(\theta) = P(X \mid \theta) = \prod_{i=1}^{n} P(x_i \mid \theta)$ 的含义：

对于似然函数 $L(\theta)$ 而言，我们希望求出一组参数 θ，使得在这组参数下，似然函数值 $L(\theta)$ 为最大。

实际上是求似然函数 $L(\theta)$ 关于变量 θ 的最大值，可以使用对函数 $L(\theta)$ 求关于变量 θ 的导数的方法：

$$\frac{\partial L(\theta)}{\partial \theta} = 0$$

为了计算方便，改用求似然函数的对数函数的最大值。这是因为在（0,1）区间内，对数函数单调递增，所以与原函数的极值点是相同的。

$$\frac{\partial \ln(L(\theta))}{\partial \theta} = 0$$

在机器学习中，因解决的问题种类不同，选用不同的似然函数，来计算多层感知器最终的输出结果。

（1）多分类问题。通常用 softmax 函数作为似然函数：

$$p(y^k) = \frac{e^{u_k}}{\sum_{q=1}^{n} e^{u_q}}$$

上式表示，输出层有 n 个神经元，第 k 个神经元输出的概率是 $p(y^k)$，然后在这 n 个 $p(y^k)$ 值中比较，哪个值最大，最终将最大值作为最后的输出值。

分母是对输出层所有单元（$q=1,\cdots,n$）的激活值进行求和，起到归一化作用，输出层中每个单元的取值都是介于 0 和 1 之间的概率值，取概率最大值作为最终分类结果输出。

softmax 函数实际就是一个归一化函数，将一个向量 $\boldsymbol{u} = [u_1, u_2, \cdots, u_n]^{\mathrm{T}}$ 归一化成和为 1 的概率向量 $p = [p(y^1), p(y^2), \cdots, p(y^n)]^{\mathrm{T}}$。

上面的描述有些难懂，来看一个 softmax 函数简单的例子。

如果有 3 个输出值 3、1、−3，使用 softmax 函数将其转换为概率输出值，然后再比较选择一个可能性最大的值作为最终的输出值，如图 3-17 所示。有些书将 softmax 函数作为输出层专用的激活函数介绍，也是有道理的。

如果某一个分量 z_j 的似然函数值大过其他分量的函数值，那么 softmax 就输出这个分量。因此，y_1 就是最终的输出值。

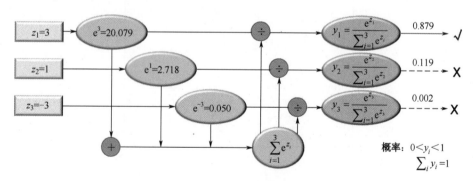

图 3-17　softmax 函数示意图

需要注意的是，softmax 函数包含 e 的指数函数，如果 e^{u_i} 中的 u_i 值过大，e^{u_i} 会非常大，有溢出的可能。

（2）递归问题。有时会使用线性输出函数作为似然函数。

线性输出函数（$p(x_i) = u_k = \sum_{j=1}^{K} w_{pj} x_j$）会把激活值 u_k 作为结果直接输出。输出层各单

元的取值仍是介于 0 和 1 之间。

3.5.5　梯度与梯度下降法

量微积分中，标量场的梯度是一个向量场。如图 3-18 和图 3-19 所示，标量场中某一点的梯度指向是指在这一点标量场变化最大的方向（不一定是直接指向最低点的方向），图中虚线是函数的等高线。简单地说，一个点的梯度指示的方向是该点函数值减小最大的方向。

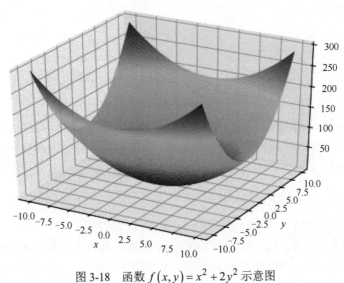

图 3-18　函数 $f(x,y) = x^2 + 2y^2$ 示意图

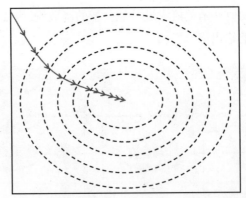

图 3-19　函数 $f(x,y) = x^2 + 2y^2$ 梯度下降示意图

对于单变量函数，其梯度就是函数的导数。对于三个变量的函数，梯度是对各个变量求函数的偏导数：

$$\nabla f(x,y,z) = \left(\frac{\partial f}{\partial x}, \frac{\partial f}{\partial y}, \frac{\partial f}{\partial z} \right)$$

深度神经网络的参数非常多，因此，损失函数的梯度往往是一个维数很大的矩阵，相应的计算量必然非常大。

假设误差函数为 $E(w_0, w_1, \cdots, w_n)$，$w_0, w_1, \cdots, w_n$ 为神经网络中的参数，其梯度值定义为：

$$\nabla E = \left(\frac{\partial E}{\partial w_0}, \frac{\partial E}{\partial w_1}, \cdots, \frac{\partial E}{\partial w_n} \right)^{\mathrm{T}}$$

在机器学习中，自动调整参数的过程是，损失函数的取值从当前位置沿梯度方向前进一小段距离（距离大小由学习率决定），然后在新的地方重新求梯度，再沿着新梯度方向前进，如此反复，沿不断修正的梯度方向小步前进，逐渐减小损失函数值，直至达到预期范围。这个过程就是机器学习参数自动调整的梯度下降法。梯度下降法是机器学习中最优化问题的常用方法，特别在神经网络的学习中经常使用。

为了简单说明原理，假设只有一个权重参数 w，损失函数与权重就可以用二维坐标系表示了。如图 3-20 所示，梯度下降法就是通过计算实际输出与期望输出之间的误差函数 $E = (r - y)^2$ 对权重的梯度 $\frac{\partial E}{\partial w}$，调整连接权重 w^0，得到新的连接权重 w^1，不断迭代调整权重，直至误差达到允许范围，得到最优的连接权重 w 最优。

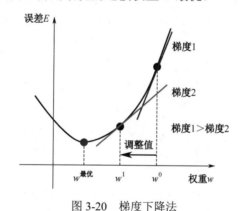

图 3-20　梯度下降法

具体采用什么样的方法计算误差非常关键。在误差反向算法中，误差计算函数一般采用最小二乘损失函数：

$$E = \frac{1}{2} \sum_{i=1}^{n} (r_i - y_i)^2$$

其中，r 是期望输出，y 是实际输出，加系数 1/2 是为了后面计算方便。

梯度下降法的目的是通过迭代调整权重 w，使得误差越来越小：

$$E(w) \to 0 \ \left(w \to w^{最优} \right)$$

如何调整权重使其达到最优？

对损失函数求导，可以得到图 3-20 中每个给定点 (w_i, E_i) 的梯度值。当误差值较大时，其梯度值也较大，这时需要增大参数的调整幅度 Δw；当误差较小时，其梯度值也较小，这时减小参数的调整幅度 Δw。梯度大说明误差大，误差大，调整幅度就要大，这符合常识。

梯度下降法的调整方法是以目标的负梯度方向对权重进行调整的，其公式为：

$$\Delta w = -\eta \frac{\partial E(w)}{\partial w}$$

η 为学习率，这个超参数决定了参数调整幅度 $_{\Delta w}$ 的大小，参数调整幅度是学习率与梯度的乘积。

调整权重时用到了梯度，这要求激活函数和损失函数可以求导。回忆 M-P 模型，使用的激活函数是阶梯函数，是不连续的，更不可导。

为了使误差能够传播，Rumelhart 等人使用可导函数 sigmoid 作为激活函数。

$$f(u) = \frac{1}{1 + e^{-\lambda u}}$$

$$f'(u) = \lambda f(u)\left(1 - f(u)\right)$$

通常取 $\lambda = 1$，$f'(u) = f(u)\left(1 - f(u)\right)$

但是，一个函数的梯度为 0，即 $f'(x) = 0$，无法确定在此点函数 $f(x)$ 的值是极大值还是极小值，这需要通过再求二阶导数得出结论。用数学方式描述就是：

当 $f'(x) = 0$ 时，如果 $f''(x) > 0$，x 是一个局部极小值点，如果 $f''(x) < 0$，x 是一个局部极大值点，但是，如果 $f''(x) = 0$，仍然无法确定 x 处函数值的属性。

对一个有 n 个变量的函数 $f(x_1, x_2, \cdots, x_n)$，其所有二阶偏导数组成的矩阵称为海森矩阵（Hessian matrix）：

$$A = \begin{pmatrix} \dfrac{\partial^2 f(x)}{\partial x_1^2} & \dfrac{\partial^2 f(x)}{\partial x_1 \partial x_2} & \cdots & \dfrac{\partial^2 f(x)}{\partial x_1 \partial x_n} \\[2ex] \dfrac{\partial^2 f(x)}{\partial x_2 \partial x_1} & \dfrac{\partial^2 f(x)}{\partial x_2^2} & \cdots & \dfrac{\partial^2 f(x)}{\partial x_2 \partial x_n} \\[2ex] \vdots & \vdots & \ddots & \vdots \\[2ex] \dfrac{\partial^2 f(x)}{\partial x_n \partial x_1} & \dfrac{\partial^2 f(x)}{\partial x_n \partial x_2} & \cdots & \dfrac{\partial^2 f(x)}{\partial x_n^2} \end{pmatrix}$$

当 A 为正定矩阵时，f 有极小值；当 A 为负定矩阵时，f 有极大值。

3.5.6　学习率

学习率是指用来确定权重调整幅度大小的一个超参数，通常用字母 η 表示。所谓超参数，就是在开始学习过程之前设置值的参数，而不是通过训练得到的参数数据，所以，超参数通常需要尝试多个值，以便找到一个可以使学习顺利完成的参数值。

机器学习的参数调整需要通过多次迭代，不断逼近目标值。第 t 次调整连接权重的公式为：

$$w^{(t+1)} = w^t - \eta \frac{\partial E^t}{\partial w^t}$$

从这个公式可知，学习率 η 和梯度 $\dfrac{\partial E^t}{\partial w^t}$ 是决定连接权重调整幅度大小的关键因素。梯度是由众多的连接权重和误差计算公式决定的，而学习率是一个影响全局的重要参数。就像我们在上课学习时，如果老师授课的进度太快，学生跟不上学习进度。如果教师授课的进度太慢，课程结束时学生发现学到的东西太少。

超参数学习率的数值设置很重要但又难以选择，多数是根据经验来确定的，这样就有可能选到一个不适当的值。

如果学习率 η 设置过大，导致每次权重调整的幅度 Δw 过大，有可能会错过权重的最优值，致使误差无法收敛；如果学习率 η 设置过小，虽然可以确保不会错过任何局部极小值，但也意味着将花费更长的时间来进行收敛。

于是想到，改变以往训练前设定一个学习率，用这个学习率贯穿整个学习过程的做法，在学习过程中动态调整学习率，试图选到一个适当的学习率。

动态调整学习率有一种做法是，首先设定一个较大的值，再逐渐减小这个值，这种方法称为学习率衰减（learning rate decay）。在实际生活中，学习一种知识，开始时通常会学到很多新知识，以后学到的新知识会逐渐减少。

学习率衰减法的做法是将网络中所有参数的学习率步调一致地降低。而 AdaGrad 算法就做得更加精细，针对每个参数，赋予其定制的学习率，算法名称中的 Ada 就是取值英文单词"Adaptive"，即自适应的意思。

AdaGrad 算法就是将每一个参数的每一次迭代的梯度取平方累加后再开方，用全局学习率除以这个数，作为学习率的动态更新。AdaGrad 方法的计算公式为：

$$w^{(t+1)} = w^{(t)} - \frac{\eta}{\sqrt{\sum_{i=1}^{t}\left(\nabla E^{(i)}\right)^2} + \varepsilon}\nabla E^{(t)}$$

t 代表迭代次数，ε 一般是一个极小值，比如为 10^{-6}，作用是防止分母为 0。

AdaGrad 计算公式与前面的连接权重调整公式相比，学习率多了一个梯度平方和的根式，这样，梯度越大学习率会越小，梯度越小学习率越大。而且，公式可以对每个参数逐个迭代求最佳学习率。

AdaGrad 的缺点是在训练的中后期，分母上梯度平方的累加将会越来越大，从而梯度趋近于 0，使得训练提前结束。

因为学习率的重要性，所以引起了很多学者的兴趣，不断提出了很多动态调整方法，除 AdaGrad 外，AdaDelta 方法、Adam 方法、Momentum 方法也很有名，它们各有所长。

3.5.7　学习规则

各种人工神经网络在学习训练过程中，如何调整神经网络的参数，有各自的一套方法和规则，这些调整参数的方法和规则称为神经网络的学习规则。

人工神经网络在学习训练过程中调整的参数主要包括神经元之间的连接权重和属于神经元自身的阈值。

常用的神经网络学习规则包括误差修正学习规则、Hebb 学习规则、竞争学习规则以及随机学习规则等。

1．误差修正学习规则

误差修正学习规则也称 Delta 学习，其基本思想是，设定神经网络的期望输出 r，然后根据计算出的网络实际输出 y 和期望输出 r 之间的差值，迭代调整参数。

每次迭代时，神经元 i 与神经元 j 之间的连接权重调整计算公式为：

$$w_{ij}(t+1) = w_{ij}(t) + \eta\left(r_j(t) - y_j(t)\right)x_i(t)$$

$w_{ij}(t)$ 表示时刻 t 的权重，$w_{ij}(t+1)$ 表示对时刻 t 的权重修正一次后得到的新权重，η 为学习率，$r_j(t)$ 为神经元 j 的期望输出，$y_j(t)$ 为神经元 j 的实际输出，$x_i(t)$ 为神经元 i 的输入。

调整的目标是使神经元 j 的实际输出与期望输出之间的误差平方为最小：

$$E = \frac{1}{2}\left(r_j - y_j\right)^2$$

这实际上是求上述凸函数的最优化问题。

2. Hebb 学习规则

1949 年，赫布（Donald Hebb）提出，在同等条件下，出现兴奋状态多的神经元的组合会得到加强，而出现兴奋状态少的神经元的组合则会减弱。这就是后天学习可以增强智力和能力的理论依据。

Hebb 学习规则：当某一突触两端的神经元同时处于兴奋状态时，那么该连接的权重应该增强。用数学方式描述调整权重 w_{ij} 的方法为：

$$w_{ij}(t+1) = w_{ij}(t) + \eta x_i(t)x_j(t) \quad (\eta > 0)$$

x_i、x_j 分别为神经元 i、j 的输出。因此，权重的调整值为：

$$\Delta w_{ij} = \eta x_i(t)x_j(t)$$

Hebb 规则不是普适的，刺激效应会有衰减现象。即同一刺激对生物体的重复作用，可能造成机体的习惯化。习惯化将减弱机体对刺激的反应，这与 Hebb 规则正好相反。

3. 竞争学习规则

竞争学习规则就是"胜者为王"的规则。网络中的某一组神经元，通过竞争，争取唯一一个对外界刺激的响应权力。

这个规则分为三个步骤：

（1）向量归一化：由于不同的模式单位不统一，因此在数据处理前，会将模式向量进行规范化；

（2）寻找获胜神经元：当网络得到一个输入模式向量时，竞争层的所有神经元都计算权重与输入模式的乘积值，对这些值进行比较，最大者为获胜神经元；

（3）获胜神经元输出为 1，其余输出为 0。只有获胜神经元才有权调整其权重。

4. 随机学习规则

随机学习规则不仅能够接受能量函数减小（性能得到改善）的变化，还可以以某种概率分布接受能量函数增大的变化。

接受使能量函数变大的变化是为了避免陷入局部极值问题，模拟退火算法（Simulated Annealing，SA）就是一种典型的随机学习算法。

3.6 误差反向传播算法

3.5.5 节介绍了通过计算神经网络参数的梯度（严格地说是损失函数关于连接权重的梯度）来寻找最优解，这看起来已经非常完美地解决了参数的最优化问题。但是，人工神经网络，特别是深度神经网络的参数非常多，这种计算方法非常耗时。相比而言，误差反向传播算法就要高效得多。

误差反向传播算法早在 20 世纪 60 年代就已经提出，其思想就是根据实际输出值与期望值之间的误差大小来修正算法，这与人类习惯的学习校正方法是相通的。

如图 3-21 所示，多层神经网络的演算将结果从左到右逐层向前传递，这是"正向"学习过程。与此相反，比较实际输出与期望输出之间的误差的计算过程是反向的。"反向"就是从右到左，把误差从输出层开始，反方向逐层传播到前面各层，与此同时，通过逐层调整连接权重来减小误差。

为了更好地理解误差反向传播算法，下面来推导连接权重调整公式。先以单层感知器为例，如图 3-22 所示。

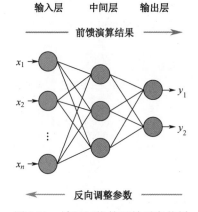

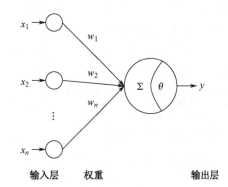

图 3-21 神经网络的误差反向传播　　　　图 3-22 单层单输出感知器

设激活函数为 $\lambda=1$ 的 Sigmoid 函数 $y=f(u)$，根据链式求导法则：

$$\frac{\partial E}{\partial w_i}=\frac{\partial E}{\partial y}\frac{\partial y}{\partial w_i}=-(r-y)\frac{\partial y}{\partial w_i}=-(r-y)\frac{\partial f(u)}{\partial w_i}=-(r-y)\frac{\partial f(u)}{\partial u}\frac{\partial u}{\partial w_i}=-(r-y)\frac{\partial f(u)}{\partial u}x_i$$

$$=-(r-y)f(u)(1-f(u))x_i=-(r-y)y(1-y)x_i$$

单层单输出感知器的权重调整值公式为：

$$\Delta w=-\eta\frac{\partial E(w)}{\partial w}=\eta(r-y)y(1-y)x_i$$

注：单层感知器的损失函数为 $E=\frac{1}{2}(r-y)^2$，单层单输出感知器的实际输出为

$$y=f(u)=f\left(\sum_{i=1}^{n}w_ix_i-h\right)$$

下面再来看有两个输出的单层感知器的情况，如图 3-23 所示。

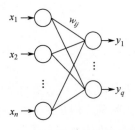

图 3-23　两个输出的单层感知器

两个输出的单层感知器的损失函数：

$$E = \frac{1}{2}\sum_{j=1}^{p}\left(r_j - y_j\right)^2$$

对损失函数求导

$$\frac{\partial E}{\partial w_{ij}} = \frac{\partial E}{\partial y_i}\frac{\partial y_i}{\partial w_{ij}}$$

w_{ij} 表示 x_i 和 y_j 之间的连接权重。

上式右侧 $\dfrac{\partial E}{\partial y_i}$，结果只与 y_j 相关，因此

$$\frac{\partial E}{\partial w_{ij}} = -\left(r_j - y_j\right)\frac{\partial y_i}{\partial w_{ij}}$$

与单个输出的感知器运算过程一样

$$\frac{\partial E}{\partial w_{ij}} = -\left(r_j - y_j\right)\frac{\partial y_i}{\partial u_i}\frac{\partial u_i}{\partial w_{ij}} = -\left(r_j - y_j\right)y_j\left(1 - y_j\right)x_i$$

两个输出的单层感知器的权重调整值公式为：

$$\Delta w_{ij} = \eta\left(r_j - y_j\right)y_j\left(1 - y_j\right)x_i$$

由此可见，连接权重 w_{ij} 的调整值 Δw_{ij} 只与其相关的输入 x_i 和输出 y_j 有关。

最后看多层感知器的情况。

首先是只有一个输出单元，w_{1ij} 表示输入层与中间层之间的连接权重，w_{2j1} 表示中间层与输出层之间的连接权重。i 表示输入层单元，j 表示中间层单元，如图 3-24 所示。

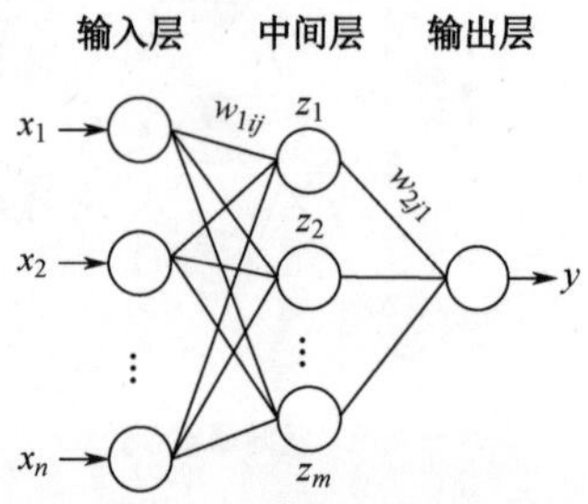

先调整中间层与输出层之间的连接权重。

对损失函数 E 求 w_{2j1} 的导数

$$\frac{\partial E}{\partial w_{2j1}} = \frac{\partial E}{\partial y}\frac{\partial y}{\partial u_{21}}\frac{\partial u_{21}}{\partial w_{2j1}}$$

图 3-24　只有一个输出单元的多层感知器

与单层感知器一样，对损失函数 E 求导

$$\frac{\partial E}{\partial w_{2j1}} = -\left(r - y\right)y\left(1 - y\right)z_j$$

z_j 是中间层的输出值，也是输出层的输入值。

中间层与输出层连接权重调整值计算公式为

$$\Delta w_{2j1} = \eta\left(r - y\right)y\left(1 - y\right)z_j$$

同样的方式可以得到输入层与中间层之间的连接权重调整公式：

$$\Delta w_{1ij} = \eta\left(r - y\right)y\left(1 - y\right)w_{2j1}z_j\left(1 - z_j\right)x_i$$

图 3-25 总结了只有一个输出的多层传感器的权重调整。

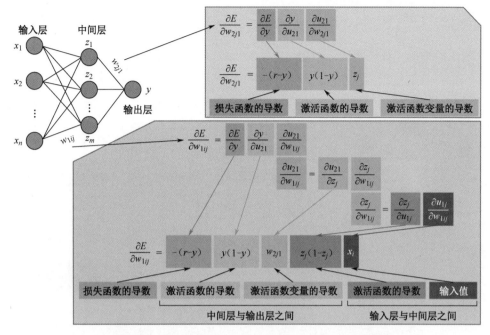

图 3-25　只有一个输出单元的多层感知器的权重调整

对于有多个输出单元的多层感知器，公式的推导类似，连接权重调整公式为：

$$\Delta w_{2jk} = \eta (r_k - y_k) y_k (1 - y_k) z_j$$

$$\Delta w_{1ij} = \eta \sum_{k=1}^{q} \left[(r_k - y_k) y_k (1 - y_k) w_{2jk} \right] z_j (1 - z_j) x_i$$

有多个输出单元的多层感知器如图 3-26 所示。

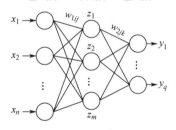

图 3-26　有多个输出单元的多层感知器

同样用一幅图片总结一下有多个输出的多层传感器的权重调整，如图 3-27 所示。与单输出单元权重调整的不同之处：输入层与中间层之间的权重调整值是相关单元在中间层与输出层之间的权重调整值的总和。

前面推导中使用的激活函数是 $\lambda = 1$ 的 sigmoid 函数 $f(u) = \dfrac{1}{1 + \mathrm{e}^{-u}}$。这个函数虽然是可导的，但还有缺点。

从图 3-28 中可以看出，当 $u \to \infty$ 时，即 $\left(\displaystyle\sum_{i=1}^{n} w_i x_i - h \right) \to \infty$ 时，$y \to 0$；$u \to -\infty$ 1 $- y \to 0$，

这样导致 $\Delta w = -\eta \dfrac{\partial E(w)}{\partial w} = \eta (r - y) y (1 - y) x_i \to 0$，因此无法调整连接权重。这是因为梯度值过小，出现了所谓的"梯度消失"问题。

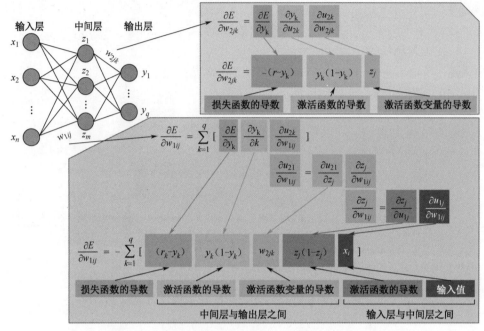

图 3-27　有多个输出单元的多层感知器的权重调整

另外一方面，当 $u \to 0$ 时，梯度值又过大，出现了"梯度爆炸"问题，如图 3-28 所示。

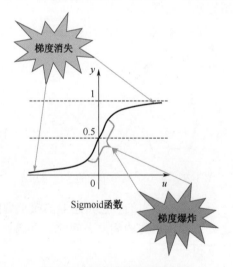

图 3-28　梯度消失和爆炸图示

造成梯度消失和梯度爆炸的原因：

（1）隐藏层的层数过多；

（2）采用了不合适的激活函数；

（3）权重初始化值过大。

为了防止梯度消失和爆炸，可以采用以下方法：

（1）精选初始化参数，如 He 初始化；

（2）使用 ReLU、Leaky-ReLU、PReLU、Maxout 等激活函数替代 sigmoid 函数；

（3）使用数据规范化处理，通过对每一层的输出规范为均值和方差一致的方法，消除了权重参数放大缩小带来的影响，进而解决梯度消失和爆炸的问题；

（4）LSTM 的结构设计也可以改善 RNN 中的梯度消失问题。

前面用数学公式介绍了误差反向传递算法。这样做虽然很严谨，但不易获得感性认识。还有一种基于计算图（computational graph）的形式，非常便于直观地理解误差反向算法。计算图将计算过程用图形表示出来，图中每个节点表示一个函数，节点之间的连接直线称为边，用来表示输入/输出变量，变量可以是标量、向量、矩阵、张量甚至是另一类型的变量，如图 3-29 所示。

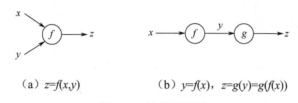

（a）$z=f(x,y)$　　　（b）$y=f(x)$，$z=g(y)=g(f(x))$

图 3-29　计算图示例

计算图是正向表示运算顺序，反向可以直观地表示出误差的传递过程，如图 3-30 所示，误差分析传播是将误差值 E 乘以该节点的偏导数 $\dfrac{\partial y}{\partial x}$，然后传递给上一个节点。

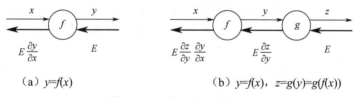

（a）$y=f(x)$　　　（b）$y=f(x)$，$z=g(y)=g(f(x))$

图 3-30　误差反向传播图示

下面用 sigmoid 函数 $y=\dfrac{1}{1+\exp(-x)}$ 作为例子来看计算图是如何完成误差反向传播的。其中，值 $\dfrac{\partial L}{\partial y}$ 假定是后面的节点传递过来的，如图 3-31 所示。

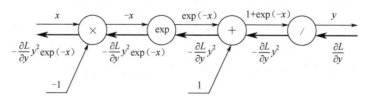

图 3-31　sigmoid 函数正向计算和误差反向传播图示

再看一个带有数值的、含有加法和乘法的例子，重点看误差反向传播在加法和乘法运算时的误差反向传播所乘数值大小的差别。

有人在超市里购买了 2 个苹果、3 个橘子，苹果一个 100 元，橘子一个 150 元，另收消费税 10%，一共需要支付多少钱？其正向计算和误差反向传播如图 3-32 所示。

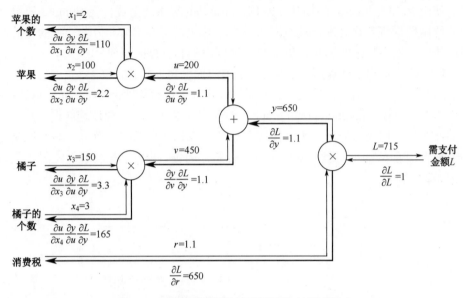

图 3-32　购物费正向计算和误差反向传播图示

设支付金额为 L，苹果个数为 x_1，苹果单价为 x_2，苹果总价为 u，橘子单价为 x_3，橘子个数为 x_4，橘子总价为 v，税率为 r，货物总价为：

$$L = (u + v) \times r = (x_1 \times x_2 + x_3 \times x_4) \times r$$

注意，加法节点反向传播所乘的偏导数为 1，所以输入的误差值会原封不动地传向前一个节点。乘法节点的偏导数正好是另一个乘数，所以误差传播会将原误差值乘以另一个乘数。

3.7　随机梯度下降法

误差反向传播算法先对损失函数计算梯度，然后计算连接权重调整值，通过反复迭代训练，最终获得符合预期要求的解。

现在可以很容易地获得大量数据用于训练，将所有数据都用于神经网络的训练当然得到的效果会更好，但付出的代价也很大，需要大量的计算力和计算时间。在工程实践中，经常需要回答的问题是，如何不失一般性地在为数众多的训练数据中选取适当的训练样本？所谓不失一般性，就是要使训练样本数据的数字特征尽可能地与总体数据的数字特征一致，从而使样本数据得到的最优解就是全体数据的最优解。随机梯度下降收敛图如图 3-33 所示。

从图 3-33 中可以看出，由于每次的训练数据集不相同，相应的梯度值也不同，所以向最小值收敛的路径是随机曲折向前的。

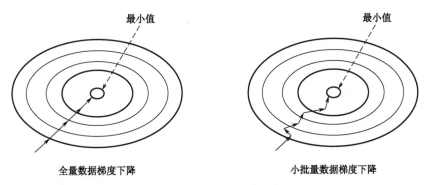

图 3-33　随机梯度下降收敛图示

误差反向传播算法有三种样本选取方式：

（1）批量学习（batch learning）算法：在每次进行迭代计算时，需要遍历全部训练样本。假定第 t 次迭代时各训练样本的误差为 E_i^t，全部训练样本的误差 E^t 为：

$$E^t = \sum_{i=1}^{n} E_i^t$$

批量学习由于每次迭代都计算全部训练样本，所以能够有效抑制噪声样本所导致的输入模式剧烈变动，但训练时间较长。

（2）在线学习（sequential learning 或 online learning）算法：这种算法每输入一个训练样本，就进行一次迭代，然后使用调整后的连接权重测试下一个训练样本。

由于每次只计算一个训练样本，所以训练样本的差异可能导致迭代结果出现大幅变动，这样会导致训练无法收敛。

为此，可以采取逐步降低学习率 η，但这不能保证彻底解决此问题。

（3）小批量（mini-batch）梯度下降学习算法：这种算法介于在线学习和批量学习之间，它将训练集分成几个子集，每次使用其中一个子集。

由于每次迭代只使用少量样本，与批量学习相比，能够缩短单次训练时间。由于每次迭代使用了多个训练样本，与在线学习相比，能够减少结果变动。

小批量和在线学习使用部分训练样本进行迭代计算，部分的选取是随机的，所以称随机梯度下降法（Stochastic Gradient Descent，SGD）。

SGD 法每次抽取部分训练样本，所以减少了迭代结果陷入局部最优的情况，是目前深度学习的主流算法。当然，SGD 法不可避免地会出现在搜索最优路径中的"徘徊"情况，因为不可能每次选取的样本所算出的梯度方向就是目标函数值下降最大的方向。于是有学者提出了取代 SDG 的 AdaGrad、Momentum、Adam 等方法，在 3.5.6 节中也提到了这些方法。

3.8　神经网络学习算法的基本步骤

在 1.1 节中，简要介绍了"机器学习模型三步骤"，现在学习了损失函数、梯度下降法、mini-batch 等知识后，可以稍微展开一下神经网络学习算法的基本步骤。

前提：神经网络存在合适的权重和阈值。学习算法就是要通过训练数据的不断迭代拟合，找出这个合适的权重和阈值。神经网络的学习分成下面 4 个步骤：

步骤 1（mini-batch）：从训练数据中随机选出一部分数据，这部分数据称为 mini-batch，目标是减小 mini-batch 的损失函数的值。

步骤 2（计算梯度）：为了减小 mini-batch 的损失函数的值，需要求出各个权重参数的梯度。梯度表示损失函数的值减小最多的方向。

步骤 3（更新参数）：将权重参数沿梯度方向进行微小更新。

步骤 4（重复）：重复步骤 1、步骤 2、步骤 3，直至满足要求。

实际上，神经网络的参数有很多：神经元数量、连接权重、阈值、batch 大小、学习率，以及这些参数的初始值。而神经元数量、batch 大小、学习率，以及参数的初始值，是整个神经网络的全局参数，是在训练之前设定的，所以称超参数。它们的确定影响整个学习过程的所有神经元。

思 考 题

1．梯度下降算法的正确步骤是什么？
2．有哪些典型的神经网络算法训练过程？

第 4 章　卷积神经网络

卷积神经网络（convolutional neural networks，CNN）的发展起源于多层感知器，其原理源自于生物视觉神经系统机理。卷积神经网络在图像处理领域被证明是非常有效的，在人脸识别、物体识别、机器人、自动驾驶等方面都有广泛应用。LeNet 是杨立昆于 1998 年提出的第一个卷积神经网络，用于自动识别邮政编码，杨立昆因此赢得卷积神经网络之父的美誉。2012 年，辛顿教授和他的两名学生艾利克斯·克莉泽夫斯基（Alex Krizhevsky）和伊利亚·苏特斯科娃（Ilya Sutskever）在 ImageNet 竞赛上，使用卷积神经网络将图像分类误差从 26% 降到了 15%，开启了卷积神经网络的兴旺时代。

4.1　卷积神经网络的结构

先来看看计算机是如何识别图像的。

计算机识图与十字绣很相似。十字绣首先在样布上用经纬线画出等距离的一个个小方格，在每个小方格中标出要刺绣的丝线颜色。绣工按此要求，对每个格子绣上不同颜色的丝线，就可以绣出一幅事先设计好的图像。计算机识别图像的过程正是十字绣的逆过程。

如图 4-1 所示，对一幅图片，计算机首先将其划分成若干个方格（像素点），再逐个识别每个格子上的颜色，将其用数字表示，这样就得到了一个维数很大的数字矩阵，图片信息也就存储在这个数字矩阵中。

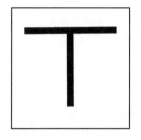

图 4-1　计算机识别图像示意

后面会看到，为了避免对所产生的超大矩阵进行计算，卷积网络识图在识别每个像素点后，会将一个完整的图片分割成许多个小部分，把每个小部分里具有的特征提取出来（也就是识别每个小部分），再将这些小部分具有的特征汇总到一起，组成一个维数较小的矩阵来代替原始的大维数矩阵。

有了计算机识别图像的初步印象后，还是回到卷积神经网络的发端，生物视觉神经系统。

1981 年诺贝尔奖获得者 Hubel 和 Wiesel 发现了人的视觉系统的信息处理是分级的。如

图 4-2 所示，猕猴的视觉感知与人类相似。LGN（Lateral Geniculate Nucleus）：外侧膝状体；V1：初级视觉皮层；V2：次级视觉皮层；V4：视觉区；AIT 和 PIT：前下颞叶皮层和后下颞叶皮层；PFC：前额叶皮层；PMC：前运动皮层；MC：运动皮层。视觉系统首先由眼睛观察，经视网膜（Retina）触发，经过低级的 V1 区提取边缘特征，到 V2 区提取基本形状或目标的局部，再到高层的整个目标（如判定为一张人脸），以及到更高层的 PFC（前额叶皮层）进行分类判断等。也就是说高层的特征是低层特征的组合，从低层到高层的特征表达越来越抽象和概念化，也即越来越能表现语义或者意图。

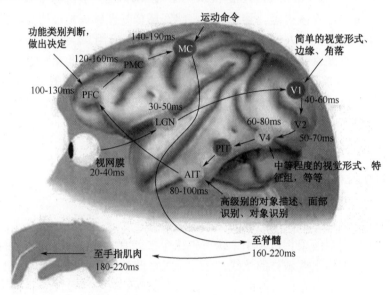

图 4-2 猕猴视觉系统的信息流动示意图
（图片来源：Simon Thorpe）

由此可见，生物的视觉识别过程是一个不断迭代、不断抽象的过程。如图 4-3 所示，从原始信号摄入开始（瞳孔摄入像素），接着做初步处理（大脑皮层某些细胞发现边缘和方向），然后抽象（大脑判定眼前物体的形状，比如是椭圆形的），然后进一步抽象（大脑进一步判定该物体是张人脸），最后识别眼前的这个人。

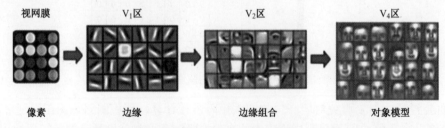

图 4-3 视觉的分层处理结构（图片来源：Stanford）

根据这一发现，1984 年日本大阪大学的福岛邦彦（Fukushima）提出了神经认知机（Neocognitron），如图 4-4 所示。神经认知机是一种分层的神经网络模型，这种分层模型的生物依据就是 Hubel 和 Wiesel 的研究发现，同时，分层的结构大大简化了全连接的神经网络结构。

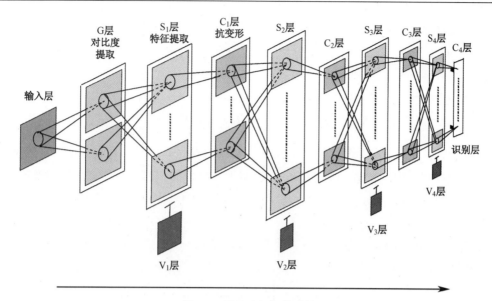

图 4-4 神经认知机的结构

神经认知机的设计目标是识别 0～9 的手写数字，现在通常认为是卷积神经网络的雏形，正是神经认知机，激发了随后的卷积神经网络的诞生。

在神经认知机中，由负责提取对比度的 G 层细胞，负责提取图形特征的 S（Simple）层细胞，和抗变形的 C（Complex）层细胞交替排列组成。C 细胞负责输出识别结果。

借助 S 层和 C 层的交替排列结构，各种输入模式的信息会在经过 S 层提取特征后，通过 C 层对特征畸变的容错，再反复迭代后被传播到后一层。

经过这样的过程，在底层抽取的局部特征会逐渐变成全局特征。C 层还可以消除输入模式因扩大、缩小或平移而产生的畸变。

杨立昆在神经认知机的基础上，引入了误差反向传播算法，得到了卷积神经网络。

卷积神经网络模仿生物的视觉识别过程，通过多个网络层的分层合作，不断迭代、不断抽象地完成特征空间的构建。第一层学习低级特征，如颜色和边缘，第二层学习高级特征，如角、点，第三层学习小块或纹理特征，最后完成分类或回归任务。完整的视觉的分层处理结构如图 4-5 所示。

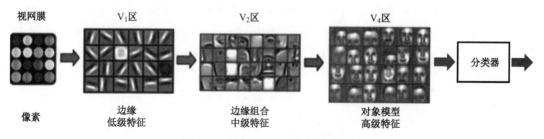

图 4-5 完整的视觉的分层处理结构

在介绍卷积神经网络之前，有必要先介绍什么是卷积？

在数学上，卷积运算是 2 个可积函数的乘积再进行积分或累加，生成第 3 个函数，有连续变量和离散变量两种形式。

连续变量形式：

$$h(x) = \int_{-\infty}^{\infty} f(\tau) g(x-\tau) \mathrm{d}\tau$$

离散变量形式：

$$h(n) = \sum_{i=-\infty}^{\infty} f(i) g(n-i)$$

数学解释：先对变量为 (τ/i) 的函数 g 作翻转变换 $(-\tau/-i)$，这相当于沿平面坐标中的 x 轴把函数 $g(\cdot)$ 从 y 轴的右边褶到左边去，也就是卷积的"卷"的由来。然后再把函数 $g(\cdot)$ 平移 (x/n) 个单位，接着让两个函数 f 和 g 相乘，最后求积分/相加，这个过程是卷积的"积"的过程。

卷积运算可以用来求两个函数乘积的 Laplace 变换。

Laplace 变换的定义为：

$$\mathcal{L}\{f(t)\} = F(s) = \int_{0}^{\infty} \mathrm{e}^{-st} f(t) \mathrm{d}t = \lim_{b \to \infty} \int_{0}^{b} \mathrm{e}^{-st} f(t) \mathrm{d}t$$

这样一个积分变换可以将带有初值问题的微分方程求解问题转换成求解一个代数方程，最后再利用 Laplace 逆变换求出该微分方程的解。因此，Laplace 变换是一个用途很广的积分变换。可是，由于 Laplace 变换的线性性，使其只能完成函数加法的 Laplace 变换运算，无法处理函数乘积的 Laplace 变换运算，这需要引入卷积来处理。

卷积定理告诉我们，对两个函数的卷积做 Laplace 变换，等于分别对这两个函数做 Laplace 变换，然后再相乘。用数学表示就是：

$$\mathcal{L}\{(f*g)(t)\} = \mathcal{L}\{f(t)\} \cdot \mathcal{L}\{g(t)\} = F(s) \cdot G(s)$$

当卷积运算引入到图像处理中，卷积运算的两个函数 $f(\tau)$ 和 $g(x-\tau)$ 分别代表输入图像原始像素点的矩阵和卷积核矩阵，函数的乘积是两个矩阵的乘积。

在实际计算时，需要将矩阵按自左向右、自上向下的顺序，由二维向量转变为一维向量，其中的变量 x 是滑动步长，关于滑动步长的概念稍后介绍。

介绍了卷积运算概念后，下面开始介绍卷积神经网络。

先了解卷积神经网络的结构。与前面介绍的前馈型神经网络一样，卷积神经网络也是分层网络结构，如图 4-6 所示，一个卷积神经网络由输入层（input layer）、卷积层（convolution layer）、池化层（pooling layer）、全连接层（fully connected layer）和输出层（output layer）组成，卷积层和池化层可以多层交替得到更深层次的网络，最后的全连接层也可以采用多层结构，每一层的工作原理和用途稍后介绍。

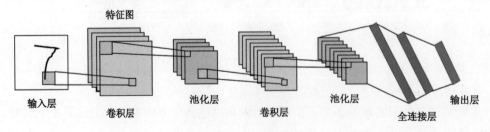

图 4-6　卷积神经网络的结构

下面先简要说明卷积神经网络大致的工作过程。假定给卷积神经网络输入一张照片，目的是将照片中所含的物件准确归类，接下来神经网络需要做以下几步：

输入层：将照片转换成二维数字矩阵。将照片读入系统，根据照片中每个像素的色彩和敏感度将其转乘一个二维数字矩阵；

卷积层：初步提取特征。用一个小的方阵，从左到右、自顶向下滑过整个照片矩阵，每次滑动停顿时，完成卷积矩阵与其当前覆盖照片区域的矩阵的点积运算，结果会生成一个比原始照片矩阵小一点的特征矩阵，其中记录了照片的某些特征；

池化层：对由卷积产生的特征矩阵分区域（固定大小的方阵）提取统计特征，得到更小的特征矩阵；

全连接层：将各部分特征汇总，使用 ReLU 激活函数输出特征值；

输出层：由 softmax 函数根据输出层输出的各个特征值，根据最大似然估计，给出分类结论，完成分类识别。

4.2　输入层

卷积神经网络的输入层可以直接接收二维视觉模式，如二维图像，而且不需要再附上像以往机器学习那样由人工事先完成特征设计和提取。特征的提取将由机器自动完成，这是卷积神经网络的一大亮点，极大地减轻了工作量。输入层在接收输入的二维视觉模式后，将输入数据存入二维数值矩阵，比如输入一张彩色图片需要记录二维像素点和 RGB 通道的多个二维数值矩阵。

与其他神经网络算法类似，由于使用梯度下降算法进行学习，卷积神经网络的输入数值需要进行预处理，预处理方法包括取均值、归一化、PCA/白化等，目的是统一输入数据规格、统一量纲，避免超出激活函数的定义范围，避免出现梯度消失和爆炸等问题。这部分内容见 9.2 节 "数据预处理"。

卷积神经网络输入的图像通常要求是标准大小，且图幅不宜过大。标准大小是为了处理的规范化，控制篇幅的原因是，图幅的增加带来的计算量的增加是数个平方倍数。输入一张尺寸仅为 32 像素×32 像素的彩色图片，由于需要识别彩色，所以需要为每个像素设三个颜色通道：红色、绿色、蓝色（RGB）。为了完成输入，神经网络中的第一层需要 32×32×3=3072 个用于区别输入数据的连接权重。连接权重的增长几乎是以尺寸的平方数方式增长，如果将图像大小按照公安部规定的身份证制证照片，其尺寸为 35mm×25mm，413 像素×295 像素，那么，需要连接权重 365505 个，这还仅仅是一层的连接权重。由此可见，尺寸稍大就会带来巨大的计算量的压力。

4.3　卷积层

卷积层是卷积神经网络的核心层，卷积层在接收输入图片后，首先将图片按像素转换成一个矩阵，然后用一个尺寸比图片要小的、被称为卷积核的小方阵从左到右、从上到下地 "滑过"，以提取图片中与卷积核尺寸相同的各个小分块所含的特征。提取特征的工作是通过卷积操作来完成的。

卷积神经网络中的卷积操作是将输入数据（矩阵）与卷积核（矩阵）进行内积运算。

卷积核是预先设定的，用来捕捉图片中所描绘物体的特征。卷积核并不是只在深度学习中使用的，在 Photoshop 等图片处理软件中也会用到，这是一种图片的滤波方式。可以把卷积核想象成一个尺寸较小的（与输入数据比）滑动滤波器，在对整张输入图片滑动的过程中，通过内积运算生成输入图片的一个特征图。这个特征图是对应这个卷积核的，不同的卷积核对同一张图片可以产生不同的特征图。从另外的角度看，一个卷积核对于所作用的输入图和特征图，其作用相当于一个连接权重矩阵，因此，其元素值也可以通过学习来调整。

把卷积核想象成滤波器对某些人来说可能还是有些抽象的。如果是这样，还可以把卷积核看作是照相机的滤镜。假设为了追求虚幻镜像，在相机的镜头前加一个模糊滤镜，在数码相机的时代，这很容易说清楚。实际上，要达到这样的模糊效果，只需要将一个像素点的颜色，与其周围一定范围内的像素点的颜色值混合，然后求出其平均颜色，用这个平均颜色替换原来的颜色就可以实现模糊效果了。

卷积层与池化层可以交替重叠产生层次更多的网络结构。后续的卷积层，是把前一个池化层生成的特征图作为输入数据，再次进行卷积操作，产生更高层次的特征图。

在一个卷积层中，允许使用多个不同的滤波器，实现不同特征的提取。因此，多个滤波器的设计可以得到多个特征图。多个特征图是希望从多个不同的侧面来提取不同的特征。对于彩色图片，一张图片会分为 RGB 三种颜色的图层，每种图层使用单独的卷积核。

卷积神经网络中的卷积运算其实很简单，下面通过一个例子来说明，如图 4-7 所示。

图 4-7 卷积运算示例

这是一个输入图片样本的尺寸为 5×5，步长（stride）为 1，卷积核为 $\begin{pmatrix} 1 & 0 & 1 \\ 0 & 1 & 0 \\ 1 & 0 & 1 \end{pmatrix}$ 的卷积运算。所谓步长，就是滤波器在输入图片上每次向右移动的单位。

完成这个卷积运算、生成这个特征图的完整滑动过程如图 4-8 所示。

在卷积神经网络中，卷积核矩阵对应之前所说的神经网络的连接权重，卷积核的滑动说明卷积层是"共享连接权重"。此外，卷积神经网络也可以有阈值，此时的阈值是在卷积核的所有元素上都加上这个阈值，因此通常不再单独列出。

卷积操作是对输入样本的特征提取，因此，特征图的信息量比样本要小得多。比如，对 10×10 的输入样本数据，使用一个 4×4 的卷积核，卷积核的滑动步长为 1，得到的特征图的尺寸就缩小成 7×7。

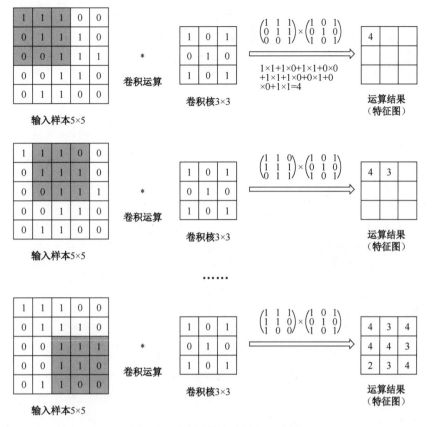

图 4-8　卷积运算滑动过程示意图

影响特征图尺寸主要有两个因素，卷积核的尺寸和滑动步长。卷积核尺寸越大，一次提取特征的范围就大，因而特征图尺寸相应更小。滑动步长越大，遍历所需的滑动次数越少，特征图就越小。如果滑动步长为 2，还是用上面的输入样本尺寸和卷积核尺寸，生成的特征图尺寸为 4×4，数据量仅为原图的 16%。

有时，为了使输出图片的尺寸不至于过小，在进行卷积之前，如图 4-9 所示，需要向输入数据的周围填入附加数据（常用 0 填充），这称为填充（padding）处理。这是因为，经过多次卷积运算后，输出尺寸可能会压缩成 1×1，这就无法再应用卷积运算。

数据填充、滑动步长与输出的特征图尺寸的数值关系有以下公式（假定皆为方阵）：

$$a = \frac{A + 2P - k}{S} + 1$$

其中，a 为特征图尺寸，A 为原始图尺寸，P 为填充尺寸，k 为卷积核尺寸，S 为滑动步长。

卷积核设计成多大的尺寸比较合适？经过工程实践，经常使用的卷积核尺寸有两种：3×3 和 5×5。

图 4-10 展示了一个卷积层中有 RGB 三个不同的卷积核，每个卷积核对应一种色彩特征图的情况。

图 4-11 更形象地展示了作为滤波器的卷积核。

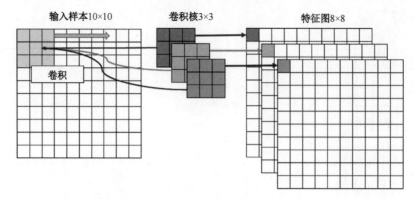

图 4-10 具有多个卷积核的卷积网络

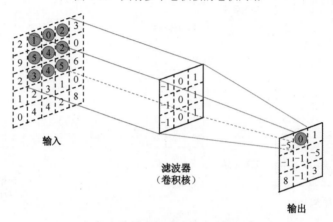

图 4-11 看作滤波器的卷积核

作为滤波器的卷积核在卷积神经网络中起着十分关键的作用，设计多大尺寸的卷积核、多少个卷积核、卷积核参数如何确定？这些问题现在更多依靠工程经验。通过多年实践，工程师们已经设计了不少用途各异的卷积核。下面列出几个常见的卷积核：

（1）对图像进行锐化的卷积核：$\begin{pmatrix} -1 & -1 & -1 \\ -1 & 9 & -1 \\ -1 & -1 & -1 \end{pmatrix}$

（2）浮雕卷积核：$\begin{pmatrix} -1 & -1 & 0 \\ -1 & 0 & 1 \\ 0 & 1 & 1 \end{pmatrix}$

（3）均值模糊（对当前像素点周围的点作均值化）卷积核：$\begin{pmatrix} 0 & 0.2 & 0 \\ 0.2 & 0.2 & 0.2 \\ 0 & 0.2 & 0 \end{pmatrix}$

（4）边缘检测

边缘检测是常用的卷积处理，分为水平边缘、垂直边缘和特定角度边缘等三类边缘检测。边缘检测是通过计算相邻像素之间的差值来实现的，因为边缘处的梯度绝对值会比较大。如果对图 4-12（a）作水平边缘检测，结果图像将突出铁栅栏的两根横梁，如图 4-12（b）所示，如果作垂直边缘检测，结果图像将突出铁栅栏的 12 根竖桩，如图 4-12（c）所示。

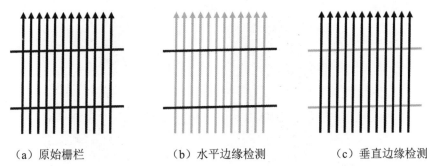

（a）原始栅栏　　　　　（b）水平边缘检测　　　　　（c）垂直边缘检测

图 4-12　对铁栅栏作水平边缘、垂直边缘检测效果示意图

边缘检测常用的是 Prewitt 算子和 Sobel 算子。

水平 Prewitt 算子为：$\begin{pmatrix} -1 & -1 & -1 \\ 0 & 0 & 0 \\ 1 & 1 & 1 \end{pmatrix}$

垂直 Prewitt 算子为：$\begin{pmatrix} -1 & 0 & 1 \\ -1 & 0 & 1 \\ -1 & 0 & 1 \end{pmatrix}$

水平 Sobel 算子为：$\begin{pmatrix} -1 & -2 & -1 \\ 0 & 0 & 0 \\ 1 & 2 & 1 \end{pmatrix}$

垂直 Sobel 算子为：$\begin{pmatrix} -1 & 0 & 1 \\ -2 & 0 & 2 \\ -1 & 0 & 1 \end{pmatrix}$

Sobel 和 Prewitt 算子的边缘检测效果如图 4-13 所示。

下面举一个最简单的例子来说明边缘检测卷积核是如何实现边缘检测的。图 4-14 是一个 6×6 的灰度图像。因为是灰度图像，没有 RGB 三通道，所以它是 6×6×1 的矩阵，而不是 6×6×3。矩阵中，左边数字 10 代表比较亮，右边 0 代表暗，我们想要将中间的垂直边缘检测出来。

卷积网络使用的卷积核为垂直 Prewitt 算子 $\begin{pmatrix} -1 & 0 & 1 \\ -1 & 0 & 1 \\ -1 & 0 & 1 \end{pmatrix}$，卷积运算结果如图 4-15 所示。

图 4-15 上半部分是数字矩阵，下半部分是图像。图中最右侧特征图中间有段亮一点的区域，对应检查到原始 6×6 图像中间的垂直边缘。这个检测到的边缘看起来很粗，这是因为这个例子中图片太小了，如果你用一个 1000×1000 的图像，而不是 6×6 的图片，你会发现其会很好地检测出图像中的垂直边缘。

水平边缘实际上只需将过滤器旋转 90 度。还可以做任意角度的边缘检测，区别只是计算相邻像素的差值的方向不同。

卷积神经网络中，可以把卷积核看作权重，阈值可以理解成在一个卷积核上再加上一个数值。因此，卷积运算也可以看作几何上的一次仿射变换（affine）。一个仿射变换由一个线性变换再接一个平移变换组成，加权运算对应线性变换，加阈值对应平移变换。

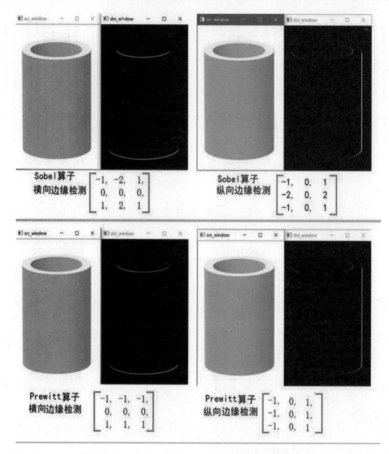

图 4-13　Sobel 和 Prewitt 算子的边缘检测效果

图 4-14　用于垂直检测的 6×6 灰度图像

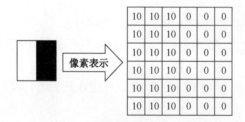

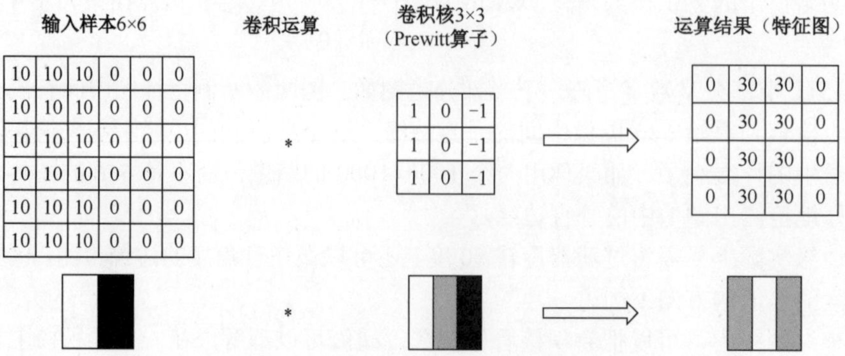

图 4-15　6×6 灰度图像垂直检测运算结果

在设计卷积核的元素数值时要注意，其所有值之和与图像的亮度变化有以下关系：

（1）当卷积核矩阵中的所有数值之和≤0 时，卷积处理后的图像会比原始图像暗，值越小越暗；

（2）当卷积核矩阵中的所有数值之和=1 时，卷积处理后的图像与原始图像的亮度相比几乎一致；

（3）当卷积核矩阵中的所有数值之和＞1 时，卷积处理后的图像会比原始图像的亮度更亮。

4.4　池化层

池化层是当前卷积神经网络中的常用组件之一，池化层的处理方法最早出现在 LeNet 网络，在这个网络中称为子采样（Subsample），在稍后出现的 AlexNet 网络中开始使用池化（Pooling）这个名称。

池化层对输入的特征图再次进行压缩，这样做的主要用途有两个：一是特征图变小，可以简化网络计算复杂度，还可以在一定程度上能防止过拟合的发生；一是从特征图中提取主要特征。

池化层使用的输入数据是前一个卷积层的输出数据矩阵。

池化的含义是汇聚，是将一个区域上的每个特征聚合起来，给出其统计结果。有多种不同形式的非线性池化函数，常用的有最大池化（图像识别主用）、平均池化以及反映中央值的 Lp 池化。最大池化是从目标区域中取出最大值，平均池化是计算目标区域的平均值，而 Lp 池化的计算公式为：

$$f\left(x_i\right)=\left(\sum_{j=1}^{n}\sum_{i=1}^{m}I\left(i,j\right)^p\times G\left(i,j\right)\right)^{\frac{1}{p}}$$

由此可见，池化是一种通用的与具体应用无关的压缩方法，而且是一个没有学习参数的处理方法。

池化操作对一个小区域内的数个像素抽取其统计特征，如最大数或平均数，因此，即使对图像进行平移、旋转，也不会影响池化的结果。这就是可以使用池化操作等比例缩小图片的原因。

图 4-16 是池化区域为 2×2，步长为 2 的最大池化和平均池化例子。

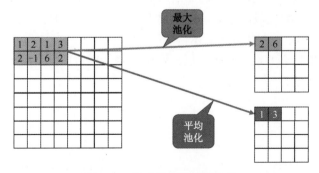

图 4-16　最大池化和平均池化

从这个例子可以看出，一个8×8的原始图像，经过池化区域为2×2的池化处理，得到的输出矩阵为4×4，尺寸为原来的$\frac{1}{4}$。

图4-17是步长为2的2×2的最大池化的处理顺序。一般来说，池化窗口的大小与步长相等。

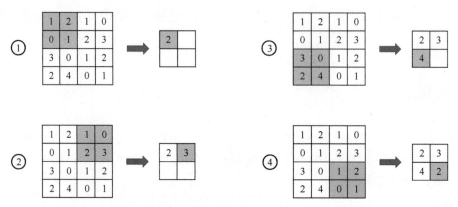

图4-17　最大池化过程示意图

注意，如果输入数据有细微的差别，比如上图中的第③步的第一个元素由"3"改成"1"，最大池化操作的结果仍然是"4"，不会影响最大池化结果。这说明，池化处理对输入数据的微小偏差有容错能力。

4.5　全连接层

卷积层和池化层的工作是提取图像的特征，得到特征图。接下来的任务与普通的前馈神经网络一样，完成数据分类。这个分类工作由卷积神经网络的全连接层承担。因此，全连接层在整个网络卷积神经网络中起到"分类器"的作用。抽象一点地说，卷积层、池化层和激活函数等操作是将原始数据映射到特征空间，全连接层是将前面得到的特征表示映射到样本的标记空间。

全连接层在接收到特征图后，首先将二维的特征图矩阵按从左向右、自顶向下的顺序转换成一维向量，乘上向量中每个元素的连接权重矩阵，加上阈值，得到全连接层每个神经元的激活值。全连接层神经元采用的激活函数一般为ReLU激活函数，全连接层最后的输出是一组由ReLU函数生成的数值，这组数值将传递给最后的输出层。

全连接层的输入/输出如图4-18所示。

全连接层可以根据需要设置有多个层。同感知器一样，如果只用一层全连接层，有时候没法解决非线性问题。

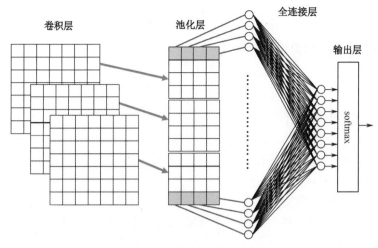

图 4-18　全连接层的输入/输出

4.6　输出层

全连接层的输出结果有多个，因此还需要在输出层选出其中一个作为最终的输出值。机器学习的问题大致可以分为分类问题和回归问题，全输出层针对这两类问题使用的处理函数是不同的。

对于分类问题，和多层感知器一样，输出层也是使用似然函数来计算各类别的似然概率，然后选择似然概率值最大的那个作为输出。计算似然概率使用的是 softmax 函数：

$$p\left(x_i\right)=\frac{\mathrm{e}^{x_i}}{\sum_{j=1}^{K}\mathrm{e}^{x_j}}$$

在回归问题中，一般使用线性函数计算各单元的输出值：

$$p\left(x_i\right)=\sum_{j=1}^{K}w_{pj}x_j$$

例：假设有 3 个变量 $x_1=0.6, x_2=0.26, x_3=0.04$，其 softmax 函数值为

$$p\left(x_1\right)=\frac{\mathrm{e}^{0.6}}{\mathrm{e}^{0.6}+\mathrm{e}^{0.26}+\mathrm{e}^{0.04}}=\frac{1}{1+\mathrm{e}^{-0.34}+\mathrm{e}^{-0.56}}\approx\frac{1}{1+0.712+0.571}\approx0.438$$

$$p\left(x_2\right)=\frac{\mathrm{e}^{0.26}}{\mathrm{e}^{0.6}+\mathrm{e}^{0.26}+\mathrm{e}^{0.04}}=\frac{1}{\mathrm{e}^{0.34}+1+\mathrm{e}^{-0.22}}\approx\frac{1}{1.405+1+0.803}\approx0.312$$

$$p\left(x_3\right)=\frac{\mathrm{e}^{0.04}}{\mathrm{e}^{0.6}+\mathrm{e}^{0.26}+\mathrm{e}^{0.04}}=\frac{1}{\mathrm{e}^{0.54}+\mathrm{e}^{0.22}+1}\approx\frac{1}{1.751+1.246+1}\approx0.250$$

因此，$p\left(x_1\right)$ 作为最终输出值。

再来看变量值大于 1 的情况。当 $x_1=5, x_2=3, x_3=2$ 时，$p\left(x_1\right)\approx0.844, p\left(x_2\right)\approx0.114, p\left(x_3\right)\approx0.047$。

显然，当变量 $0<x<1$ 时，softmax 函数弱化了变量的数值差距；当 $x>1$ 时，softmax 函数增强了变量的数值差距。这是由指数函数的特点所致。

4.7 卷积神经网络的训练方法

卷积神经网络需要通过训练确定的参数包括卷积核中各个数值、全连接层的连接权重和阈值。和多层神经网络一样，卷积神经网络的参数训练也使用误差反向传播算法。从网络结构不难看出，全连接层的参数训练与多层感知器是一样的。所以，卷积神经网络的参数训练只需研究卷积层和池化层的参数训练即可。首先了解这两层的误差是如何传播的，然后再研究参数的训练方法。

首先看池化层的误差传播。如图 4-19 所示，先把池化层改写成全连接层的形式。假设输入数据为一个 4×4 是特征图，池化方法选用最大池化，池化窗口为 2×2，池化后得到一个 2×2 的特征图。

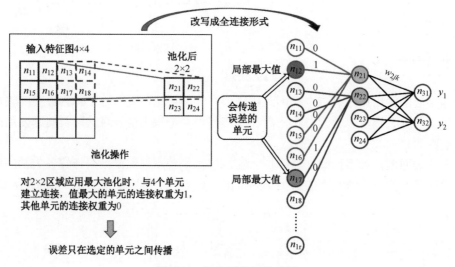

图 4-19　池化层的误差传播

如图 4-19 所示，输入特征图中实线边框的 4 个元素 $n_{11}, n_{12}, n_{15}, n_{16}$ 与池化后特征图的第一个元素 n_{21} 相连接，输入特征图中虚线边框的 4 个元素 $n_{13}, n_{14}, n_{17}, n_{18}$ 与池化后特征图的第二个元素 n_{22} 相连接，依次完成后面的连接，这样就把池化层转换为有部分连接的全连接层。

由于是最大池化，假设第一组 4 个元素 $n_{11}, n_{12}, n_{15}, n_{16}$ 中最大值是 n_{12}，第二组最大值是 n_{17}，那么，与这两个元素连接的连接权重 $w_{12,21}$ 和 $w_{17,22}$ 设为 1，其余的连接权重设为 0。因此，误差仅在 n_{12} 与 n_{21} 之间，以及 n_{17} 与 n_{22} 之间传播，即误差只在输入图的局部区域中值最大的单元之间传播。也就是说，只有池化选定单元的误差才会被传递。在以后的迭代过程中，如果最大值元素位置发生变化，只需调整变化后相关连接的权重即可。

接着看卷积层的误差传播。如图 4-20 所示把卷积层改写成全连接层的形式。输入数据是 5×5 图像，使用 2×2 卷积核进行卷积操作。输入图像中粗线边框内的单元 $n_{12}, n_{13}, n_{17}, n_{18}$ 乘以卷积核，计算得到输出特征图中的值 n_{32}。可以把卷积核中的元素看成输入数据与输出数据之间连接的权重，这样就把卷积层看作是只与特定单元相连接的全连接层。

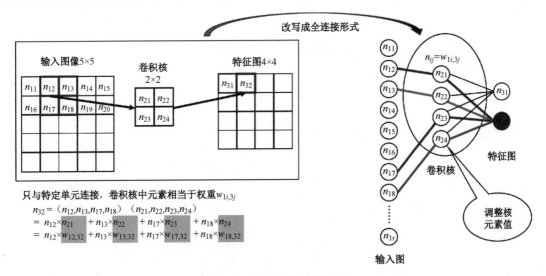

图 4-20　卷积层的误差传播

把卷积层的卷积核看作全连接层后，就可以根据单元的调整值来调整卷积核元素。

通过这样的方法，将卷积层和池化层都改成了全连接的形式，其权重的调整方式与多层神经网络的调整方式一样了。

实际上，卷积神经网络中有大量需要预设的参数。

（1）与神经网络有关的主要参数有：

- 卷积层的卷积核大小及数值、卷积核个数
- 激活函数种类
- 池化方法
- 网络的层结构（卷积层、池化层的个数、全连接层的个数，以及每层中神经元的个数）
- Dropout、Dorpconnect 的概率
- 有无预处理
- 有无归一化

（2）与训练无关的超参数有：

- Mini-Batch 的大小
- 学习率
- 迭代次数
- 有无预训练

图 4-21 标示了卷积神经网络各个参数大致的确定时机。

要设置这么多的参数，既需要有深厚的理论基础，更依赖丰富的实际工作经验。下面介绍别人做过的试验的结论，作为确定参数的参考依据。

试验的卷积神经网络由 3 个卷积层和 1 个输出层组成，数据集使用的是 CIFIR-10（http://www.cs.toronto.edu/～kriz/cifar.html）。这是一个物体识别数据集，分 10 个类别，每个类别包含 6000 张 32×32 的彩色图像样本，共有 50000 张训练样本，10000 张测试样本。

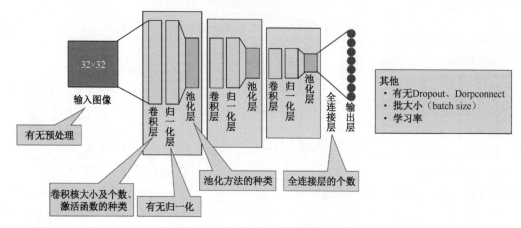

图 4-21 卷积网络参数调整的位置

试验结论：

（1）卷积核的大小不会对识别率产生显著影响（从 3×3 到 7×7）；

（2）卷积核个数越多，识别性能越好（从 4 到 256）；

（3）逐层增加卷积核个数，识别性能更好（从 $4\times8\times16$ 到 $256\times512\times1024$）；

（4）激活函数不同，对识别性能影响显著，ReLU 和 maxout 函数比 sigmoid、tanh 函数好；

（5）全连接层的层数对识别性能几乎没有影响，甚至没有全连接层也没有问题；

（6）预处理的影响。ZCA 白化的效果很好；

（7）Dropout 的影响。使用 Dropout 能够提升些许识别性能；

（8）不同的学习率，Mini-Batch 的大小，以及有无归一化层对识别性能影响不明显。

4.8 卷积神经网络的可视化

想必大家和我一样，多次听到一些专家说，深度学习模型是"黑盒"，大数据时代下的深度学习只问效果不问原因，具有不可解释性。这个说法目前来看，是对也可以说不对。因为对于某些类型的深度学习模型来说，可视化中间节点很难获取有效信息，但对于卷积神经网络来说，就不一样了，因为卷积神经网络学习到的特征表示非常适合可视化，这些可视化内容是可以看懂的，这很大程度上得益于卷积神经网络是基于视觉概念的表示。

既然如此，我们就可以借助可视化手段帮助解决卷积神经网络训练这一难题了。通过可视化，可以直观地了解 CNN 识别图像的整个过程。常见的 CNN 可视化方法有三种：

（1）特征图可视化：也就是对卷积神经网络的中间输出的特征图进行可视化，这有助于理解卷积神经网络连续的层如何对输入的数据进行特征抽取，也有助于了解卷积神经网络每个过滤器具体含义。目前有两种方法：①直接将卷积核输出的特征图可视化，即可视化卷积操作后的结果；②与第一种方法类似，但不再是可视化卷积层输出的特征图，而是使用反卷积与反池化来可视化输入图像的激活特征。

（2）卷积核可视化：帮助理解卷积核是如何感受图像的，就是以图形可视化的方法来观察每个卷积核（滤波器）是什么样的，有助于理解视觉模式/视觉概念。

（3）类激活图可视化：也称热度图可视化，通过热度图，了解图像分类问题中图像哪些部分起到了关键作用，判断图像中各个成分对识别结果的贡献度概率，同时可以定位图像中物体的位置。

4.8.1　特征图可视化

从可视化卷积神经网络的中间层输出中，可以看到输入图像经过卷积核（滤波器）之后的输出结果，也称之为中间激活态/特征图。卷积神经网络每层都包含了 N 个卷积核，所以每个中间层的输出将会是 N 张特征图（每一个卷积核都会对输入图像进行滤波，N 也称为中间特征图的通道）。通过对所有通道特征图进行可视化，很容易判断每个卷积核的性能。可视化的方法是将每个通道的内容通过二维图像来表示。

为方便说明，我们借助 Keras，使用 Python 自定义一个浅层 CNN 神经网络，这是一个 4 层的卷积网络，每个卷积层分别包含 9 个卷积核、Relu 激活函数和尺度不等的池化操作，系数全部是随机初始化。

涉及的主要代码如下：

```python
# coding: utf-8
#导入keras所需模块
import keras
from keras.models import Model
from keras.models import Sequential
from keras.layers.convolutional import Convolution2D, MaxPooling2D
from keras.layers import Activation
#导入opencv模块
import cv2
#导入画图模块
import matplotlib.pyplot as plt
#导入绘图模块
from pylab import *
#获取图片行和列
def get_row_col(num_pic):
    squr = num_pic ** 0.5
    row = round(squr)
    col = row + 1 if squr - row > 0 else row
    return row, col
#显示特征层映射
def visualize_feature_map(img_batch):
 #删除第一维
feature_map = np.squeeze(img_batch, axis=0)
#打印feature_map的形状
print(feature_map.shape)
feature_map_combination = []
#画图
plt.figure()
#获取图片行列
```

```
num_pic = feature_map.shape[2]
row, col = get_row_col(num_pic)
#遍历特征图片
for i in range(0, num_pic):
feature_map_split = feature_map[:, :, i]
 feature_map_combination.append
(feature_map_split)
#画子图
plt.subplot(row, col, i + 1)
#显示子图与标题，并关闭坐标轴显示
plt.imshow(feature_map_split)
axis('off')
#图片显示，并保存到feature_map.png
title('feature_map_{}'.format(i)) plt.savefig('feature_map.png')
plt.show()
#各个特征图按1：1叠加
feature_map_sum = sum(ele for ele in feature_map_combination)
#特征图显示，并保存到feature_map_sum.png
plt.imshow(feature_map_sum)
plt.savefig("feature_map_sum.png")
#创建卷积模型
def create_model():
#创建keras顺序模型
model = Sequential()
#第一层CNN，第一个参数是卷积核的数量，第二、三个参数是卷积核的大小，添加卷积层、激活层和池化层
model.add(Convolution2D(9, 5, 5, input_shape=img.shape))
model.add(Activation('relu'))
model.add(MaxPooling2D(pool_size=(4, 4)))
#第二层CNN，添加卷积层、激活层和池化层
model.add(Convolution2D(9, 5, 5, input_shape=img.shape))
model.add(Activation('relu'))
model.add(MaxPooling2D(pool_size=(3, 3)))
#第三层CNN，添加卷积层、激活层和池化层
model.add(Convolution2D(9, 5, 5, input_shape=img.shape))
model.add(Activation('relu'))
model.add(MaxPooling2D(pool_size=(2, 2)))
#第四层CNN，添加卷积层、激活层和池化层
model.add(Convolution2D(9, 3, 3, input_shape=img.shape))
model.add(Activation('relu'))
model.add(MaxPooling2D(pool_size=(2, 2)))
#返回创建的模型
return model

#主函数
if __name__ == "__main__":
#opencv模块加载图片
```

```
img = cv2.imread('001.jpg')
#创建模型
model = create_model()
#对img进行维数扩展
img_batch = np.expand_dims(img, axis=0)
#根据输入图片对模型预测
conv_img = model.predict(img_batch)
#显示特征图结果
visualize_feature_map(conv_img)
```

测试的猫图像如图 4-22 所示。

第一层激活的 9 个通道如图 4-23 所示。

图 4-22　测试的猫图像

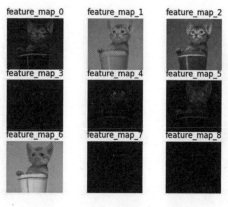

图 4-23　第一层激活的 9 个通道

第一层 9 个通道融合后的特征图，如图 4-24 所示。

第二层激活的 9 个通道如图 4-25 所示。

图 4-24　第一层 9 个通道融合后的特征图

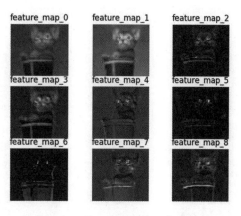

图 4-25　第二层激活的 9 个通道

第二层 9 个通道融合后的特征图如图 4-26 所示。

第四层激活的 9 个通道如图 4-29 所示。

第三层激活的 9 个通道如图 4-27 所示。

第三层 9 个通道融合后的特征图如图 4-28 所示。

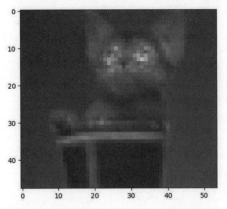

图 4-26   第二层 9 个通道融合后的特征图

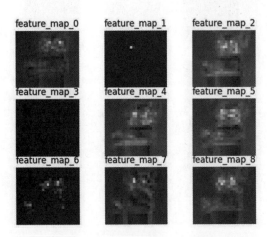

图 4-27   第三层激活的 9 个通道

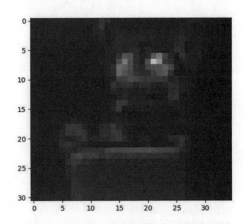

图 4-28   第三层 9 个通道融合后的特征图

第四层 9 个通道融合后的特征图如图 4-30 所示。

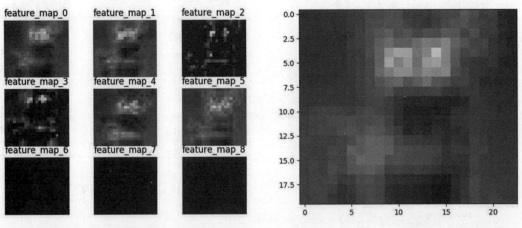

图 4-29   第四层激活的 9 个通道

图 4-30   第四层 9 个通道融合后的特征图

从不同层可视化出来的特征图，可以总结出以下规律：

（1）浅层的 CNN 提取的是基础视觉特征，这些视觉特征是很容易被理解的，也是非常通用的。靠近顶层的 CNN 提取的是综合高级语义信息，这些信息是对底层视觉特征的综合，更加有利于对识别、分类任务等决策任务形成贡献。

（2）随着层数的加深，中间特征层变得越来越抽象，难以用视觉信息直观地进行解释，但是明显可以感受到，确实在表征高层次的视觉概念。例如，响应图大的地方往往对应猫的耳朵、胡须、眼睛等生理结构，而图像的分辨率是越来越小。

（3）顶层的输出告诉我们一个道理，其实 CNN 学习到的特征图并不都是有用的。随着 CNN 越深，有效的特征逐渐变得稀疏化。很多特征图（其对应的就是卷积滤波器）是没有效果的。这个时候就需要我们引入一种机制去弱化贡献度小的特征图，强化贡献度大的特征图，这也是卷积神经网络的一种研究方向。2017 年 ImageNet 冠军网络 SENet，通过精确的建模卷积特征各个通道之间的作用关系来改善网络模型的表达能力，放大有价值的特征通道，抑制无用的特征通道。

（4）结合人体视觉系统更好地解释，我们凭借记忆记住的猫狗等图像，仅仅是一个概念图/抽象图。很难画出像摄像机图像一样的真实图像，这是因为我们大脑早就学会了将输入信息完全抽象化，进而转为更高层次的视觉概念，滤除掉不相关的视觉细节。

4.8.2　卷积核可视化

卷积核可视化其实和卷积核后特征图可视化的作用类似，用于判断每个卷积核的特性，如果直接可视化 3×3、5×5 的滤波器模板并没有意义。借鉴通信信号分析系统处理过程，使用冲激信号用于测试系统，其响应直接表征了系统的特征。这里我们也是通过可视化滤波器的响应，进而推断卷积核的作用。整个过程可以通过在输入空间中进行梯度上升实现：从空白输入图像开始，将梯度下降应用于卷积神经网络输入图像的值，目的就是为了让某个滤波器的响应最大化。这样得到的响应图像直接反映了滤波器视觉表征特征（边缘提取、纹理提取或色度信息提取等）

补充知识

【信号系统中，如何获取未知系统的性能】：因为线性系统输入信号与输出信号的互相关等于输入信号的自相关与系统单位冲激响应的卷积，当输入信号是白噪声时（它的自相关是德尔塔函数），则上面那个互相关就等于一个常数乘上系统的单位冲激响应，则在这种情况下，系统的单位冲激响应就等于系统输入信号与输出信号的互相关再除以一个常数。所以，你可以在系统输入端加上一个白噪声，然后将系统输入和输出信号记录下来做互相关就可以求出系统的单位冲激响应。

假设人工合成的可视化卷积核图为 x，我们希望这张合成图 x 能够使其对应的神经元（卷积核）具有最高的激活值，所得到的这张合成图像就是该卷积层的卷积核"想要看到的"或者"正在寻找的纹理特征"。也就是说我们希望找到一张图像经过 CNN 网络，传播到指定的卷积核的时候，这张图片可以使得该卷积和的得分最高。

接下来，我们使用图 4-31 所示的白噪声图作为 CNN 网络的输入向前传播，然后取得其在网络中第 i 层 j 个卷积核的激活函数 $a_{ij}(x)$，然后做一个反向传播计算的梯度，最后我们用该噪声图的卷积核梯度来更新噪声图。目的是希望改变每个像素的颜色值以增加对该卷积核的激活。

$$x \leftarrow x + \eta \frac{\partial a_{ij}(x)}{\partial x}$$

图 4-31 输入的白噪声图片

η 为学习率，不断重复该过程，直到图像 x 使得第 i 层第 j 个卷积核具有较高的激活值。

涉及的主要代码如下：

```
def generate_pattern(layer_name, filter_index, size = 150):
# 为滤波器的可视化定义损失张量
    layer_output = model.get_layer(layer_name).output
    # 损失张量
    loss = K.mean( layer_output[:,:,:,filter_index] )
    # 获取损失相对于输入的梯度
    grads = K.gradients(loss, model.input)[0]
    grads /= (K.sqrt( K.mean( K.square(grads) ) ) + 1e-5 )
    # 迭代优化函数
    iterate = K.function([model.input], [loss, grads])
    # 通过梯度下降让损失最大化
    input_img_data = np.random.random((1,size,size,3))*20 + 128
    # 学习率
    step = 1
    # 100次迭代优化损失函数
    for i in range(100):
      loss_value, grads_value = iterate([input_img_data])
      input_img_data += grads_value * step
    # 返回迭代结果
    img = input_img_data[0]
    return deprocess_image(img)
```

这里对 VGG16 中 1-4CNN 层滤波器进行响应可视化，实验结果如图 4-32～图 4-35 所示。

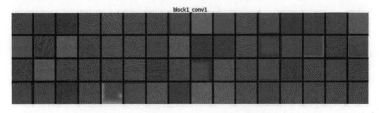

图 4-32　block1_conv1 层的过滤模式

图 4-33　block2_conv2 层的过滤模式

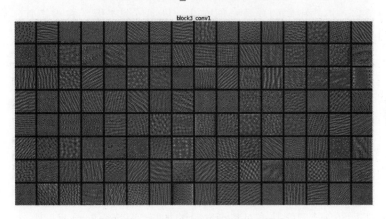

图 4-34　block3_conv3 层的过滤模式

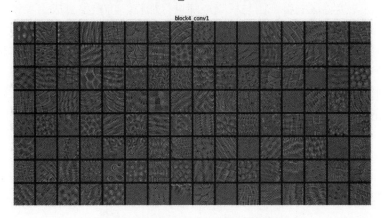

图 4-35　block4_conv4 层的过滤模式

一些说明：

（1）深度学习过程类似于傅里叶变换将信号进行频域变换，分解为一组余弦函数的过程。随着层数的加深，滤波器变得越来越复杂，提取的特征也越来越精细。

（2）浅层提取的确实是通用特征，更多的是边缘、纹理特征，这个结论与特征图可视化中的结论是一致的。

4.8.3 类激活图可视化

由卷积神经网络构成的模型框架，如 VGG16、VGG19、Xception、ResNet101 等，在目标识别任务中取得了非常好的结果。我们知道卷积操作是存在感受野的，那么很自然想知道每个感受野对最终识别/分类/定位等决策结果的贡献程度。下面介绍这个可视化过程，该过程也称之为类激活图（CAM，Class Activation Map）。

该方法为对于给定一张图像，对于一个卷积层的输出特征图，用类别相对于通道的梯度对这个特征图中的每个通道进行加权。其实质就是用"每个通道对类别的重要程度"对"输入图像对不同通道的激活强度"的空间图进行加权，从而得到"输入图像对类别的激活强度"的空间图。

举例来说，以预训练的 VGG16+自训练分类器为例，处理"猫狗"图像二分类问题，采用迁移学习策略，将卷积层的参数全部冻结，只训练分类器的权重矩阵，将模型抽象化为以下流程图：

$$\text{Model Input} \xrightarrow{\text{CONV}} \text{CONV Output} \xrightarrow{\text{GAP}} \text{GAP Output} \xrightarrow{W^{(512)}} \text{Dense(Sigmod)Output}$$

$$[224,224,3] \qquad\qquad [7,7,512] \qquad\qquad [512] \qquad\qquad [1]$$

（图像数据）　　　　（特征图）　　　　（特征向量）　　　　（二分类概率）

- 模型输入是训练图片本身，图片尺寸为（224,224,3）；
- VGG 预训练模型卷积层最后一层具有 512 个卷积核，输出为[7,7,512]；
- 经过全局池化（GAP）后，将 512 张特征图精简浓缩为长度为 512 的特征向量；
- 特征向量与权重矩阵点击，经过 Sigmod 函数变为[0，1]区间的概率。

权重矩阵对于图像的理解基于对特征向量的加权，而特征向量背后则是一个个特征图，跳过特征向量，直接将这些特征图与权重矩阵进行加权，再重叠合成为一张特征图。

对于输入到猫狗分类卷积神经网络的一张图像，CAM 可视化可以生成类别"猫"的热力图，该热力图的颜色深浅表示感受野对决策为"猫"的贡献；当然 CAM 也会生成类别为"狗"的热力图。毕竟卷积神经网络通过概率进行决策，如图 4-36 所示。使用 CAM 对原始图片左侧生成分类为"狗"时的热力图右侧。通过实验可以发现，之所以算法可以定位到目标，或者是识别出这是一只贵族犬，原因在于狗的头部贡献了大量的信息。

4.8.4 可视化工具（Deep Visualization Toolbox）

Jason Yosinski、Jeff Clune、Anh Nguyen、Thomas Fuchs 和 Hod Lipson 在 2015 年国际机器学习大会（ICML）上发表了论文"Understanding Neural Networks Through Deep

Visualization"（http://yosinski.com/deepvis），介绍了 Deep Visualization Toolbox。这个工具箱是开源的，它可以在处理图像或视频（例如实时网络摄像头流）时可视化在经过训练的卷积网络的每一层上产生的激活（卷积核可视化），随用户输入而变化的实时激活有助于建立有关卷积网络工作原理；另外通过在图像空间中进行规则优化，使 CNN 每一层的特征图可视化。工具的主界面如图 4-37 所示。下载的地址：https://github.com/yosinski/deep-visualization-toolbox。

原图　　　　　　　　　　　　　　　　　　　　　CAM 图

图 4-36　测试图像与叠加 CAM 图对照

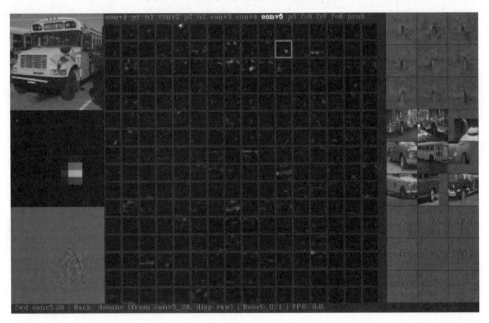

图 4-37　Deep Visualization Toolbox 主界面

其中左上角是输入图片，中间的部分是对图片经过网络（默认使用 CaffeNet，可经过配置设置为自己训练好的模型）进行前向传播之后得到激活（卷积核）可视化，我们可以通过上下左右控制光标移动，按"h"键可以查看按键的功能，左边的中间区域是激活图的放大版本，按"b"键，对这个激活特征进行反卷积，左下方出现的就是特征可视化的结果。使用"E"键，可以加载下一幅图片。

右侧的结果是固定的，因为那些图片是提前计算好的。所以如果我们想使用这个工具可视化自己的 CNN 网络，我们需要下载 Deep Visualization Toolbox 后再开展以下工作：

（1）提前准备好右边的图片（将数据集通过 CNN 训练，找出 Top9 张图片并将其反卷积，存为图片格式）。

（2）仿照 model 文件夹下的文件，准备好相应 model 和配置文件。

（3）仿照 settings_local.py 编写 settings_local.template-<your_network>.py 文件。

具体可参照 Deep Visualization Toolbox 的说明文件。

4.9　典型的卷积神经网络

卷积神经网络发展至今，已经陆续出现了各种网络结构，特别在图像识别、图像检测和图像分割方面，不断发明新的卷积神经网络，我们将在第 11 章作进一步介绍。下面介绍两个特别重要的网络，一个是 1998 年首次提出的被称为卷积神经网络的鼻祖 LeNet--" *Y.Lecun, L.Bottou, Y.Bengio, and P.Haffner(1998): Gradient-based learning applied to document recognition. Proceedings of the IEEE 86,11 (November 1998), 2278-2324*"；另一个是 2012 年提出的被称为深度学习发端的 AlexNet--"*Alex Krizhevsky, Ilya Sutskever, and Geoffrey E.Hinton(2012): ImageNet Classification with Deep Convolutional Neural Networks. In F.Pereira, C.J.C.Burges, L.Bottou, &K.Q.Weinberger, eds. Advances in Nural Information Processing Systems 25. Curran Associate, Inc., 1097-1105*"。

4.9.1　LeNet 神经网络

LeNet 神经网络是在 20 世纪 90 年代由深度学习三巨头之一的 Yan LeCun 等人在多次研究后提出的最终卷积神经网络结构，一般 LeNet 即指代 LeNet-5，是卷积神经网络开山之作，LeNet-5 中的数字 5 是指卷积层与子采样层之和为 5。LeNet 主要用来进行手写数字的识别，并在美国的银行中投入了使用。LeNet 奠定了 CNN 的结构，现在 CNN 中的许多概念在 LeNet 中都能看到，例如卷积层、子采样层（现在的池化层）。

由于当时缺乏大规模的训练数据，计算机硬件的性能也较低，因此 LeNet 神经网络在处理复杂问题时效果并不理想，没有引起如后来的 CNN 那样的轰动效应。

LeNet 网络结构比较简单，包括 3 个卷积层、2 个子采用层、2 个全连接层和 1 个输出层，非常适合神经网络的入门学习。

如图 4-38 所示，LeNet 输入数据统一规定是一幅尺寸为 32×32 的黑白像素图片，C1 卷积层采用的卷积核尺寸为 5×5，得到的特征图大小为 28×28（32-5+1=28），共设置了 6 个卷积核，生成 6 个特征图。再来看看需要多少个参数，卷积核的大小为 5×5，总共就有 6×(5×5+1)=156 个参数，其中+1 是表示每个核有一个阈值。对于卷积层 C1，C1 内的每个像素都与输入图像中的 5×5 个像素和 1 个阈值有连接，所以总共有 $156 \times 28 \times 28 = 122304$ 个连接。但是我们只需要学习 156 个参数，主要是通过权值共享实现的。

归纳 C1 层主要技术参数：

输入图片：原始 32×32 图片

卷积核大小：5×5

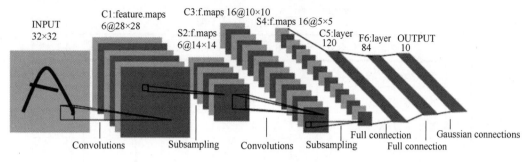

图 4-38　LeNet 网络结构

卷积核种类：6

输出特征图大小：28×28

神经元数量：28×28×6

可训练参数：6×(5×5+1)=156

连接数：156×28×28 = 122304 。

子采样（subsampling）层 S2，采用的采样核尺寸为 2×2，采样方式为：将 4 个输入相加，乘以一个可训练参数，再加上一个可训练偏置，结果通过 sigmoid 函数传递。由于子采样是从四个元素中选取一个来表示这四个元素的，S2 中每个特征图的大小是 C1 中特征图大小的 1/4，即水平方向和垂直方向上图像的大小分别减半，尺寸为 14×14。子采样层不改变特征图个数，因此也是 6 个。

S2 层主要技术参数：

输入图片：C1 层输出的 28×28 特征图

采样区域：2×2

采样方式：4 个输入相加，乘以一个可训练参数（权值），再加上一个可训练阈值，结果通过 sigmoid 函数传递。

采样种类：6

输出特征图大小：14×14

神经元数量：14×14×6

连接数：$(2 \times 2 + 1) \times 6 \times 14 \times 14 = 5880$ 。

C3 层，是第二个卷积层，卷积核仍是 5×5，对 6 个输入特征图采用不对称的组合方式生成 16 个输出特征图，大小为 10×10（14-5+1=10）。采用不对称组合方式的目的是期望学到互补的特征。

我们知道 S2 有 6 个 14×14 的特征图，怎么从 6 个特征图得到 16 个特征图呢？这里是通过对 S2 的特征图特殊组合计算得到的 16 个特征图。具体如图 4-39 所示。

把 C3 的卷积层特征图编号即 0,1,2, …,15，把池化层 S2 也编号为 0,1,2,3,4,5。横向的数表示卷积层 C3 的 16 个特征平面，纵向表示子采样层 S2 的 6 个采样平面。以卷积层 C3 的第 0 号特征平面为例，它对应了子采样层的前三个采样平面即 0,1,2，三个平面使用的是三个卷积核（每个采样平面是卷积核相同，权值相等，大小为 5×5），既然对应三个池化层平面，也就是说有 5×5×3 个连接到卷积层特征平面的一个神经元，因为池化层所有的样本均为 14×14 的，而卷积窗口为 5×5，因此卷积特征平面为 10×10。

		0	1	2	3	4	5	6	7	8	9	10	11	12	13	14	15
		卷积层C3的特征平面															
子采样层S2的采样平面	0	X				X	X	X			X	X	X	X		X	X
	1	X	X				X	X	X			X	X	X	X		X
	2	X	X	X				X	X	X			X		X	X	X
	3		X	X	X			X	X	X	X			X		X	X
	4			X	X	X			X	X	X	X		X	X		X
	5				X	X	X			X	X	X	X		X	X	X

图 4-39　S2 层与 C3 层的关系图

C3 的前 6 个特征图与 S2 层相连的 3 个特征图相连接，后面 6 个特征图与 S2 层相连的 4 个特征图相连接，后面 3 个特征图与 S2 层部分不相连的 4 个特征图相连接，最后一个与 S2 层的所有特征图相连。卷积核大小依然为 5×5，所以总共有 $6×(3×5×5+1)+6×(4×5×5+1)+3×(4×5×5+1)+1×(6×5×5+1)=1516$ 个参数。而图像大小为 10×10，所以共有 151600 个连接。

C3 层主要技术参数：

输入图片：S2 输出 14×14 的特征图

卷积核大小：5×5

卷积核种类：16

输出特征图大小：10×10

C3 中的每个特征图是连接到 S2 中的所有 6 个或者几个特征图的，表示本层的特征图是上一层提取到的特征图的不同组合，组合方式是：C3 的前 6 个特征图以 S2 中 3 个相邻的特征图子集作为输入。接下来 6 个特征图以 S2 中 4 个相邻特征图子集作为输入。然后的 3 个以不相邻的 4 个特征图子集作为输入。最后一个将 S2 中所有特征图作为输入。

可训练参数：1516

连接数：10×10×1516=151600。

S4 层是第二个下采样层，采样核大小仍为 2×2，输出特征图数量不变，大小为 10÷2=5。

S4 层主要技术参数：

输入图片：10×10

采样区域：2×2

采样方式：4 个输入相加，乘以一个可训练参数，再加上一个可训练阈值。结果通过 sigmoid 函数传递

采样种类：16

输出特征图大小：5×5

神经元数量：5×5×16=400

连接数：16×(2×2+1)×5×5=2000。

C5 层是第三个卷积层，输入为 16 个 5×5 特征图，卷积核仍为 5×5，个数为 120 个。

由于输入与核的尺寸相同，故输出特征图大小为 1×1，这样就构成了 S4 层与 C5 层之间 16 个点与 120 个点的全连接。

C5 层的技术参数：

输入图片：S4 层的全部 16 个单元特征图（与 s4 全相连）

卷积核大小：5×5

卷积核种类：120

输出特征图大小：1×1

可训练参数/连接：120×(16×5×5+1)=48120。

全连接层 F6 有 84 个节点，对应一个 7×12 的位图，−1 表示白色，1 表示黑色。F6 的输出为 sigmoid 函数产生的单元状态。每一个神经元都和上一层的 120 个神经元相连接，因此连接数为(120+1)×84=10164。因为权值不共享，所以隐层权值数也是 10164。

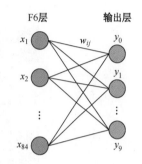

图 4-40　F6 层与输出层的连接

输出层也是一个全连接层。每个输出节点都与 F6 层的 84 个节点连接，输出节点共 10 个，分别代表 0～9 的 10 个数字。F6 层与输出层的连接如图 4-40 所示。

输出值计算公式为欧几里得径向基函数（Radial basis function，RBF）：

$$y_i = \sum_{j=0}^{83} \left(x_j - w_{ij} \right)^2 \quad i = 0,1,\cdots,9$$

w_{ij} 的值由 i 的 ASCII 编码确定，x_i 是 F6 层的第 i 个输出值。RBF 输出的值越接近于 0，则越接近于 i，即越接近于 i 的 ASCII 编码图，表示当前网络输入的识别结果是字符 i。

LeNet 是卷积神经网络的鼻祖，其有很多富有创造性的成果，主要包括：

- 确定了卷积神经网络的基本架构：卷积层、池化层（下采样层）和全连接层；
- 使用卷积操作来提取空间特征；
- 使用平均池化来实现子采样；
- 通过 tanh 或 sigmoid 函数引入非线性；
- 使用全连接层作为最后的分类器；
- 在层与层之间使用稀疏连接矩阵来避免大量的计算。

总而言之，LeNet5 是当前许多神经网络的鼻祖，而且也启发了许多从事该领域研究的人。

与现在的 CNN 相比，LeNet 有两点不同。一是激活函数不同，LeNet 用 sigmoid 函数，现在的 CNN 用 ReLU 函数。二是 LeNET 采用子采样缩小中间数据的大小，现在的 CNN 主流采用最大池化。

LeNet 与 20 年后的 CNN 基本相同，卷积、激活、池化（下采样）和全连接，这几个基本组件都完备了，这很了不起。

图 4-41 是 LeNet 网络识别数字 3 的过程示意：

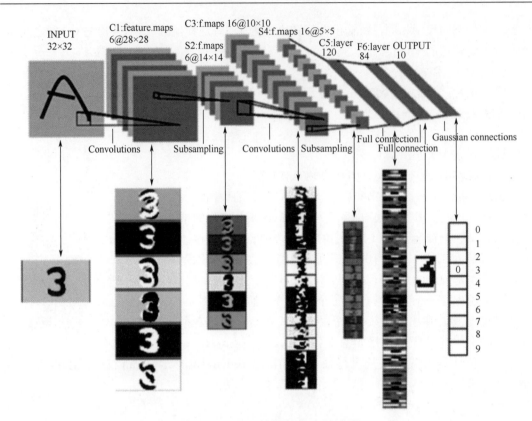

图 4-41　LeNet 网络识别"3"过程

4.9.2　AlexNet

　　LeNet 问世后一直少有人知。直到 2012 年，AlexNet 网络模型横空出世，开启了深度学习的黄金时代。

　　AlexNet 由 8 层组成，包括 5 个卷积层（后接一个池化层）和 3 个全连接层，依次为 INPUT→CONV1→POOL1→CONV2→POOL2→CONV3→CONV4→CONV5→POOL3→FC6→FC7→FC8。AlexNet 网络结构如图 4-42 所示。

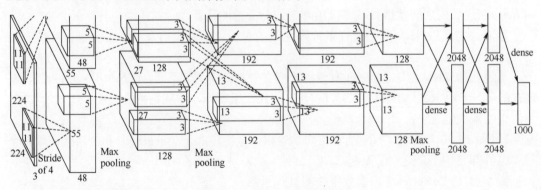

图 4-42　AlexNet 网络结构

　　Conv1 是一个包含 96 个大小为 11×11 卷积核的卷积层，Conv2 具有 256 个大小为 5×5 卷积核，Conv3 和 Conv4 具有 384 个大小为 3×3 卷积核，Conv5 具有 256 个大小为 3×3 卷积核。
所有池化层的核（池化区）大小都是 3×3，步长为 2。

FC6 和 FC7 都有 4096 个神经元，FC8 具有 1000 个神经元，因此，最大有 1000 个输出类。

AlexNet 是一个非常流行的架构，是第一个用于大规模图像识别的 CNN 架构。

AlexNet 总体结构和 LeNet 相似，但是有以下改进：

- 规模扩大了，网络由 5 个卷积层和 3 个全连接层组成，输入图像是 RGB 彩色的 3 通道 224×224；
- 使用了 ReLU 激活函数代替 Sigmoid 来加快 SGD 的收敛速度；
- 使用了 Dropout，缓解了模型的过拟合；
- 使用最大池化层以避免平均池化的平均效果；
- 使用 NVIDIA GTX 580 显卡来减少训练时间；
- 使用数据增广技巧来增加模型泛化能力。

虽然 AlexNet 的网络结构与 LeNet 没有太大区别，但是 AlexNet 成为了深度学习爆发的导火索，而 LeNet 在发明后的很长一段时间仅限于手写字符识别，这又是一例时势造英雄。在 AlexNet 出现的时候，已经可以轻松获取大量数据，擅长大规模平行计算的 GPU 得到普及。事实上，在 AlexNet 中，绝大部分计算时间都消耗在卷积层中，卷积层中的大量矩阵运算正是 GPU 所擅长的。

4.9.3　VGGNet

VGG 是由牛津大学计算机视觉组合和 Google DeepMind 公司研究员一起研发的深度卷积神经网络。它探索了卷积神经网络的深度和性能之间的关系，通过反复堆叠 3×3 的小型卷积核和 2×2 的最大池化层，成功构建了 16～19 层深的卷积神经网络，具体由配置确定，见表 4-1。到目前为止，VGGNet 依然被用来提取图像的特征。虽然 VGG 提供了更高的精度，但是使用的参数很多，使用的内存比 Alex Net 多很多。

表 4-1　VGGNet 配置表

卷积网络配置					
A	A-LRN	B	C	D	E
11 层权重网络	带局部归一化的 11 层权重网络	13 层权重网络	16 层权重网络	16 层权重网络	19 层权重网络
输入层（224×224 RGB 图像）					
带 64 个 3×3 卷积核的卷积层	带 64 个局部归一化的 3×3 卷积核的卷积层	2 个带 64 个 3×3 卷积核的卷积层	2 个带 64 个 3×3 卷积核的卷积层	2 个带 64 个 3×3 卷积核的卷积层	2 个带 64 个 3×3 卷积核的卷积层
最大池化层					
带 128 个 3×3 卷积核的卷积层	带 128 个 3×3 卷积核的卷积层	2 个带 128 个 3×3 卷积核的卷积层	2 个带 128 个 3×3 卷积核的卷积层	2 个带 128 个 3×3 卷积核的卷积层	2 个带 128 个 3×3 卷积核的卷积层
最大池化层					
2 个带 256 个 3×3 卷积核的卷积层	2 个带 256 个 3×3 卷积核的卷积层	2 个带 256 个 3×3 卷积核的卷积层	2 个带 256 个 3×3 卷积核的卷积层和 1 个带 256 个 1×1 卷积核的卷积层	3 个带 256 个 3×3 卷积核的卷积层	4 个带 256 个 3×3 卷积核的卷积层

续表

卷积网络配置					
A	A-LRN	B	C	D	E
最大池化层					
2 个带 512 个 3×3 卷积核的卷积层	2 个带 512 个 3×3 卷积核的卷积层	2 个带 512 个 3×3 卷积核的卷积层	2 个带 512 个 3×3 卷积核的卷积层 和 1 个带 512 个 1×1 卷积核的卷积层	3 个带 512 个 3×3 卷积核的卷积层	4 个带 512 个 3×3 卷积核的卷积层
最大池化层					
4096 维的全连接层					
4096 维的全连接层					
1000 维的全连接层					
softmax 输出层					

网络参数数量见表 4-2。

表 4-2　网络参数数量（百万）

神经网络	A、A-LRN	B	C	D	E
参数数量	133	133	134	138	144

LeNet 认为通过较大的卷积可以捕获到图像中相似的特征，VGG 则使用 3×3 的小型卷积核代替了 AlexNet 中的 9×9 或者 11×11 的卷积核，卷积核开始变得越来越小，以至于开始非常接近于 LeNet 极力想要避免的 1×1 卷积。但是 VGG 的巨大优势是发现了连续多次的 3×3 卷积可以模拟出较大卷积核的效果，比如 5×5 或者 7×7。而这些想法也被应用在了诸如 Inception 和 ResNet 这些更新的网络架构当中。

数据集：1000 个类别的 ILSVRC-2012 数据集，其中：训练集 130 万张图片，验证集 5 万张图片，测试集 10 万张图片，测试数据没有标签。

图 4-43 以网络结构 D（VGG16）为例，介绍其结构。

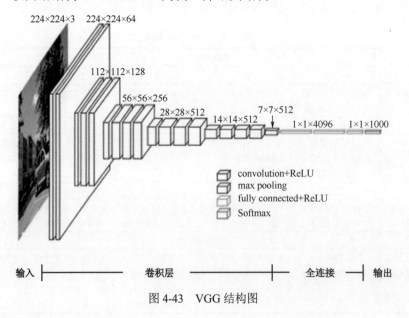

图 4-43　VGG 结构图

① 输入 224×224×3 的图片，经 64 个 3×3 的卷积核作两次卷积+ReLU，卷积后的尺寸变为 224×224×64。

② 作最大化池化，池化单元尺寸为 2×2（效果为图像尺寸减半），池化后的尺寸变为 112×112×64。

③ 经 128 个 3×3 的卷积核作两次卷积+ReLU，尺寸变为 112×112×128。

④ 作 2×2 的最大池化，尺寸变为 56×56×128。

⑤ 经 256 个 3×3 的卷积核作三次卷积+ReLU，尺寸变为 56×56×256。

⑥ 作 2×2 的最大池化，尺寸变为 28×28×256。

⑦ 经 512 个 3×3 的卷积核作三次卷积+ReLU，尺寸变为 28×28×512。

⑧ 作 2×2 的最大池化，尺寸变为 14×14×512。

⑨ 经 512 个 3×3 的卷积核作三次卷积+ReLU，尺寸变为 14×14×512。

⑩ 作 2×2 的最大池化，尺寸变为 7×7×512。

⑪ 与两层 1×1×4096，一层 1×1×1000 进行全连接+ReLU（共三层）。

⑫ 通过 softmax 输出 1000 个预测结果。

VGG 由 5 层卷积层、3 层全连接层、softmax 输出层构成，层与层之间使用最大化池分开，所有隐藏层的单元都采用 ReLU 激活函数。

VGG 使用多个较小卷积核（3×3）的卷积层代替一个卷积核较大的卷积层，一方面可以减少参数，另一方面相当于进行了更多的非线性映射，可以增加网络的拟合/表达能力。

小卷积核是 VGG 的一个重要特点，虽然 VGG 是在模仿 AlexNet 的网络结构，但没有采用 AlexNet 中比较大的卷积核尺寸（如 7×7），而是通过降低卷积核的大小（3×3），增加卷积子层数来达到同样的性能（VGG：从 1 到 4 卷积子层，AlexNet：1 子层）。

VGG 的作者认为两个 3×3 的卷积堆叠获得的感受野大小，相当一个 5×5 的卷积；而 3 个 3×3 卷积的堆叠获取到的感受野相当于一个 7×7 的卷积。这样可以增加非线性映射，也能很好地减少参数（例如 7×7 的参数为 49 个，而 3 个 3×3 的参数为 27）。

VGG 网络第一层的通道数为 64，后面每层都进行了翻倍，最多到 512 个通道，通道数的增加，使得更多的信息可以被提取出来。

4.9.4　GoogLeNet

GoogLeNet 是 2014 年 ImageNet 挑战赛的冠军，是由来自 Google 的 Christian Szegedy 提出的 Inception 架构的全新深度卷积神经网络。Christian Szegedy 注意到了 AlexNet 和 VGGNet 随着网络层数的增加，出现过拟合、梯度消失和梯度爆炸的概率越来越大，他开始研究如何减少深度神经网络的计算负担，设计了 Inception 架构。

图 4-44 中，GoogLeNet 是通过由多个卷积层组成的 Inception 模块堆叠而成的。

Inception 模块有如下结构：在 3×3 或 5×5 的卷积前和最大池化后都分别加上了 1×1 卷积核，把得到的特征图与 1×1 卷积得到的特征图联合输出，形成一组特征。1×1 卷积核可以看作是在特征图之间建立的一种全连接，从而得到新的特征图。

GoogLeNet Inception 架构如图 4-45 所示。

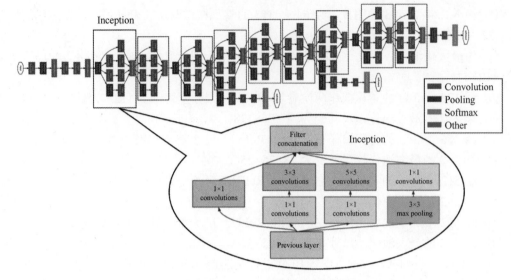

图 4-44 GoogLeNet 的网络结构和特征

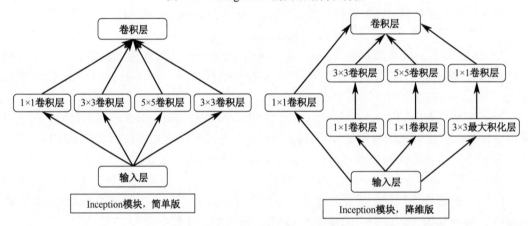

图 4-45 GoogLeNet Inception 架构

Inception 架构从另外一个角度来提升网络性能：计算昂贵的并行块之前，使用 1×1 的卷积来减少特征的数量；多个尺寸同时卷积后融合，以增加网络的宽度。

Inception 历经了 V1、V2、V3、V4 等多个版本的发展并不断趋于完善。

GoogLeNet 使用模块化的结构，方便层数的增加和修改。网络最后采用平均池化代替全连接层，同时使用了 Dropout。为了避免梯度消失问题，网络额外增加了两个辅助的 softmax 函数用于前向传导梯度。在参数数量方面，相比 AlexNet 的 60MB、VGGNet 的 140MB，GoogleNet 仅有 6.8MB。

最后，大家可能注意到了，这个网络为什么不叫"GoogleNet"，而叫"GoogLeNet"，据说是为了向"LeNet"致敬，因此取名为"GoogLeNet"。

4.9.5 ResNet

ResNet（Residual Neural Network）残差网络由微软研究院的 Kaiming He 等四名华人提

出，通过使用 ResNet Unit 成功训练出了 152 层的神经网络，并在 2015 年 ImageNet 比赛中的 classification 任务上获得第一名。ResNet 的结构可以极快地加速神经网络的训练，模型的准确率也有比较大的提升，同时 ResNet 的推广性非常好，甚至可以直接用到 InceptionNet 网络中。

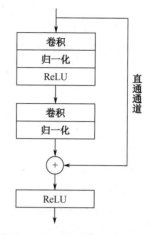

　　ResNet 的主要思想是在网络中增加了直连通道，将经过两个连续卷积层运算的输出与通过直通通道的原始输入进行与（AND）运算，这样允许原始输入信息直接传到后面的层中，如图 4-46 所示。

　　这样，网络可以学习上一个网络输出的残差，因此 ResNet 又叫做残差网络。

　　传统的卷积网络或者全连接网络在信息传递的时候或多或少会存在信息丢失，损耗等问题，同时还可导致梯度

图 4-46　ResNet 的残差学习模块

消失或者梯度爆炸，造成网络无法训练。ResNet 在一定程度上解决了这个问题，通过直接将输入信息绕道传到输出，保护信息的完整性，整个网络只需要学习输入、输出差别的那一部分，简化了学习目标和难度。

4.9.6　基于 AlexNet 的人脸识别

　　人脸识别，是基于人的脸部特征信息进行身份识别的一种生物识别技术。人脸识别的用途现在越来越广，各行各业都在尝试用人脸识别提升客户体验、优化服务水平，不过归根结底主要有两大类：人脸身份识别和人脸身份认证。例如：VIP 人脸识别，顾名思义，可以自动在人群中捕捉 VIP 客户，并识别出其身份，同时可以通过语音欢迎通知后台的工作人员。此项技术在金融行业应用比较多，包括刷脸登录、远程人脸开户、自助人脸开卡等等。人脸识别的主要步骤为：人脸检测、人脸特征提取、人脸比对，其流程图如 4-27 所示。

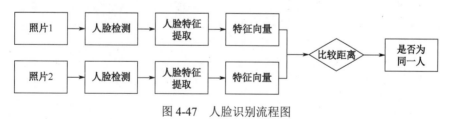

图 4-47　人脸识别流程图

4.9.6.1　导入软件包

首先，导入所有具体实现需要用到的软件包。

```
import cv2
import numpy as np
import os
import sys
import random
```

```
import gc
from sklearn.model_selection import train_test_split
from keras.preprocessing.image import ImageDataGenerator
from keras.models import Sequential
from keras.layers import Dense, Dropout, Activation, Flatten
from keras.layers import Convolution2D, MaxPooling2D
from keras.optimizers import SGD
from keras.utils import np_utils
from keras.models import load_model
from keras import backend as K
from face_train import Model
```

4.9.6.2　下载 LFW 数据集与人脸裁剪

首先在 http://vis-www.cs.umass.edu/lfw/#download 网站下载 LFW 数据集，解压后得到数据集中的图片。我们在进行人脸识别之前，要将从数据集中得到的图片进行裁剪并保存。以下是这部分的代码：

```
def detect(filename):
    img = cv2.imread(filename)
    gray =cv2.cvtColor(img, cv2.COLOR_BGR2GRAY)
   #检测正脸
    front_face_cascade=
cv2.CascadeClassifier('haarcascade_frontalface_default.xml')
    faces0 = front_face_cascade.detectMultiScale(gray, 1.022, 5)
    print("共检测到%d张人的正脸" %len(faces0))
   #检测侧脸
    profile_face_cascade =
cv2.CascadeClassifier('haarcascade_profileface.xml')
    faces1 = profile_face_cascade.detectMultiScale(gray, 1.2, 6)
  print("共检测到%d张人的侧脸" %len(faces1))
  if len(faces0) > 0:             #大于0则检测到人脸
      for faceRect in faces0:  #单独框出每一张人脸
          x, y, w, h = faceRect
          #将当前人脸保存为图片
          img_name = '%s.jpg'%( filename)
          image = img [y - 10: y + h + 10, x - 10: x + w + 10]
          cv2.imwrite(img_name, image)


      if len(faces1) > 0:            #大于0则检测到人脸
          for faceRect in faces1:  #单独框出每一张人脸
              x, y, w, h = faceRect
              #将当前人脸保存为图片
              img_name = '%s.jpg'%( filename)
              image = img [y - 10: y + h + 10, x - 10: x + w + 10]
              cv2.imwrite(img_name, image)
```

```
img = detect("Aaron_Peirsol_0001.jpg")
```
detectMultiScale 函数的参数说明如下：
```
detectMultiScale(...) method of cv2.CascadeClassifier instance
    detectMultiScale(image[, scaleFactor[, minNeighbors[, flags[, minSize[,
maxSize]]]]]) -> objects .
    scaleFactor是每次迭代的缩放比例，值越小（比1大）越可能检测到更多的人脸图像，但更
可能会重复。
    minNeighbors 是每个人脸矩形保留尽量数目的最小值，为整数。值越小越可能检测到更多的
人脸。
```
minSize 和 maxSize 可以加入尺寸过滤。

图 4-48 所示为原始图像。

图 4-48　原始图像

图 4-49 为裁剪后保存的图像：

图 4-49　裁剪后保存的图像

4.9.6.3　数据预处理

将得到的人脸图像进行尺寸调整并制造样本集。

```
IMAGE_SIZE = 64
#按照指定图像大小调整尺寸
def resize_image(image, height = IMAGE_SIZE, width = IMAGE_SIZE):
    top, bottom, left, right = (0, 0, 0, 0)
    #获取图像尺寸
    h, w, _ = image.shape
    #对于长宽不相等的图片，找到最长的一边
    longest_edge = max(h, w)
    #计算短边需要增加多少像素宽度使其与长边等长
    if h < longest_edge:
        dh = longest_edge - h
        top = dh // 2
        bottom = dh - top
```

```
        elif w < longest_edge:
            dw = longest_edge - w
            left = dw // 2
            right = dw - left
        else:
            pass
    #RGB颜色
    BLACK = [0, 0, 0]
    #给图像增加边界，cv2.BORDER_CONSTANT指定边界颜色由value参数指定
    constant = cv2.copyMakeBorder(image, top , bottom, left, right,
cv2.BORDER_CONSTANT, value = BLACK)
    #调整图像大小并返回
    return cv2.resize(constant, (height, width))
#读取训练数据
images = []
labels = []
def read_path(path_name):
    for dir_item in os.listdir(path_name):
        #从初始路径开始叠加，合并成可识别的操作路径
        full_path = os.path.abspath(os.path.join(path_name, dir_item))
        if os.path.isdir(full_path):    #如果是文件夹，继续递归调用
            read_path(full_path)
        else:   #文件
            if dir_item.endswith('.jpg'):
                image = cv2.imread(full_path)
                image = resize_image(image, IMAGE_SIZE, IMAGE_SIZE)
                #可以看到resize_image()函数的实际调用效果
                #cv2.imwrite('1.jpg', image)
                images.append(image)
                labels.append(path_name)
    return images,labels
#从指定路径读取训练数据
def load_dataset(path_name):
    images,labels = read_path(path_name)
    #将输入的所有图片转成四维数组，尺寸为(图片数量*IMAGE_SIZE*IMAGE_SIZE*3)
    #图片为64*64像素，一个像素有3个颜色值(RGB)
    images = np.array(images)
    print(images.shape)
    #标注数据，'Aaron_Peirsol'文件夹下全部指定为0，其他的全部指定为1
    labels = np.array([0 if label.find (' Aaron_Peirsol') >=0 else 1 for
label in labels])
    return images, labels
if __name__ == '__main__':
    if len(sys.argv) != 1:
        print("Usage:%s path_name\r\n" % (sys.argv[0]))
    else:
        images, labels = load_dataset("裁剪后的人脸图片路径")
```

resize_image()函数的功能是判断图片是不是正方形，如果不是则增加短边的长度使之变成正方形。这样再调用 cv2.resize()函数就可以实现等比例缩放了。因为我们指定缩放的比例就是 64×64，只有缩放之前图像为正方形才能确保图像不失真。

4.9.6.4　建立网络

AlexNet 的参数量为 58,283,490，模型代码如下：

```
#CNN网络模型类
class Model:
    def __init__(self):
        self.model = None
    #建立模型
    def build_model(self, dataset, nb_classes = 2):
        #构建一个空的网络模型，它是一个线性堆叠模型，各神经网络层会被顺序添加，专业
名称为序贯模型或线性堆叠模型
        self.model = Sequential()
        #以下代码将顺序添加CNN网络需要的各层，一个add就是一个网络层
        self.model.add(Convolution2D(96, 10, 10, input_shape =
dataset.input_shape))
        self.model.add(Activation('relu'))
        self.model.add(MaxPooling2D(pool_size=(3, 3),strides=2))

        self.model.add(Convolution2D(256, 5, 5,border_mode='same'))
        self.model.add(Activation('relu'))
        self.model.add(MaxPooling2D(pool_size=(3, 3),strides=2

        self.model.add(Convolution2D(384, 3, 3,border_mode='same'))
        self.model.add(Activation('relu'))

        self.model.add(Convolution2D(384, 3, 3,border_mode='same'))
        self.model.add(Activation('relu'))

        self.model.add(Convolution2D(256, 3, 3,border_mode='same'))
        self.model.add(Activation('relu'))
        self.model.add(MaxPooling2D(pool_size=(3, 3),strides=2))

        self.model.add(Flatten())
        self.model.add(Dense(4096))
        self.model.add(Activation('relu'))
        self.model.add(Dropout(0.5))

        self.model.add(Dense(4096))
        self.model.add(Activation('relu'))
        self.model.add(Dropout(0.5))

        self.model.add(Dense(nb_classes))                #17 Dense层
```

```
        self.model.add(Activation('softmax'))        #18 分类层，输出最终结果
        ·#输出模型概况
        self.model.summary()
    #训练模型


    def train(self, dataset, batch_size = 20, nb_epoch = 4,
data_augmentation = True):
        sgd = SGD(lr = 0.01, decay = 1e-6,
            momentum = 0.9, nesterov = True) #采用SGD+momentum的优化
器进行训练，首先生成一个优化器对象
        self.model.compile(loss='categorical_crossentropy',
                optimizer=sgd,
                metrics=['accuracy'])        #完成实际的模型配置工作


    #训练数据，有意识地提升训练数据规模，增加模型训练量
    if not data_augmentation:
        self.model.fit(dataset.train_images,
                dataset.train_labels,
                batch_size = batch_size,
                nb_epoch = nb_epoch,
                validation_data = (dataset.valid_images, dataset.
valid_labels),
                shuffle = True)
    #使用实时数据提升
    else:
        #定义数据生成器用于数据提升，其返回一个生成器对象datagen，datagen每被
调用一次其生成一组数据（顺序生成），节省内存，其实就是Python的数据生成器
        datagen = ImageDataGenerator(
            featurewise_center = False, #是否使输入数据去中心化（均值为0），
            samplewise_center  = False,#是否使输入数据的每个样本均值为0
            featurewise_std_normalization = False,  #是否数据标准化（输
入数据除以数据集的标准差）
            samplewise_std_normalization  = False,
                #是否将每个样本数据除以自身的标准差
            zca_whitening = False,
                #是否对输入数据施以ZCA白化
            rotation_range = 20,
                #数据提升时图片随机转动的角度（范围为0～180°）
            width_shift_range = 0.2,
                #数据提升时图片水平偏移的幅度（单位为图片宽度的占比，为0～1的
                浮点数）
            height_shift_range = 0.2,        #同上，只不过这里是垂直
            horizontal_flip = True,          #是否进行随机水平翻转
            vertical_flip = False)           #是否进行随机垂直翻转
        #计算整个训练样本集的数量以用于特征值归一化、ZCA白化等处理
        datagen.fit(dataset.train_images)
        #利用生成器开始训练模型
```

```
                self.model.fit_generator(datagen.flow(dataset.train_images,
dataset.train_labels,
                                               batch_size = batch_size),
                                    samples_per_epoch=
dataset.train_images.shape[0],
                                    nb_epoch = nb_epoch,
                                    validation_data = (dataset.valid_images,
dataset.valid_labels))
        MODEL_PATH = './face.model.h5'

    def save_model(self, file_path = MODEL_PATH):
        self.model.save(file_path)

    def load_model(self, file_path = MODEL_PATH):
        self.model = load_model(file_path)

    def evaluate(self, dataset):
        score = self.model.evaluate(dataset.test_images,
dataset.test_labels, verbose = 1)
        print("%s: %.2f%%" % (self.model.metrics_names[1], score[1] *
100))


    #识别人脸
    def face_predict(self, image):
        #依然是根据后端系统确定维度顺序
        if K.image_dim_ordering() == 'th' and image.shape != (1, 3,
IMAGE_SIZE, IMAGE_SIZE):
            image = resize_image(image)
            #尺寸必须与训练集一致，都应该是IMAGE_SIZE x IMAGE_SIZE
            image = image.reshape((1, 3, IMAGE_SIZE, IMAGE_SIZE))
            #与模型训练不同，这次只是针对1张图片进行预测
        elif K.image_dim_ordering() == 'tf' and image.shape != (1,
IMAGE_SIZE, IMAGE_SIZE, 3):
            image = resize_image(image)
            image = image.reshape((1, IMAGE_SIZE, IMAGE_SIZE, 3))
        #浮点并归一化
        image = image.astype('float32')
        image /= 255
        #给出输入属于各个类别的概率，是二值类别，则该函数会给出输入图像属于0和1的概
率各为多少
        result = self.model.predict_proba(image)
        print('result:', result)

        #给出类别预测：0或者1
        result = self.model.predict_classes(image)
        #返回类别预测结果
        return result[0]
```

4.9.6.5 训练模型

首先，定义一个加载数据的类，如下：

```
class Dataset:
    def __init__(self, path_name):
        #训练集
        self.train_images = None
        self.train_labels = None
        #验证集
        self.valid_images = None
        self.valid_labels = None
        #测试集
        self.test_images  = None
        self.test_labels  = None
        #数据集加载路径
        self.path_name = path_name
        #当前库采用的维度顺序
        self.input_shape = None
    #加载数据集并按照交叉验证的原则划分数据集并进行相关预处理工作
    def load(self, img_rows = IMAGE_SIZE, img_cols = IMAGE_SIZE,
             img_channels = 3, nb_classes = 2):
        #加载数据集到内存
        images, labels = load_dataset(self.path_name)
        train_images, valid_images, train_labels, valid_labels =
train_test_split(images, labels, test_size = 0.3, random_state =
random.randint(0, 100))
        _, test_images, _, test_labels = train_test_split(images, labels,
test_size = 0.5, random_state = random.randint(0, 100))
        #当前的维度顺序如果为'th',则输入图片数据时的顺序为:channels,rows,cols,
否则:rows,cols,channels
        #这部分代码根据keras库要求的维度顺序重组训练数据集
        if K.image_dim_ordering() == 'th':
            train_images = train_images.reshape(train_images.shape[0],
img_channels, img_rows, img_cols)
            valid_images = valid_images.reshape(valid_images.shape[0],
img_channels, img_rows, img_cols)
            test_images = test_images.reshape(test_images.shape[0],
img_channels, img_rows, img_cols)
            self.input_shape = (img_channels, img_rows, img_cols)
        else:
            train_images = train_images.reshape(train_images.shape[0],
img_rows, img_cols, img_channels)
            valid_images = valid_images.reshape(valid_images.shape[0],
img_rows, img_cols, img_channels)
            test_images = test_images.reshape(test_images.shape[0],
img_rows, img_cols, img_channels)
            self.input_shape = (img_rows, img_cols, img_channels)
```

```
#输出训练集、验证集、测试集的数量
print(train_images.shape[0], 'train samples')
print(valid_images.shape[0], 'valid samples')
print(test_images.shape[0], 'test samples')
#我们的模型使用categorical_crossentropy作为损失函数,因此需要根据类
别数量nb_classes将
#类别标签进行one-hot编码使其向量化, 在这里我们的类别只有两种, 经过转化
后标签数据变为二维
train_labels = np_utils.to_categorical(train_labels,
nb_classes)

valid_labels = np_utils.to_categorical(valid_labels,
nb_classes)

test_labels = np_utils.to_categorical(test_labels,
nb_classes)

#像素数据浮点化以便归一化
train_images = train_images.astype('float32')
valid_images = valid_images.astype('float32')
test_images = test_images.astype('float32')
#将其归一化,图像的各像素值归一化到0～1区间
train_images /= 255
valid_images /= 255
test_images /= 255
self.train_images = train_images
self.valid_images = valid_images
self.test_images  = test_images
self.train_labels = train_labels
self.valid_labels = valid_labels
self.test_labels  = test_labels
```

调用之前定义的模型类中的函数进行训练:

```
if __name__ == '__main__':
    dataset = Dataset('样本集路径')
    dataset.load()
    model = Model()
    model.build_model(dataset)
    model.train(dataset)
model.save_model(file_path = 'face.model.h5')
```

训练后的结果如下:

```
Epoch 1/4
560/560 [==============================] - 7232s 13s/step - loss: 0.4636
- acc: 0.8018 - val_loss: 0.0261 - val_acc: 0.9798
    Epoch 2/4
    560/560 [==============================] - 1020s 2s/step - loss: 0.0393
- acc: 0.9786 - val_loss: 0.0019 - val_acc: 0.9896
    Epoch 3/4
    560/560 [==============================] - 3403s 6s/step - loss: 0.0086
- acc: 0.9939 - val_loss: 0.0029 - val_acc: 0.9981
    Epoch 4/4
```

```
    560/560 [==============================] - 1016s 2s/step - loss: 0.0148
- acc: 0.9953 - val_loss: 0.0022 - val_acc: 0.9996
    18658 train samples
    6486 valid samples
    10569 test samples
    acc: 98.77%
```

4.9.6.6　测试模型

加载已经训练好的模型，进行人脸识别。

```python
    if __name__ == '__main__':
        #加载模型
        model = Model()
        model.load_model(file_path = 'face.model.h5')
        #框住人脸的矩形边框颜色
        color = (0, 255, 0)
        #人脸识别分类器本地存储路径
        cascade_path = "haarcascade_frontalface_alt2.xml"
        #检测识别人脸
        image = cv2.imread("准备识别的图片路径")
                #图像灰化，降低计算复杂度
        image _gray = cv2.cvtColor(image, cv2.COLOR_BGR2GRAY)
            #使用人脸识别分类器，读入分类器
        cascade = cv2.CascadeClassifier(cascade_path)
            #利用分类器识别出哪个区域为人脸
        faceRects = cascade.detectMultiScale(image_gray, scaleFactor = 1.2,
minNeighbors = 3, minSize = (32, 32))
        if len(faceRects) > 0:
            for faceRect in faceRects:
                x, y, w, h = faceRect

                #截取脸部图像提交给模型识别这是谁
                image = image [y - 10: y + h + 10, x - 10: x + w + 10]
                faceID = model.face_predict(image)
                    #如果是 "Aaron_Peirsol"
                if faceID == 0:
                  cv2.rectangle(image, (x - 10, y - 10), (x + w + 10, y + h +
10), color, thickness = 2)
                        #文字提示是谁
                    cv2.putText(image,' Aaron_Peirsol ',
                        (x + 30, y + 30),                    #坐标
                        cv2.FONT_HERSHEY_SIMPLEX,            #字体
                        1,                                   #字号
                        (255,0,255),                         #颜色
                        2)                                   #字的线宽

            else:
                if faceID == 1:
                    cv2.rectangle(image, (x - 10, y - 10), (x + w + 10, y + h +
```

```
10), color, thickness = 2)
                        #文字提示是谁
            cv2.putText(image,'other people',
                (x + 30, y + 30),                    #坐标
                cv2.FONT_HERSHEY_SIMPLEX,             #字体
                1,                                   #字号
                (0,0,255),                           #颜色
                2)                                   #字的线宽
        else:
    pass

        cv2.imshow("识别", image)
    cv2.destroyAllWindows()
```

思 考 题

1. 卷积神经网络的池化层有什么用？
2. 卷积神经网络有什么优缺点？

第5章　反馈神经网络

前面介绍的感知器、多层感知器以及卷积神经网络都是前馈网络，这种网络的信号都是单向传递的，没有反馈连接。很显然，前馈型网络结构相对简单，并且具有较强的学习能力，具有非线性映射能力。但是，前馈型网络针对输入没有及时反馈，缺乏系统的动态性能，也不符合真正的神经系统实际工作原理。下面介绍几种反馈型的神经网络。

5.1　Hopfield 神经网络

20 世纪 60 年代初至 80 年代初，神经网络研究处于冰河期。诺贝尔物理学奖获得者、加州理工学院生物物理教授约翰·霍利菲尔德（John Hopfield）（图 5-1）在 1982 年和 1984 年先后提出了离散型和连续型 Hopfield 神经网络。

图 5-1　约翰·霍利菲尔德

霍利菲尔德引用了物理力学的分析方法，把神经网络作为一种动力系统来研究，引入了"计算能量函数"的概念，提出了一种非常独特的非线性网络模型，证明了这种网络能够收敛到一种称为"吸引子（attractor）"的稳定状态，而且还给出了 Hopfield 神经网络的电路实现。这些一连串新颖、完美的成果，为神经计算机的研究奠定了基础，同时开拓了神经网络用于联想记忆和优化计算的途径，吸引了很多非线性电路科学家、物理学家和生物学家来研究神经网络，在世界范围内重新掀起了神经网络的研究热潮。

霍利菲尔德网络能量场景图如图 5-2 所示。

Hopfield 神经网络是最重要的反馈型神经网络，不像前馈网络一样分层次，这是一种全互连的（非全连接，因为节点自身不连接）网络。反馈连接是指各输出端又会反馈到所有除自身以外的输入端，所以 Hopfield 网络在初始输入的激励下，会持续不断地产生状态变化，并最终将趋于稳定。

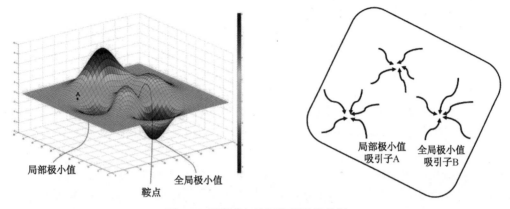

局部极小值　　　全局极小值
　　　鞍点

局部极小值
吸引子A

全局极小值
吸引子B

图 5-2　霍利菲尔德网络能量场景图

Hopfield 神经网络的理论基础是动力学系统。按照系统动力学理论，凡系统必有结构，系统结构决定系统功能。更进一步，动力系统是根据内部组成要素互为因果的反馈特点，从系统的内部结构不是用外部的干扰或随机事件来寻找问题的根源。

任何一个物理系统总是在能量处于最低状态下最稳定。因此，如果把描述能量的能量函数的最小值作为最终目标，也就是将 Hopfield 网络的稳态作为目标，神经网络向稳态的收敛过程就是优化计算的过程。

根据选用的激活函数，Hopfield 神经网络可以分成离散型和连续型两类，离散型选用二值函数（本书采用取值 0、1 的阶梯函数）作为激活函数，连续型选用连续函数作为激活函数。

Hopfield 神经网络模型分两个阶段：存储信息的学习阶段和提取信息的应用阶段。网络的学习主要采用 Hebb 学习规则。提取信息依靠的是能量函数，当能量函数取极小值时，网络状态就是所要提取的信息。

以后会看到，离散型 Hopfield 网络是一个离散的时间系统，可以描述成一个非线性差分方程，连续型 Hopfield 网络可以用非线性微分方程描述。网络的稳定性都是通过一个构造的能量函数进行判断的，当能量函数取最小值时，网络就处于稳定状态。

Hopfield 网络的主要应用是联想记忆和优化计算。

如果把网络的一个稳定状态当作一个记忆样本，那么，从网络的一组初始输入向网络稳定状态演变的过程就是"回忆"或寻找记忆样本的过程。由于给网络的一组初始输入通常只包含"可以并确定准确"找到回忆样本的部分信息，这些信息能够保证找到记忆样本，但不难确保准确。因此，回忆记忆样本的过程也称联想记忆过程。

如果将网络中单元的值扩展到 0~1 的连续值，Hopfield 网络就可以解决优化问题，比如旅行商问题（traveling salesman problem），这个问题是要求寻找能够访问多个城市的最短路径，每个城市仅访问一次。这个问题在计算机科学界很有名，它是要解决问题所需的时间随着问题规模的增长而迅速增加的典型代表。网络的能量函数包含了路径的长度，限制是每个城市只能访问一次。经过初始状态，连续型霍利菲尔德网络能够最终收敛到一个最小能量状态，表明找到了一条较好的路径，但不能保证是最佳路径。

5.2 离散型 Hopfield 神经网络

5.2.1 离散型 Hopfield 神经网络的结构

离散型 Hopfield 神经网络结构的画法有多种方式，图 5-3 和图 5-4 是最常见的两种画法。

图 5-3 的画法注重 Hopfield 网络的相互连接，它的每一个神经元都与网络中的其他神经元相连接，每个连接根据其重要程度赋予不同的连接权重，图中第 i 个神经元与第 j 个神经元之间的连接权重为 w_{ij}。

图 5-4 画出了 Hopfield 网络的反馈连接。这是一个仅含 4 个神经元的离散型 Hopfield 网络，在此网络中，每个神经元的状态只有 "0" "1" 两种状态，u_1, u_2, u_3, u_4 是给这 4 个神经元赋予的初始输入。x_1, x_2, x_3, x_4 是按照公式计算出这 4 个神经元的输出值，每个输出值 x_i 乘以各自的权重 w_{ij} 后，再传递给其他各个神经元。因此，每个神经元 i 又会同时接收其他神经元 j 传来的数据 $w_{ji}x_j, j = 1, \cdots, 4, j \neq i$。

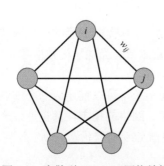

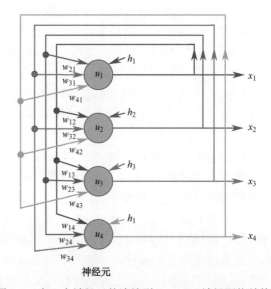

图 5-3　离散型 Hopfield 网络结构　　图 5-4　有 4 个神经元的连续型 Hopfield 神经网络结构

5.2.2 离散型 Hopfield 神经网络的状态变化规律

离散型 Hopfield 神经网络具有如下特点：
- 神经元之间的连接权重对称（$w_{if} = w_{ji}$），这将保证能量函数的单调递减；
- 每个神经元没有自身连接（$w_{if} = 0$）；
- 神经元状态的更新方式有异步和同步两种。通常采用异步更新方式，任何时刻只允许一个神经元改变状态；也有同步更新方式，就是所有神经元同时改变状态。

在某一时刻一个神经元的输出也称这个神经元的状态，Hopfield 神经网络的状态是指某一时刻网络所有神经元状态的集合。离散型 Hopfield 神经网络每个神经元的输出只能是 0 或 1，因此，一个含有 n 个神经元的 Hopfield 神经网络共有 2^n 种状态。后面会看到，Hopfield 神经网络将这 2^n 种状态分成若干个类别，每个类别内的状态被认为与输入模式具有相似的信息。

假定 Hopfield 神经网络的初始状态为：

$$X(0) = \left[x_1(0), x_2(0), \cdots, x_n(0) \right]^{\mathrm{T}}$$

在外界输入激发下，Hopfield 神经网络从初始状态进入动态递归演变过程，变化规律为：

$$x_i = f(\mathrm{net}_i)$$

激活函数 $f(\cdot)$ 采用符号函数 $\mathrm{sign}(\cdot)$，即：

$$x_i(t+1) = \mathrm{sign}(\mathrm{net}_i(t+1)) = \begin{cases} 1 & \mathrm{net}_i \geqslant 0 \\ 0 & \mathrm{net}_i < 0 \end{cases} \tag{5.1}$$

或

$$x_i(t+1) = \mathrm{sign}(\mathrm{net}_i(t+1)) = \begin{cases} 1 & \mathrm{net}_i \geqslant 0 \\ -1 & \mathrm{net}_i < 0 \end{cases}$$

其中，net_i 为神经元 i 的所有输入的加权之和减去阈值，计算公式为：

$$\mathrm{net}_i(t+1) = \sum_{\substack{j=1 \\ j \neq i}}^{n} w_{ji} x_j(t) - h_i \tag{5.2}$$

式中，w_{ji} 为神经元 i 与神经元 j 的连接权重，h_i 为神经元 i 的阈值。

式（5.1）表明，当神经元 i 的所有输入的加权总和 $\sum_{\substack{j=1 \\ j \neq i}}^{n} w_{ji} x_j$ 超过输出阈值时，此神经元被"激活"，否则就处于"抑制"状态。

Hopfield 神经网络是一个不断演化的网络，每个不同时刻都有不同的网络状态，但是，这些状态之间的转换是有规律可循的，是可以计算出来的。用一个 n 维向量表示网络在 t 时刻的状态：

$$X(t) = \left[x_1(t), x_2(t), \cdots, x_n(t) \right]^{\mathrm{T}}$$

每个神经元根据其在时刻 t 的状态，可以按照以下规则计算出在下一个时刻 $t+1$ 的状态。

（1）异步工作方式：在时刻 $t+1$，只有神经元 j 进行状态的调整计算，其他神经元状态保持不变，即：

$$x_i(t+1) = \begin{cases} \mathrm{sgn}\left[\mathrm{net}_i(t) \right] & i = j \\ x_i(t) & i \neq j \end{cases} \tag{5.3}$$

（2）同步工作方式：在网络运行时，所有神经元同时调整状态，即：

$$x_i(t+1) = \mathrm{sgn}\left[\mathrm{net}_i(t) \right] \tag{5.4}$$

Hopfield 神经网络中的神经元相互作用，随着时间推进而不断演化，最终趋于稳定。即：经过若干时刻后，如果网络中的所有神经元状态不再改变，即所有神经元的输入与输出均相等：

$$x_i(t+1) \equiv x_i(t) \equiv \mathrm{sgn}\left[\mathrm{net}_i(t) \right]$$

这表明，$X(t+\Delta t)=X(t)$，也就是网络状态处于稳定状态，网络的稳定状态也称"吸引子（attractor）"。

Hopfield 神经网络这种高维非线性动力学系统，可以有多个稳定状态。已经证明，Hopfield 神经网络从任意一个初始状态开始运行，一定能够收敛到一种稳定状态。

5.2.3　离散型 Hopfield 神经网络的稳态判别函数

Hopfield 神经网络是非线性动力系统，可能存在多个稳定状态。从任意一个初始状态开始，经过若干次演变，总可以收敛到其中的某一个稳定状态。

Hopfield 神经网络的稳定状态非常重要，实际上网络需要运行很多次之后才能达到稳定状态。那么，如何判断一个 Hopfield 神经网络是否已经处于稳定状态？

霍利菲尔德为此构造了一个能量函数，也称李亚普诺夫（Lyapunov）函数，让这个函数在满足一定的参数（连接权重和阈值）条件下，函数值在网络运行过程中不断降低，最后达到趋于稳定的平衡状态。利用能量函数分析神经网络的稳定性是霍利菲尔德的又一突出贡献。从动力系统来看，系统的稳定状态就是能量为最小的时候。

构造的离散型 Hopfield 神经网络的能量函数为：

$$E(t)=-\frac{1}{2}\sum_{i=1}^{n}\sum_{j=1}^{n}w_{ij}x_i(t)x_j(t)+\sum_{i=1}^{n}h_ix_i(t) \tag{5.5}$$

$x_i(t), x_j(t)$ 是时刻 t 第 i, j 个神经元对应的输出，w_{ij} 为神经元 i、j 之间的连接权重，h_i 为神经元 i 的阈值。

写成矩阵形式为：

$$\boldsymbol{E}=-\frac{1}{2}X^{\mathrm{T}}WX+X^{\mathrm{T}}h \tag{5.6}$$

显然，能量函数是一个关于时间 t 的连续的非线性函数，如果用二维坐标来标出其函数图像，应该是这样的：作为关于时间 t 的连续函数，能量函数 $E(t)$ 应该具有一个全局极小值和多个局部极小值，如图 5-5 所示。

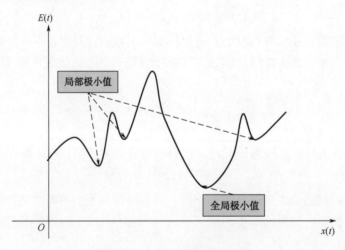

图 5-5　Hopfield 能量函数图像

下面来看当网络状态随着时间推进发生变化时，能量函数 $E(t)$ 的值是如何变化的？

1. 异步工作方式

假设在这一步，只有神经元 k 的状态发生变化。先把前面的能量函数拆分成神经元 k 以外的能量函数（下式右侧第一、第二部分）和神经元 k 的能量函数（下式右侧其余部分）：

$$E = -\frac{1}{2}\sum_{i \neq k}^{n}\sum_{j \neq k}^{n}w_{ij}x_ix_j + \sum_{i \neq k}^{n}h_ix_i - \frac{1}{2}\left(\sum_{j}^{n}w_{kj}x_j + \sum_{j}^{n}w_{jk}x_j\right)x_k + h_kx_k \tag{5.7}$$

从 t 到 $t+1$ 时刻，神经元 k 的输出值变化一定是从"0"变成"1"，或从"1"变成"0"。即：$x_k(t) \rightarrow x_{k+1}(t)$，$\Delta x_k = x_k(t+1) - x_k(t) = \begin{cases} 1 & \text{从"1"变成"0"} \\ -1 & \text{从"0"变成"1"。} \end{cases}$

由于采用随机异步更新方式，所以除了神经元 k 以外，其余神经元的状态不发生变化，所以相邻两个时刻的能量函数之差只需计算式（5.7）的后两个部分。注意到，$w_{ij} = w_{ji}$，神经元 k 的状态变化量 Δx_k 相应的能量函数变化量 ΔE_k 为：

$$\begin{aligned} \Delta E_k &= E(t+1) - E(t) \\ &= -\frac{1}{2}\left(\sum_{j=1}^{n}w_{kj}x_j + \sum_{i=1}^{n}w_{ik}x_i\right)\Delta x_k + h_k\Delta x_k \\ &= -\left(\sum_{j=1}^{n}w_{kj}x_j - h_k\right)\Delta x_k \end{aligned} \tag{5.8}$$

注意，$\text{net}_k = \sum_{j=1}^{n}w_{kj}x_j - h_k$，式（5.5）变为：

$$\Delta E_k = -net_k\Delta x_k \tag{5.9}$$

下面来解读式（5.9）：

如果 $\Delta x_k > 0$，表示：$x_k(t) = 0, x_k(t+1) = 1$，即神经元 k 的输出值从 0 变为 1；

如果 $\Delta x_k < 0$，表示：$x_k(t) = 1, x_k(t+1) = 0$，即神经元 k 的输出值从 1 变为 0。

而 net_k 与 $x_k(t+1)$ 是有关联关系的，只有当 $\text{net}_k > 0$ 时，才有 $x_k(t+1) = 1$，当 $\text{net}_k < 0$ 时，$x_k(t+1) = 0$，所以，

$$\Delta E_k \leq 0$$

因此，随着时间的推移，能量函数 E 会不断减小，也就是说，能量函数 $E(t)$ 是时刻 t 的单调递减函数，最后会收敛到一个局部极小值，或者说系统可以达到稳定状态。

回忆图 5-4，这样的状态变化在能量函数 $E(t)$ 取得一个极小值后，无论是局部的还是全局的，网络状态都不会再变化了。因此，这样的设计无法保证网络一定收敛到全局极小值。

2. 同步工作方式

在同步工作方式下，霍利菲尔德等已经证明，如果设计的连接权重矩阵是非负定的，那么，该 Hopfield 神经网络具有并行稳定性。

这是因为，在并行工作方式下，状态变化矩阵形式为：

$$\Delta X(t) = X(t+1) - X(t) \tag{5.10}$$

由式（5.6）、（5.10）可以算出网络相继两个状态的能量之差为：

$$\Delta E = \frac{1}{2}\Big[X^{\mathrm{T}}(t)W\Delta X(t) + \Delta X^{\mathrm{T}}(t)WX(t) + \Delta X^{\mathrm{T}}(t)W\Delta X(t) \Big] + \Delta X^{\mathrm{T}}(t)h$$

因为 W 是对称矩阵，所以

$$X^{\mathrm{T}}(t)W\Delta X(t) = \Big[X^{\mathrm{T}}(t)W\Delta X(t) \Big]^{\mathrm{T}} = \Delta X^{\mathrm{T}}(t)WX(t)$$

因此，（5.11）可以写成

$$\Delta E = -\Delta X^{\mathrm{T}}(t)\Big[WX(t) - h \Big] - \frac{1}{2}\Delta X^{\mathrm{T}}(t)W\Delta X(t) \tag{5.12}$$

将式（5.2）代入上式，得

$$\Delta E = -\Delta X^{\mathrm{T}}\mathrm{net}_i(t+1) - \frac{1}{2}\Delta X^{\mathrm{T}}(t)W\Delta X(t) \tag{5.13}$$

类似于式（5.9）的讨论可以得到：

$$\Delta X^{\mathrm{T}}\mathrm{net}_i(t+1) \geqslant 0$$

由于 W 为非负定矩阵，所以有：

$$\Delta X^{\mathrm{T}}(t)W\Delta X(t) \geqslant 0$$

因此，$\Delta E \leqslant 0$。由此可以知道，如果连接权重矩阵 W 对称且非负定，则网络在并行工作方式下将收敛到稳定状态。

下面通过一个简单的例子来看看 Hopfield 神经网络如何收敛到稳定状态的，如图 5-6 所示。

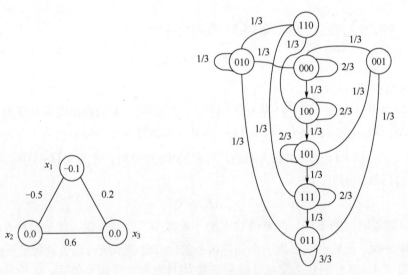

图 5-6　DHNN 网络状态演变示意图

图中是 3 个神经元 x_1, x_2, x_3 的权重和阈值，圆圈内的是阈值，连线旁边的是权重，状态的排列标注为 x_1、x_2、x_3。假设状态的更新顺序为 $x_1 \to x_2 \to x_3$，再假设初始状态为 000。各节点状态取值为 1 或者 0，3 节点的 DHNN 网络有 $2^3 = 8$ 种状态。

下面开始更新：

第一步：先更新 x_1，$x_1 = \mathrm{sgn}\big[(-0.5)\times 0 + 0.2\times 0 - (-0.1) \big] = \mathrm{sgn}(0.1) = 1$，其他节点状态不变，网络状态由 $(0,0,0)^{\mathrm{T}}$ 变为 $(1,0,0)^{\mathrm{T}}$。如果先更新 x_2 或 x_3，网络的状态仍为 $(0,0,0)^{\mathrm{T}}$，

因此初始状态不变的概率为 2/3，变为 $(1,0,0)^{\mathrm{T}}$ 的概率为 1/3。

第二步：此时的网络状态为 $(1,0,0)^{\mathrm{T}}$，更新 x_2，得到 $x_2 = \mathrm{sgn}\big[(-0.5)\times1 + 0.6\times0 - 0\big]$ $= \mathrm{sgn}(-0.5) = 0$，其他节点状态不变，网络状态仍为 $(1,0,0)^{\mathrm{T}}$。如果先更新 x_1 或 x_3，网络的状态将为 $(1,0,0)^{\mathrm{T}}$ 和 $(1,0,1)^{\mathrm{T}}$，因此本状态不变的概率为 2/3，变为 $(1,0,1)^{\mathrm{T}}$ 的概率为 1/3。

第三步：此时的网络状态为 $(1,0,0)^{\mathrm{T}}$，更新 x_3，得到 $x_3 = \mathrm{sgn}\big[0.2\times1 + 0.6\times0 - 0\big]$ $= \mathrm{sgn}(0.2) = 1$，同理可以计算出其他的演变过程和状态转移概率，如图 5-6 中给出的 8 种状态，从图中可以看出，$(0,1,1)^{\mathrm{T}}$ 是一个吸引子，网络从任意状态更新后都将到达此稳定状态。

5.2.4　离散型 Hopfield 神经网络的联想记忆

前面已经介绍，离散型 Hopfield 神经网络是一个非线性动力系统，网络的能量函数存在多个极小值。当网络的参数（连接权重 w 和阈值 h）确定后，再给这个网络一个输入激励，网络按照 Hopfield 的运行规则演化，最终能量函数趋于某个最小值，此时的网络处于稳定状态，即网络中所有神经元的状态固定不再变化。这时的网络状态就是一个记忆样本。

使用离散型 Hopfield 网络实现联想记忆分成学习和联想两个阶段。

学习阶段就是通过设计一组网络的参数，使得需要存储的记忆样本成为这个网络的稳定状态值。联想就是在网络参数已经调整好的前提下，给网络输入部分信息或含有噪声的信息，网络按照运行规则不断演化，最终仍然可以收敛到预设的记忆样本。

如图 5-7 所示，对于一个大量的输入数据集，可以按数据的相似度将输入数据分成一个个子集，每个子集的数据使网络收敛于同一个预存的记忆模式。

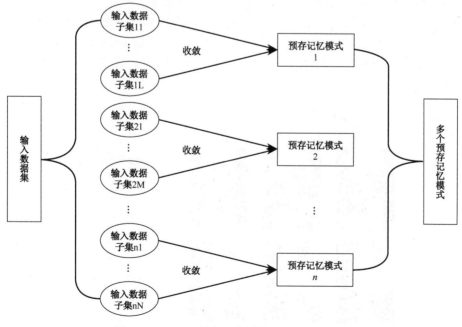

图 5-7　Hopfield 神经网络联想记忆模式示意图

联想记忆是由一个样本的"部分"信息来"回忆"出全部信息的，这与计算机的查询操作是不同的。查询操作需要完全匹配信息，而联想只需部分信息就可以找出全部内容，这有点类似检索，与人类的思维方式是一样的，人类是具有联想能力的。如果你听到一个熟人的消息，你眼前就会浮现这个人的身影以及其他你所了解的信息。

5.2.5　离散型 Hopfield 神经网络的模式识别例子

下面通过一个例子来说明离散型 Hopfield 神经网络是如何实现联想记忆的。

【例 1】 如图 5-8 所示，以字母 T 为例，先输入图中左侧完整的 T 字图片，将图片中的每个像素映射到神经网络中的每个神经元，T 字上的像素映射到网络中的神经元，其值是 1，T 字外的像素映射到网络中的神经元，其值为 0。然后进行训练，通过修改权重，当神经元的状态和 T 字形正好对应时，网络的能量函数正好到达最小值。训练完成后，网络存储 T 这个模式。

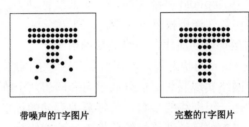

带噪声的T字图片　　　　　完整的T字图片

图 5-8　Hopfield 神经网络测试带噪声图片 1

以后再输入图 5-8 右侧这种加入噪声的 T 字图片，经过迭代，不断修改神经元的状态，当能量函数到达训练时的最低点时，神经元的状态最终便会变成完整的 T 字形。由此可见，输入一个含有噪声的图片，能够输出与不含噪声一样的结果。

【例 2】 再来看图 5-9 所示的例子。所用的图像样本由 5×5 个像素组成，像素值为 1 的是白色，为 0 的是黑色。首先以两个模式为例，进行 Hopfield 神经网络的联想训练。开始训练时，将所有连接权重 w_{ij} 都初始化为 0，根据公式（5.4）或公式（5.5）调整连接权重，直至网络状态趋于稳定。

记住训练样本的输入

↓

自联想记忆

↓

对测试样本去噪声

图 5-9　Hopfield 神经网络测试带噪声图片 2

测试时，使用的是含有噪声的样本图像。虽然测试时仍使用训练得到的参数，但测试能够克服一些噪声，联想出训练过的文字，最终得出相应的结果。这说明，即使输入数据含有一定的噪声，Hopfield 神经网络也能联想出原本的模式。

5.2.6　离散型 Hopfield 神经网络的权重设置

Hopfield 神经网络为输入图片的每一个像素分配一个神经元，各个神经元之间相互连接，并且赋予不同的连接权重 w_{ij}。接下来的问题是，Hopfield 神经网络的连接权重如何设定？

假设要设计一个离散型 Hopfield 神经网络，要求这个网络能够存储 m 个记忆样本，每个记忆样本需要存储 n 个特征（显然必须使 $n > m$，否则所记忆的样本必然有重样出现）。我们需要设计一个含有 n 个神经元的离散型 Hopfield 神经网络，这 n 个神经元之间的连接权重为 w_{ij}，每个神经元的输出阈值为 $h_i, i = 1, 2, \cdots, n$。要想所设计的网络的能量函数正好有 m 个极小值，是一个比较困难的事。比较常用的是外积法，就是使用输入样本矢量的外积运算来设计连接权重。

首先假设用 n 维向量来描述一个记忆样本：$X = \left[x_1, x_2, \cdots, x_n\right]^{\mathrm{T}}$。因此，所设计的网络需要有 n 个神经元。由于需要记忆 m 个样本，所以需要 m 个 n 维向量来描述这些需要记忆的样本：

$$X^{(k)} = \left[x_1^{(k)}, x_2^{(k)}, \cdots, x_n^{(k)}\right] \quad (k = 1, 2, \cdots, m)$$

其中，$x_i^{(k)}$ 表示第 k 个样本中的第 i 个神经元状态，其值非 1 即 0，w_{ij} 是神经元 i 与神经元 j 之间的连接权重。

外积法设计按照 Hebb 学习规则，可以得到如下的连接权重 w_{ij} 计算公式：

$$w_{ij} = \begin{cases} \sum_{k=1}^{m}(2x_i^{(k)} - 1)(2x_j^{(k)} - 1) & i \neq j \\ 0 & i = j \end{cases} \tag{5.14}$$

或者

$$w_{ij}(k) = w_{ij}(k-1) + \left(2x_i^{(k)} - 1\right)\left(2x_j^{(k)} - 1\right)? (k = 1, 2, \cdots, m) \tag{5.15}$$

$$w_{ij}(0) = 0 \qquad w_{ii} = 0$$

按照这样的方式计算的连接权重是满足对称条件的。可以证明，按照这样的公式求出的连接权重，网络的稳定状态是给定的样本。

设 $X^{(k)}$ 为 m 个记忆模式中的第 p 个模式，则这个模式的第 i 个神经元的输入 H_i 为：

$$H_i = \sum_{\substack{j=1 \\ j \neq i}}^{n} w_{ji}^{(k)} x_j^{(k)}(t) - h \tag{5.16}$$

设阈值 $h_i = 0$，因为

$$w_{ij} = \sum_{k=1}^{m}(2x_i^{(k)} - 1)(2x_j^{(k)} - 1) \quad i \neq j \tag{5.17}$$

所以：

$$H_i = \sum_{j=1}^{n}\left[\sum_{k=1}^{m}(2x_i^{(k)}-1)(2x_j^{(k)}-1)\right]x_j^{(k)} = \sum_{k=1}^{m}\left[\left(2x_i^{(k)}-1\right)\sum_{j=1}^{n}\left(2x_j^{(k)}-1\right)x_j^{(k)}\right] \qquad (5.18)$$

因为

$$2\sum_{j=1}^{n}x_j^{(k)}x_j^{(p)} - \sum_{j=1}^{n}x_j^{(p)} = C_p\delta_{kp}$$

所以

$$H_i = \sum_{k=1}^{m}(2x_i^{(k)}-1)C_p\delta_{kp} \qquad (5.19)$$

这里，C_p 为一个正的常数，

$$\delta_{kp} = \begin{cases} 1 & k=p \\ 0 & k \neq p \end{cases}$$

所以

$$H_i = C_p(2x_i^{(k)}-1) \qquad (5.20)$$

当 $x_i^{(k)}=1$ 时，$H_i>0$；当 $x_i^{(k)}=0$ 时，$H_i<0$，即

$$x_i^{(k)} = \begin{cases} 1 & H_i>0 \\ 0 & H_i<0 \end{cases}$$

所以

$$x_i^{(p)}(t+1) = x_i^{(p)}(t)$$

就是说，这时神经元的状态保持不变。

5.2.7　离散型 Hopfield 神经网络的不足

离散型 Hopfield 神经网络虽然有很强的联想记忆能力，但容易陷入局部最优解，也会发生串扰（crosstalk）。

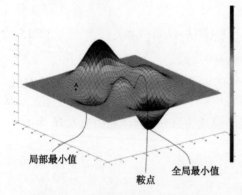

从网络结构上看，Hopfield 神经网络的输入与输出之间是一种非线性的函数关系，从而使网络误差函数或能力函数所构成的空间是一个含有多极点的非线性空间，如图 5-10 所示。同时，在算法上，Hopfield 神经网络使用能量函数这样的单调下降函数作为网络收敛的判别依据，如果系统存在局部极值，将有可能没有机会取到全局最小值（比例还不小，有仿真表明高达 80% 以上），也就是所谓陷入局部最优解。

当需要记忆的模式之间较为相似，或者太多时，Hopfield 神经网络容易造成模式之间的相互

图 5-10　局部最小值与全局最小值

干扰，从而不能准确记忆，这称为串扰。如图 5-11 所示，使用图（b）所示的含有噪声的模式作为测试样本图像时，Hopfield 神经网络输出的是图（c）所示的模式。虽然训练时使用的模式各不相同，但是 Hopfield 神经网络还是误把"1"识别成"4"。这是因为，"4"中

包含了"1"中的全部竖线，所以网络根据竖线联想到了"1"。这说明，Hopfield 神经网络难以同时训练相似的输入模式。

（a）训练样本　　　　　　（b）测试样本　　　　　　（c）输出

图 5-11　Hopfield 神经网络的串扰

Hopfield 神经网络能够记忆的模式数量大约是网络神经元数的 15% 左右，为了防止串扰，可以采用先把模式做正交化再进行记忆等方法。但是正交化方法并不能完全解决问题，完全解决这一问题需要引入玻尔兹曼机。

5.3　连续型 Hopfield 神经网络

离散型 Hopfield 神经网络中的神经元只能取 0 和 1 两个值，这与生物神经元的差别较大，生物神经元的输入/输出是连续的。1984 年，霍利菲尔德和大卫·汤克（David Tank）提出了 Hopfield 神经网络的变种，连续型 Hopfield 神经网络，让网络中单元的值扩展到 0～1 的连续值，并给出了用模拟电子线路构建的神经网络结构，能够很好地解决原来十分困难的组合优化问题。

5.3.1　连续型 Hopfield 神经网络结构及其稳定性分析

连续型 Hopfield 神经网络与离散型 Hopfield 神经网络的基本结构很相似，区别是神经元状态取值和状态变化的方式。连续型 Hopfield 神经网络的神经元状态取 0～1 的连续值，而且所有神经元是同步工作的。这两个特征显然与生物神经网络工作机理更接近。

在霍利菲尔德搭建的连续型 Hopfield 神经网络的电路图中，运算放大器 i 表示第 i 个神经元，U_i 表示放大电子元件的输入电压，V_i 表示输出电压。电阻 R_c 和电容 C_i 并联模拟生物神经元的延时特性，电阻 $R_{ij}(j=1,2,\dots,n)$ 模拟突触特性，运算放大器模拟神经元的非线性特性，如图 5-12 所示。

在连续型 Hopfield 神经网络中，所有神经元都随时间 t 并行更新，网络状态随时间连续变化。

连续型 Hopfield 神经网络电路模型如图 5-13 所示。

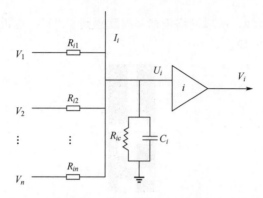

图 5-12　连续型 Hopfield 神经网络神经元电路模型

在图 5-13 中，每个神经元由电阻 R_i、电容 C_i 和运算放大器模拟，神经元的输入和输出分别用运算放大器的输入电压 u_i 和输出电压 v_i 来表示。

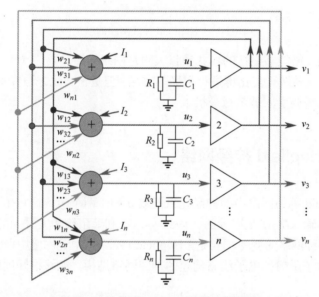

图 5-13　连续型 Hopfield 网络电路模型

连接权重 w_{ij} 用输入端的电导 $\dfrac{1}{R_{ij}}$ 表示，其作用是把第 i 个神经元的输出反馈到第 j 个神经元，作为其输入之一。因此模拟了生物神经元的突触。

每个神经元还有一个外界输入偏置电流 I_i，相当于这个神经元的阈值。

放大器的输入电容 C_i 和输入电阻 R_i 对于放大器的输出和输入信号之间产生延迟作用，以此模仿生物神经元的延时特性。

设第 i 个放大器的电容 C_i 两端的电压为 u_i，存储的电荷量为 Q_i，则

$$C_i = \frac{Q_i}{U_i} \Rightarrow Q_i = C_i u_i$$

则经过电容 C_i 的电流为

$$\frac{\mathrm{d}Q_i}{\mathrm{d}t} \Rightarrow C_i \frac{\mathrm{d}u_i}{\mathrm{d}t}$$

根据基尔霍夫电流定律，连续型 Hopfield 神经网络等效电路的电流关系为

$$C_i \frac{\mathrm{d}u_i}{\mathrm{d}t} + \frac{u_i}{R_{i0}} = \sum_{j=1}^{N} \frac{1}{R_{ij}}\left(v_j - u_i\right) + I_i$$

设 w_{ij} 表示神经元之间连接的权值

$$w_{ij} = \frac{1}{R_{ij}}$$

则电流关系化简为

$$C_i \frac{\mathrm{d}u_i}{\mathrm{d}t} = \sum_{j=1}^{N} w_{ij} v_j - \sum_{j=1}^{N} w_{ij} u_j - w_{i0} u_i + I_i$$

$$\Rightarrow C_i \frac{\mathrm{d}u_i}{\mathrm{d}t} = \sum_{j=1}^{N} w_{ij} v_j - \frac{u_i}{R_i} + I_i$$

上式就是 CHNN 模型中输入电压 u_i 和 u_i 增量的微分方程关系，也就是 CHNN 模型的状态方程，其中输出电压 v_i 满足非线性映射：

$$v_i = f\left(u_i\right) = \frac{1}{1 + \mathrm{e}^{\frac{2u_i}{u_0}}}$$

这个映射的图像近似于 S 形函数。

构造的连续型 Hopfield 神经网络的能量函数 $E(t)$ 为：

$$E(t) = -\frac{1}{2}\sum_{i=1}^{N}\sum_{j=1}^{N} w_{ij} v_i(t) v_j(t) - \sum_{i=1}^{N} v_i(t) I_i + \sum_{i=1}^{N} \frac{1}{R_i} \int_{0}^{v_i(t)} f^{-1}(v)\mathrm{d}v$$

可以证明，这个函数是一个下降函数，并能够随着时间的推移达到稳定的取值，即当且仅当

$$\frac{\mathrm{d}v_i(t)}{\mathrm{d}t} \to 0, \quad \frac{\mathrm{d}E(t)}{\mathrm{d}t} \to 0$$

如果将网络的稳态作为一个优化问题的目标函数的极小值，那么，连续型 Hopfield 神经网络从初态往稳态收敛的过程就是优化计算过程，目标函数同样采用能量函数。

总结一下 Hopfield 神经网络的特点：

（1）每个神经元既是输入也是输出，构成全互连递归网络；

（2）网络的连接权重不同于其他的神经网络通过有监督或无监督反复学习来获得，而是在搭建网络时就按照一定的规则计算出来的，且网络的权重在整个网络迭代过程中不再改变；

（3）网络的状态是随时间的变化而变化的，每个神经元在 t 时刻的状态取决于自己在 t-1 时刻的状态；

（4）引入能量函数的概念，用来判断网络迭代的稳定性；

（5）网络的解，即是网络运行到稳定状态时，各个神经元的状态集合。

5.3.2 连续型 Hopfield 神经网络解决旅行商问题

旅行商问题（traveling salesman problem，TSP）是一个经典的人工智能问题，对这个

问题人们尝试了很多解法，如穷举搜索法、贪心法、动态规划等。这些方法都存在一个致命的缺陷，当城市数较大时，会出现组合爆炸问题。Hopfield 神经网络的做法是用网络的能量函数作为目标函数，把问题的变量对应于网络的状态。当网络的能量函数收敛于极小值时，网络的状态就是对问题的最优解。由于 Hopfield 神经网络的计算量不随维数的增加而发生指数性的剧增，所以非常适合用来解决如 TSP 这样的组合优化问题。1985 年，霍利菲尔德用 900 个神经元构成的网络，仅用 0.2 秒就得到了 30 个城市的 TSP 问题最优解。

TSP 问题为：有 n 个城市 $C = \{C_1, C_2, \cdots, C_n\}$，要找一条最短的巡回路线，使得每个城市都只访问一次，最终回到出发点。

设 d_{ij} 为两个城市 C_i、C_j 之间的距离，为了便于解释，仅以 5 个城市为例，更多数量城市的处理方法是相同的。

假设访问这 5 个城市的一条路径是：$C_3 \rightarrow C_1 \rightarrow C_5 \rightarrow C_2 \rightarrow C_4 \rightarrow C_3$，径总长度为：

$$S = d_{31} + d_{15} + d_{52} + d_{24} + d_{43}$$

这样的路径有很多条。为了直观，可以用一个矩阵来表示这条访问路径，这个矩阵称为换位矩阵。每行只有一个"1"表示这个城市被访问的次序。用换位矩阵表示访问路径见表 5-1。

表 5-1　用换位矩阵表示访问路径

次序 城市	1	2	3	4	5
C_1	0	1	0	0	0
C_2	0	0	0	1	0
C_3	1	0	0	0	0
C_4	0	0	0	0	1
C_5	0	0	1	0	0

推广到一般情况，路径长度为：

$$S = \frac{1}{2}\sum_x\sum_{y \neq x}\sum_i d_{xy}v_{xi}v_{y,i+1} + \frac{1}{2}\sum_x\sum_{y \neq x}\sum_i d_{xy}v_{xi}v_{y,i-1} = \frac{1}{2}\sum_x\sum_{y \neq x}\sum_i d_{xy}v_{xi}(v_{y,i+1} + v_{y,i-1})$$

其中，d_{xy} 表示城市 x, y 之距离，v_{xi} 表示换位矩阵中第 x 行第 i 列的元素。

从表 5-1 中可以看出，各行各列只有一个元素为 1，即：

对于每列：

$$\sum_x v_{xi} = 1 \quad \forall i$$

对于每行：

$$\sum_i v_{xi} = 1 \quad \forall x$$

综上所述，TSP 问题可以表示为如下的优化问题：

$$\min S = \frac{1}{2}\sum_x\sum_{y \neq x}\sum_i d_{xy}v_{xi}(v_{y,i+1} + v_{y,i-1})$$

$$st. \sum_x v_{xi} = 1 \quad \forall i$$

$$\sum_i v_{xi} = 1 \quad \forall x$$

用罚函数法，将上述约束优化问题转化为如下无约束问题：

$$J = \frac{A}{2}\sum_{x}\sum_{i}\sum_{j\neq i}v_{xi}v_{xj} + \frac{B}{2}\sum_{i}\sum_{x}\sum_{y\neq x}v_{xi}v_{yi} + \frac{C}{2}\left(\sum_{x}\sum_{i}v_{xi} - n\right)^2$$

$$+ \frac{D}{2}\sum_{x}\sum_{y\neq x}\sum_{i}d_{xy}v_{xi}(v_{y,i+1} + v_{y,i-1})$$

令上式与 Hopfield 神经网络的能量函数相等，比较同一变量两端的系数，可得第 x 行第 i 列位置上的神经元与第 y 行第 j 列位置上的神经元之间的连接权重为：

$$W_{xi,yj} = -A\delta_{xy}\left(1-\delta_{ij}\right) - B\delta_{ij}\left(1-\delta_{xy}\right) - C - Dd_{xy}\left(\delta_{j,i+1} + \delta_{j,i-1}\right)$$

式中：

$$\delta_{ij} = \begin{cases} 1 & i = j \\ 0 & i \neq j \end{cases}$$

神经元 (x,i) 的阈值为：

$$I_{xi} = Cn$$

Hopfield 神经网络的动态方程为：

$$\frac{\mathrm{d}u_{xi}}{\mathrm{d}t} = -\frac{u_{xi}}{r} - \frac{\partial E}{\partial v_{xi}}$$

$$= -\frac{u_{xi}}{r} - A\sum_{j\neq i}v_{xj} - B\sum_{y\neq x}v_{yi} - C\left(\sum_{x}\sum_{i}v_{xi} - n\right) - D\sum_{y\neq x}d_{xy}\left(v_{y,i+1} + v_{y,i-1}\right)$$

$$v_{xi} = f\left(u_{xi}\right) = \frac{1}{2}\left[1 + \tanh\left(\frac{u_{xi}}{u_0}\right)\right]$$

求上式，直到收敛，可以得到神经网络的稳定解。

5.4 玻尔兹曼机

前面的内容已讲解过，Hopfield 神经网络容易陷入局部最优解，导致网络不能正确地识别。这是因为 Hopfield 神经网络的能量函数是一个连续的函数，可能存在多个局部极小值和一个全局极小值。但是，按照 Hopfield 神经网络神经元的状态更新规则，能量函数只能以单调下降的方式趋近极小值。因此，如果第一次找到的只是局部极小值，那么，系统将没有机会再去找到全局极小值。

为了解决这个问题，玻尔兹曼机（Boltzmann Machine, BM）让网络中的每个单元按照一定的概率分布发生状态变化，而不是只以能量函数单调下降的方式更新状态。这样按照随机分布来确定神经元的输出，可以有效避免陷入局部最优解。这好比下山，Hopfield 神经网络是只走下降的路，遇到四周没有下降路径时，就认为已经到达底谷，这很容易陷入局部低谷。而玻尔兹曼机安排了一定比例的横向甚至向上走，因此就可以走出局部的低谷。在玻尔兹曼机网络中，神经元输出状态服从玻尔兹曼分布，故辛顿等人于 1985 年提出这种网络时将其取名玻尔兹曼机。

玻尔兹曼机网络与离散型的 Hopfield 神经网络很相像，其共同点是：

- 神经元输出为二值（如 0 和 1）；
- 连接权重是对称的；
- 没有自反馈。

不同点是：

- 玻尔兹曼机增加了单元种类，如图 5-14 所示，一种是可见单元，第二种是隐藏单元；
- 玻尔兹曼机神经元采用随机激活机制，而 Hopfield 神经网络是确定的激活机制；
- 玻尔兹曼机采用反向传播学习或通过对比散度算法训练模型，而 Hopfield 神经网络是在无监督状态下运行的。

玻尔兹曼机的可见单元用来接收输入，完成输出，为网络与外部环境提供了一个界面。而隐藏单元与输入、输出数据没有直接联系，可以表示各个输入单元之间的关联关系。

如果把玻尔兹曼机中所有的可见单元与隐藏单元看成两个不同的层，玻尔兹曼机的结构也可以画成图 5-15 的形式。

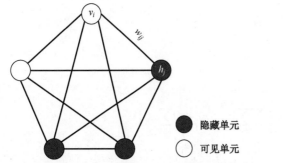

图 5-14　区分单元类型的玻尔兹曼机

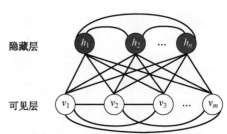

图 5-15　分层画法的玻尔兹曼机

玻尔兹曼机网络是互相连接型网络，一个单元的输出会影响所有单元，所有单元的输出也会影响这个单元。在整个过程中，所有单元在不停地重构，因此，计算量非常巨大。

在学习（训练）阶段，BM 不像其他网络那样基于某种确定性算法调整权值，而是按某种概率分布进行修改；在运行（预测）阶段，BM 不是按某种确定性的网络方程进行状态演变，而是按某种概率分布决定其状态的转移。神经元的净输入不能决定其状态取 1 还是取 0，但能决定其状态取 1 还是取 0 的概率。这就是随机神经网络算法的基本概念。

下面来看看玻尔兹曼机网络的每个神经元是如何根据概率分布决定其输出值的。

先计算第 i 个神经元的总输入。设网络共有 n 个神经元，net_i 为神经元 i 的总输入，计算公式为：

$$\text{net}_i = \sum_{\substack{j=1 \\ j \neq i}}^{n} w_{ji} x_j - h_i$$

x_j 为网络的 n 个输入，w_{ji} 为神经元 i 与神经元 j 的连接权重，h_i 为神经元 i 的阈值。

按照玻尔兹曼概率分布，决定输出状态是 1 的概率为：

$$p\left(x_i = 1 \mid \text{net}_i\right) = \frac{\mathrm{e}^{\frac{\text{net}_i}{T}}}{1 + \mathrm{e}^{\frac{\text{net}_i}{T}}} = \frac{1}{1 + \mathrm{e}^{-\frac{\text{net}_i}{T}}}$$

决定输出状态是 0 的概率为：

$$p(x_i = 0 \,|\, \mathrm{net}_i) = 1 - p(x_i = 1 \,|\, \mathrm{net}_i) = \dfrac{1}{1 + \mathrm{e}^{\frac{\mathrm{net}_i}{T}}}$$

其中，T 为温度系数（>0）。

图 5-16 画出了概率函数的取值特征。当 kT 取较大值时（如 $T = 1000$），$p(x_i = 1 \,|\, \mathrm{net}_i)$ 变化比较平缓；当 kT 取较小值时（如 $T = 1$），$p(x_i = 1 \,|\, \mathrm{net}_i)$ 在 $\mathrm{net}_i = 0$ 附近变化急剧；当 T 趋于无穷时，输入给这个神经元的值 net_i 无论取什么值，x_i 等于 1 或 0 的概率值都是 1/2，这种状态称为稳定状态。

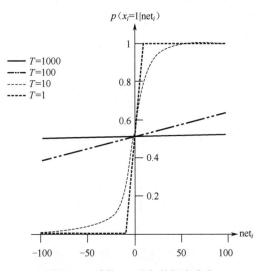

图 5-16　系数 kT 引起的概率变化

由于玻尔兹曼机的神经元状态值取 0 或 1，所以需要在概率值 p_i 与状态值 $x_i(t+1)$ 之间建立一个映射函数，这个函数为阶梯函数：

$$x_i(t+1) = \begin{cases} 1 & p_i - 0.5 \geqslant 0 \\ 0 & p_i - 0.5 < 0 \end{cases}$$

玻尔兹曼机（BM）采用与离散型 Hopfield 神经网络相同的能量函数描述网络状态：$x_i(t), x_j(t)$ 是时刻 t 第 i，j 个神经元的输出，w_{ij} 为神经元 i，j 之间的连接权重，h_i 为神经元 i 的阈值。

设玻尔兹曼机按异步方式工作，神经元 i 在相邻两次迭代时，能量变化为：

$$\Delta E_i(t) = -\Delta x_i(t)\,\mathrm{net}_i(t)$$

对上式作进一步讨论：

（1）当 $\mathrm{net}_i(t) > 0$ 时，$p_i(1) > 0.5$，即神经元有较大的概率取 $x_i = 1$。若原来状态 $x_i = 1$，则 $\Delta x_i = 0$，从而 $\Delta E_i = 0$；若原来状态 $x_i = 0$，则 $\Delta x_i = 1$，从而 $\Delta E_i < 0$；

（2）当 $\mathrm{net}_i(t) < 0$ 时，$p_i(1) < 0.5$。若原来状态 $x_i = 0$，则 $\Delta x_i = 0$，从而 $\Delta E_i = 0$；若原来状态 $x_i = 1$，则 $\Delta x_i = -1$，从而 $\Delta E_i < 0$。

因此，随着网络状态的演变，从概率上 BM 网络的能量是朝着减小的方向变化，但不排除在有些神经元状态可能会按照小概率取值，从而使网络能量暂时增加。正是因为有了这种可能性，BM 机才具有了从局部极小的低谷中跳出的"爬山"能力。

上述以能量"下降为主，间或上升"的方法称为模拟退火（Simulated Annealing, SA）算法。在冶金学中，为了改变金属的韧性和硬度，需要改变金属的原子排列。为了以较低的能量重新排列这些原子，常用的方法是，首先将金属加热至很高的温度，然后将金属缓慢冷却。开始时温度设置很高，此时神经元状态为 1 或 0 概率几乎相等，因此网络能量可以达到任意可能的状态，包括局部最小或全局最小。当温度下降，不同状态的概率发生变化，能量低的状态出现的概率大，而能量高的状态出现的概率小。当温度逐渐降至 0 时，每个神经元要么只能取 1，要么只能取 0，此时网络的状态就凝固在目标函数全局最小附近。

玻尔兹曼机的工作规则是模拟退火算法的具体体现，其计算过程如下：

（1）设一个玻尔兹曼机网络有 n 个神经元，w_{ij} 为神经元 i 与神经元 j 之间的连接权重，神经元 i 的阈值为 h_i，总输入为 net_i，初始温度为 T_0；

（2）计算神经元 i 的总输入值：

$$\text{net}_i(t) = \sum_{\substack{j=1 \\ j \neq i}}^{n} w_{ji} x_j(t) - h_i \tag{5.21}$$

（3）第 i 个神经元的状态更新为 1 的概率为：

$$p_i \left[x_i(t+1) = 1 \right] = \frac{1}{1 + e^{-\frac{\text{net}_i(t)}{T}}} \tag{5.22}$$

在实际计算时，由 $\text{net}_i(t)$ 可得出 $x_i(t+1)$：当 $\text{net}_i(t) > 0$ 时，$x_i(t+1) = 1$，当 $\text{net}_i(t) < 0$ 时，$x_i(t+1) = 0$，当 $\text{net}_i(t) = 0$ 时，$x_i(t+1) = x_i(t)$。

根据上述概率公式，计算出 x_i 等于 1 或 0 的概率，并根据这个概率来确定 x_i 是 0 或 1；

（4）除第 i 个神经元外，其他神经元保持不变：

$$x_j(t+1) = x_j(t) \quad (j = 1, 2, \cdots, n; j \neq i)$$

（5）从 n 个神经元中另选一个重复（1）～（4）步，直到网络保持稳定，即其输出状态保持不变；

（6）令 $t = t+1$，将温度参数更新为：

$$T(t+1) = \frac{T_0}{\log(t+1)}$$

玻尔兹曼机网络按照一个随机概率来作网络状态的转变，当转变的次数足够多时，网络状态为 1 的概率服从玻尔兹曼分布。从式（5.21）和式（5.22）可知，决定状态转变概率的关键是连接权重 $\{w_{ji}\}$ 和阈值 h_i。因此，通过适当调整连接权重和阈值，就可以实现所希望的玻尔兹曼概率分布。

下面来介绍如何调整连接权重和阈值。

假设一个玻尔兹曼机网络有 n 个神经元，其中，可见神经元有 k 个，隐藏神经元有 l 个（$l = n - k$）。那么，可见神经元状态有 2^k 个，隐藏神经元状态有 2^l 个，整个网络状态有 $2^k + 2^l$ 个。

用 $U_\alpha = [x_1, x_2, \cdots, x_k]^{\text{T}}$ $\left(\alpha = 1, 2, \cdots, 2^k \right)$ 表示可见神经元的状态。

用 $U_\beta = [x_1, x_2, \cdots, x_l]^{\text{T}}$ $\left(\beta = 1, 2, \cdots, 2^l \right)$ 表示隐藏神经元的状态。

即：P_α^+ 为有外界随机输入时，可见神经元处于 U_α 状态的概率，也是希望的概率；P_α^-

为无输入时，可见神经元处于 U_α 状态的概率。所谓无输入时系统的状态，是指系统经过若干次转变，趋于稳定的状态。调整连接权重的目的是，使得可见神经元的输出状态趋近于期望的概率分布，即：$P_\alpha^- \to P_\alpha^+$。

为此，需要引入一个表示其偏差的关系式：

$$G = \sum_{\alpha=1}^{2^k} P_\alpha^+ \ln\left(\frac{P_\alpha^+}{P_\alpha^-}\right)$$

这个关系式称相对熵（Relative Entropy）。

只有对所有 α，都有 $P_\alpha^- = P_\alpha^+$ 时，才有 $G = 0$。这意味着无论是否有外界输入，可见神经元出现状态 U_α 的概率是相同的。因此，调整连接权重和阈值的目的是使表达式 G 趋于 0，也就是需要求 G 对于连接权重的导数。

由于 P_α^+ 的分布与 w_{ji} 无关，而 P_α^- 的分布与 w_{ji} 相关，所以：

$$\frac{\partial G}{\partial W_{ji}} = -\sum_{\alpha=1}^{2^k} \frac{P_\alpha^+}{P_\alpha^-} \frac{\partial P_\alpha^-}{\partial W_{ji}}$$

设连接权重的调整量为

$$\Delta W_{ji} = -\varepsilon \frac{\partial G}{\partial W_{ji}} \quad (i,j=1,2,\cdots,n; i \neq j)$$

ε 是一个正的常数。这种校正算法类似于采用负梯度的计算方法。

$$\Delta W_{ji} = \varepsilon \sum_{\alpha=1}^{2^k} \frac{P_\alpha^+}{P_\alpha^-} \frac{\partial P_\alpha^-}{\partial W_{ji}} \tag{5.23}$$

下面推导 ΔW_{ji} 的计算方法。

设：网络在自由状态下，可见神经元处于状态 U_α、隐藏神经元处于状态 U_β 的联合概率为 $P_{\alpha\beta}^-$，由全概率公式得：

$$P_\alpha^- = \sum_{\beta=1}^{2^l} P_{\alpha\beta}^-$$

当网络处于热平衡状态时，可引用玻尔兹曼分布来计算 P_α^-：

$$P_\alpha^- = \frac{1}{Z} \sum_\beta e^{-\frac{E_{\alpha\beta}}{T}} \tag{5.24}$$

式中，$E_{\alpha\beta}$ 为可见神经元处于状态 U_α、隐藏神经元处于状态 U_β 时网络的能量，T 是温度，

$$Z = \sum_\alpha \sum_\beta e^{-\frac{E_{\alpha\beta}}{T}} \tag{5.25}$$

能量函数根据定义有：

$$E_{\alpha\beta} = -\frac{1}{2} \sum_{i=1}^n \sum_{\substack{j=1 \\ j \neq i}}^n W_{ji} U_{j|\alpha\beta} U_{i|\alpha\beta} \tag{5.26}$$

式中，$U_{j|\alpha\beta}$、$U_{i|\alpha\beta}$ 为可见神经元处于状态 U_α、隐藏神经元处于状态 U_β 时，神经元 i 和 j 的输出状态。

式（5.26）中的 $E_{\alpha\beta}$ 已含有阈值。

由式（5.24）得：

$$\frac{\partial P_\alpha^-}{\partial W_{ji}} = -\frac{1}{ZT}\sum_\beta e^{-\frac{E_{\alpha\beta}}{T}}\frac{\partial E_{\alpha\beta}}{\partial W_{ji}} - \frac{1}{Z^2}\frac{\partial Z}{\partial W_{ji}}\sum_\beta e^{-\frac{E_{\alpha\beta}}{T}} \tag{5.27}$$

由式（5.25）有：

$$\frac{\partial Z}{\partial W_{ji}} = -\frac{1}{T}\sum_\alpha\sum_\beta e^{-\frac{E_{\alpha\beta}}{T}}\frac{\partial E_{\alpha\beta}}{\partial W_{ji}} \tag{5.28}$$

由式（5.26）并 $W_{ij}=W_{ji}$，有：

$$\frac{\partial E_{\alpha\beta}}{\partial W_{ji}} = -U_{j|\alpha\beta}U_{i|\alpha\beta} \tag{5.29}$$

式（5.27）右边第一项为：

$$-\frac{1}{ZT}\sum_\beta e^{-\frac{E_{\alpha\beta}}{T}}\frac{\partial E_{\alpha\beta}}{\partial W_{ji}} = \frac{1}{ZT}\sum_\beta e^{-\frac{E_{\alpha\beta}}{T}}U_{j|\alpha\beta}U_{i|\alpha\beta} = \frac{1}{T}\sum_\beta P_{\alpha\beta}^- U_{j|\alpha\beta}U_{i|\alpha\beta} \tag{5.30}$$

其中，

$$P_{\alpha\beta}^- = \frac{1}{Z}e^{-\frac{E_{\alpha\beta}}{T}} \tag{5.31}$$

式（5.27）右边第二项为：

$$-\frac{1}{Z^2}\frac{\partial Z}{\partial W_{ji}}\sum_\beta e^{-\frac{E_{\alpha\beta}}{T}} = -\left[\frac{1}{Z}\sum_\beta e^{-\frac{E_{\alpha\beta}}{T}}\right]\left(\frac{1}{Z}\frac{\partial Z}{\partial W_{ji}}\right) \tag{5.32}$$

$$\frac{1}{Z}\frac{\partial Z}{\partial W_{ji}} = \frac{1}{ZT}\sum_\alpha\sum_\beta e^{-\frac{E_{\alpha\beta}}{T}}U_{j|\alpha\beta}U_{i|\alpha\beta} = \frac{1}{T}\sum_\alpha\sum_\beta P_{\alpha\beta}^- U_{j|\alpha\beta}U_{i|\alpha\beta} \tag{5.33}$$

将式（5.24）、（5.33）代入式（5.32）得：

$$-\frac{1}{Z^2}\frac{\partial Z}{\partial W_{ji}}\sum_\beta e^{-\frac{E_{\alpha\beta}}{T}} = -\frac{1}{T}P_\alpha^- \sum_\alpha\sum_\beta P_{\alpha\beta}^- U_{j|\alpha\beta}U_{i|\alpha\beta} \tag{5.34}$$

将式（5.30）、（5.34）代入式（5.27）得：

$$\frac{\partial P_\alpha^-}{\partial W_{ji}} = \frac{1}{T}\sum_\beta P_{\alpha\beta}^- U_{j|\alpha\beta}U_{i|\alpha\beta} - \frac{1}{T}P_\alpha^- \sum_\alpha\sum_\beta P_{\alpha\beta}^- U_{j|\alpha\beta}U_{i|\alpha\beta} \tag{5.35}$$

将（5.35）代入式（5.23），得到连接权重的调整公式：

$$\Delta W_{ji} = \frac{\varepsilon}{T}\sum_\alpha \frac{P_\alpha^+}{P_\alpha^-}\sum_\beta P_{\alpha\beta}^- U_{j|\alpha\beta}U_{i|\alpha\beta} - \frac{\varepsilon}{T}\sum_\alpha P_\alpha^+ \sum_\alpha\sum_\beta P_{\alpha\beta}^- U_{j|\alpha\beta}U_{i|\alpha\beta} \tag{5.36}$$

考虑到以下因素：

（1）可见神经元全部状态之和为 1，即：

$$\sum_\alpha P_\alpha^+ = 1 \tag{5.37}$$

（2）网络工作在自由状态下的联合概率 $P_{\alpha\beta}^-$ 可表示为：

$$P_{\alpha\beta}^- = P_{\beta|\alpha}^- P_\alpha^- \tag{5.38}$$

$P_{\beta|\alpha}^-$ 表示可见神经元处于状态 U_α、隐藏神经元处于状态 U_β 的条件概率。

同理，网络在有外界输入时的联合概率有：

$$P_{\alpha\beta}^+ = P_{\beta|\alpha}^+ P_\alpha^+ \tag{5.39}$$

（3）无论是否有外界输入，隐藏神经元的条件概率是相同的，即：

$$P_{\beta|\alpha}^- = P_{\beta|\alpha}^+ \tag{5.40}$$

因此，

$$P_{\alpha\beta}^- = P_{\beta|\alpha}^+ P_\alpha^- \tag{5.41}$$

由式（5.39）、（5.40）有：

$$\frac{P_\alpha^+}{P_\alpha^-} P_{\alpha\beta}^- = P_\alpha^+ P_{\beta|\alpha}^+ = P_{\alpha\beta}^+ \tag{5.42}$$

将式（5.37）、（5.42）代入式（5.36）得：

$$\Delta W_{ji} = \frac{\varepsilon}{T}\left(\sum_\alpha\sum_\beta P_{\alpha\beta}^+ U_{j|\alpha\beta} U_{i|\alpha\beta} - \sum_\alpha\sum_\beta P_{\alpha\beta}^- U_{j|\alpha\beta} U_{i|\alpha\beta}\right) \tag{5.43}$$

为了将上式化简，定义两个相关系数矩阵：

$$\rho_{ji}^+ = \sum_\alpha\sum_\beta P_{\alpha\beta}^+ U_{j|\alpha\beta} U_{i|\alpha\beta} \tag{5.44}$$

$$\rho_{ji}^- = \sum_\alpha\sum_\beta P_{\alpha\beta}^- U_{j|\alpha\beta} U_{i|\alpha\beta} \tag{5.45}$$

ρ_{ji}^+ 为有外界输入时神经元 i 和神经元 j 所有可能状态之间的相关矩阵；ρ_{ji}^- 为处于自由状态下的相关矩阵。

至此，得出了连接权重的调整公式：

$$\Delta W_{ji} = \eta\left(\rho_{ji}^+ - \rho_{ji}^-\right) \tag{5.46}$$

式中，$\eta = \varepsilon/T$ 为学习率。

5.5 受限玻尔兹曼机

互相全连接结构的玻尔兹曼机计算量大，网络训练非常困难。保罗·斯模棱斯基（Paul Smolensky）于 1986 年提出了受限玻尔兹曼机（Restricted Boltzmann Machine，RBM），最初命名为簧风琴（Harmonium），直到辛顿等人在 2006 年提出了对比散度（Contrastive Divergence，CD）方法对 RBM 进行训练，RBM 才逐渐为人所知，多应用于降维、特征提取和协同过滤。

RBM 在玻尔兹曼机中加入了"层内单元之间无连接"的限制，见图 5-17，RBM 仅保留可见层与隐藏层之间的连接，将相互连接结构简化成只含可见层和隐藏层的分层结构。

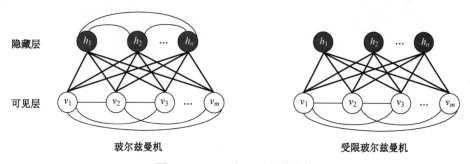

图 5-17 RBM 与 BM 结构比较

与 BM 相比，由于除去了层内的连接，所以，RBM 的参数要少了很多。同时，每个单元的状态只受到其他层中单元状态的影响，与本层单元无关。

归纳一下 RBM 的主要特征：

（1）隐藏层和可见层的神经元状态 $h_1 \sim h_n$、$v_1 \sim v_m$ 都是二值的，为或 1 或 0；

（2）隐藏层与可见层之间的每条连线有一个权重 w_{ij}，整个网络所有权重组成一个 $n \times m$ 的对称权重矩阵；

（3）隐藏层单元的状态输出概率为：

$$p\left(h_i = 1 | v\right) = \sigma\left(\sum_{j=1}^{m} w_{ij} \times v_j + c_i\right) \tag{5.47}$$

（4）可见层单元的状态输出概率为：

$$p\left(v_j = 1 | h\right) = \sigma\left(\sum_{i=1}^{n} w_{ij} \times h_i + b_j\right)$$

$$\tag{5.48}$$

其中，$b_1 \sim b_m$ 为可见节点的阈值，$c_1 \sim c_n$ 为隐藏节点的阈值，$\sigma(\cdot)$ 为激活函数，选用的是 sigmoid 函数。

需要注意的是，在（5.47）、（5.48）这两个条件概率公式中，隐藏层与可见层的神经元状态互为前提条件，这也是受限玻尔兹曼机学习过程的特点。

这两个公式看起来有些费解，我们来解读一下。以式（5.47）为例，计算的是隐藏层每个神经元输出值为 1 的概率。我们来看隐藏层的第一个神经元输出值为 1 的概率，此时，$i = 1$。式（5.47）就成为：

$$p\left(h_1 = 1 | v\right) = \sigma\left(\sum_{j=1}^{m} w_{1j} \times v_j + c_1\right)$$

如图 5-18 所示，隐藏层神经元 h_1 与可见层所有神经元组成了一个小网络。

神经元 h_1 取值为 1 的概率就像所有可见层神经元作为其输入构成的前馈神经网络一样。

将实际数据通过可见层输入到 RBM 后，模型会将隐藏层的输出又作为可见层的输入。这个反向重构的输入数据有时被称为伪数据。我们要做的是，判断伪数据与实际数据之间的相似度是否足够接近。RBM 不断产生出伪数据的过程也叫采样。两层互为前提的 RBM 如图 5-19 所示。

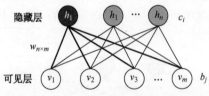

图 5-18　h_1 与可见层神经元组成的小网络

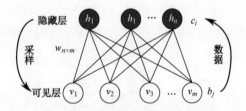

图 5-19　两层互为前提的 RBM

RBM 的能量函数为：

$$E\left(v, h, \theta\right) = -\sum_{i=1}^{n} b_i v_i - \sum_{j=1}^{m} c_j h_j - \sum_{i=1}^{n} \sum_{j=1}^{m} w_{ij} v_i h_j$$

其中，v 是可见层神经元，h 是隐藏层神经元，b_i 是可见单元的阈值，c_j 是隐藏单元的阈值，w_{ij} 是连接权重，θ 表示所有连接权重和阈值的参数组合。

在能量函数 $E(v,h,\theta)$ 中，可见变量 v_i 和隐藏变量 h_j 的乘积 v_ih_j 表示两者之间的相关程度。在模型学习阶段，目的是求能量函数的最小值，即模型参数（w_{ij}、b_i、c_j）按照较小能量配置的方向被更新。

RBM 的训练分为三步：前向编码（构造）、反向编码（重构）和比较。

如图 5-20 所示的网络中，可见层有 4 个神经元，隐藏层有 3 个神经元，在前向传递中，可见节点接收原始数据输入，然后与权重 w_{ij} 相乘，与阈值 c_i 相加，得到的结果送入激活函数 $\sigma(\cdot)$，得到最终输出 a_j。注意，这里的激活函数是一个按照玻尔兹曼分布取的随机值，即：

$$a_j = p(h_j \mid v) = \sigma\left(\sum_{i=1}^{4} w_{ij}x_i + c_j\right) \ (j = 1,2,3)$$

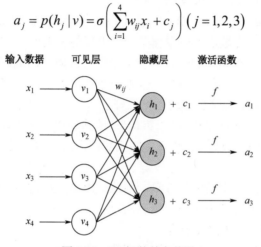

图 5-20 RBM 的前向传递

如图 5-21 所示，在反向传递中，前向传递的输出 a_j 作为输入，乘以权重 w_{ij}，进行累加，再与可见单元的阈值相加，经过随机取值后，得到重建后是输出 r_j，即得到重构值。

$$r_j = p(v_j \mid h) = \sigma\left(\sum_{i=1}^{4} w_{ij}h_i + b_j\right) \ (j = 1,2,3)$$

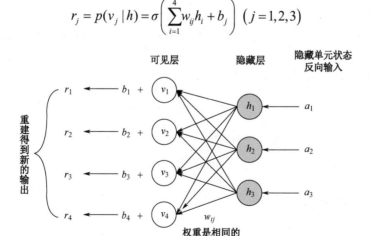

图 5-21 RBM 的反向传递

由于受限玻尔兹曼机权重的初值设置是随机的，在前几轮中，由重构值和实际数据值计算的重构误差可能很大。因此，通常需要通过迭代使误差减小，直至达到允许范围。

接下来的问题是如何更新网络参数？

首先使用 KL 散度（Kullback-Leibler Divergence）计算隐藏层输出与初始输入之间的误差。KL 散度是比较一个变量 x 的两种概率分布 $p(x)$ 和 $q(x)$ 之间差异程度（接近程度）的方式，又叫相对熵。

在统计学中，经常使用一种简单的分布 $q(x)$ 来替代复杂的分布 $p(x)$，KL 散度用来计算这种近似损失的信息量：

$$D_{\mathrm{KL}}\big(p(x)\|q(x)\big)=\sum_{x\in X}p(x)\big[\ln p(x)-\ln q(x)\big]$$

用 KL 散度计算隐藏层输出与初始输入之间的误差，目的是让 KL 散度最小化，也就是使隐藏层输出的值趋近于输入数据的分布。

但是，KL 散度计算比较复杂。RMB 采用了称为对比散度（CD-k）的近似最大似然学习方法进行参数更新，对比散度可以看作是一种近似的最大似然学习算法。

它计算正相位（第一次编码的能量）和负相位（最后一次编码的能量）之间的散度误差。这相当于最小化模型分布和（经验）数据分布之间的 KL 散度。变量 k 是运行对比散度的次数。在实践中，$k=1$ 似乎已经运行得很好了。

多层的 RBM 通过不断的"输入""重构"，能够使得原始输入图像经过多次变换后保持"原有特征"，说明这些非线性变换肯定捕获了图像的"本质特征"，否则是无法重构变回去的。

每一层的变换，都会减少输出的数量，因此，RBM 也可以用作降维操作。

受限玻尔兹曼机在神经网络中的作用有两个：

（1）对数据进行编码，即特征抽象；

（2）获得神经网络的初始化权重矩阵和阈值项，供神经网络训练。

特征抽象，或称特征变换是受限玻尔兹曼机的主要功能。这种变换是对输入数据的重构。

对于输入的特征 X，进行变换后得到更加明晰的特征 Y，受限玻尔兹曼机的任务是找到特征 X 与特征 Y 之间的映射关系，这种映射关系采用联合概率分布 $P(X,Y)$ 表示。

如果已经知道 $P(X,Y)$ 的具体形式，则可以通过最大似然估计求得概率分布的参数。如果不知道 $P(X,Y)$ 的形式，仅仅知道变量之间的依赖关系，则可以通过能量函数构建概率分布。

网络状态 (v,h) 的联合概率分布为：

$$p(v,h|\theta)=\frac{1}{Z(\theta)}e^{-E(v,h,\theta)}$$

$Z(\theta)$ 为配分函数，可以理解为概率分布之和为 1 的归一化因子：

$$Z(\theta)=\sum_{v,h}e^{-E(v,h,\theta)}$$

在受限玻尔兹曼机的训练过程中，需要计算的参数包括可见变量的阈值 b_i，隐藏变量的阈值 c_j，以及连接权重 w_{ij}。

和玻尔兹曼机一样，计算时也要使用对数似然函数：

$$\log L(\theta|v)=\log\frac{1}{Z(\theta)}\sum_{h}e^{-E(v,h,\theta)}=\log\sum_{h}e^{-E(v,h,\theta)}-\log\sum_{v,h}e^{-E(v,h,\theta)}$$

对上式求梯度

$$\frac{\partial \log L(\theta|v)}{\partial \theta} = \frac{\partial}{\partial \theta}\left(\log \sum_h \mathrm{e}^{-E(v,h,\theta)}\right) - \frac{\partial}{\partial \theta}\left(\log \sum_{v,h} \mathrm{e}^{-E(v,h,\theta)}\right)$$

$$-\frac{1}{\sum_h \mathrm{e}^{-E(v,h,\theta)}} \sum_h \mathrm{e}^{-E(v,h,\theta)} \frac{\partial E(v,h,\theta)}{\partial \theta}$$

$$+\frac{1}{\sum_{v,h} \mathrm{e}^{-E(v,h,\theta)}} \sum_{v,h} \mathrm{e}^{-E(v,h,\theta)} \frac{\partial E(v,h,\theta)}{\partial \theta}$$

$$= -\sum_h p(v|h) \frac{\partial E(v,h,\theta)}{\partial \theta} + \sum_{v,h} p(v,h) \frac{\partial E(v,h,\theta)}{\partial \theta}$$

然后计算连接权重 w_{ij} 和阈值 b_i、c_j

$$\frac{\partial \log L(\theta|v)}{\partial w_{ij}} = \sum_h p(v|h) \frac{\partial E(v,h,\theta)}{\partial w_{ij}} + \sum_{v,h} p(v,h) \frac{\partial E(v,h,\theta)}{\partial w_{ij}}$$

$$= \sum_h p(v|h) h_j v_i - \sum_v p(v) \sum_h p(v|h) h_j v_i$$

$$= p(h_j=1|v) v_i - \sum_v p(v) p(h_j=1|v) v_i$$

$$\frac{\partial \log L(\theta|v)}{\partial b_i} = v_i - \sum_v p(v) v_i$$

$$\frac{\partial \log L(\theta|v)}{\partial c_j} = p(h_j=1|v) v_i - \sum_v p(v) p(h_j=1|v)$$

各参数就可以如下更新：

$$w_{ij} \leftarrow w_{ij} - \frac{\partial \log L(\theta|v)}{\partial w_{ij}}$$

$$b_i \leftarrow b_i - \frac{\partial \log L(\theta|v)}{\partial b_i}$$

$$c_j \leftarrow c_j - \frac{\partial \log L(\theta|v)}{\partial c_j}$$

训练受限玻尔兹曼机的目的是求最优化权重矩阵 W，为此，需要针对某个训练集 V，求得最大化概率的乘积，用公式表示：

$$\arg\max_W \prod_{v \in V} p(v)$$

v 为 V 的一个行向量，这不可避免会产生庞大的计算量。要想解决这个问题，可以使用 Gibbs 采样算法进行迭代计算求近似解。但是，即使这样处理，迭代次数仍然非常多。于是人们又提出了对比散度算法，这是一种快速近似的算法。

Gibbs 采样算法：从马尔科夫链中抽取样本，用条件分布的抽样来替代全概率分布的抽样，用于在难以直接采样时从某一多变量概率分布中近似抽取样本序列。

Gibbs 采样需要知道样本中一个属性在其他所有属性下的条件概率，然后利用这个条件概率来分布产生各个属性的样本值。

假设系统状态为：$X = (x_1, x_2, \cdots, x_n)$，对于其中任一变量 x_i，可以从条件分布 $P(x_i | x_1, \cdots,$

$x_{i-1}, x_{i+1}, \cdots, x_n)$ 中为其采样。

Gibbs 采样算法的流程为：

（1）从任意状态 $\{x_1(0), x_2(0), \cdots, x_n(0)\}$ 开始；

（2）$x_1(1)$ 是在已知 $x_2(0), x_3(0), \cdots, x_n(0)$ 时，由 $p(x_1(1) | x_2(0), x_3(0), \cdots, x_n(0))$ 采样；

（3）$x_2(1)$ 是在已知 $x_1(1), x_3(0), \cdots, x_n(0)$ 时，由 $p(x_2(1) | x_2(1), x_3(0), \cdots, x_n(0))$ 采样；

（4）$x_n(1)$ 是在已知 $x_1(1), x_2(1), \cdots, x_{n-1}(1)$ 时，由 $p(x_n(1) | x_1(1), x_2(1), \cdots, x_{n-1}(1))$ 采样；

（5）迭代进行第 t 次采样，对每个变量 $x_i, i \in \{1, 2, \cdots, n\}$，按以下条件概率对其采样

$$P\left(x_i^{(t+1)} | x_1^{(t+1)}, \cdots, x_{i-1}^{(t+1)}, x_{i+1}^{(t)}, \cdots, x_n^{(t)}\right);$$

（6）直至 t 满足足够的转移次数，返回 $X^{(t)}$ 作为采集列的样本。

5.6　对比散度算法

和 Gibbs 采样一样，对比散度算法也是一种近似算法，能够通过较少的迭代次数求出连接权重的调整值。

假定网络中有 d 个可见层单元和 q 个隐藏层单元，v 和 h 分别表示可见层和隐藏层的状态向量，由于同一层不连接，有：

$$p(v|h) = \prod_{i=1}^{d} p(v_i | h)$$

$$p(h|v) = \prod_{j=1}^{q} p(h_j | v)$$

对比散度算法的基本思想是：对每个训练样本 v，先根据（2）计算出隐藏层单元状态的概率分布，然后根据这个概率分布采样得到 h；此后，类似地根据（1）从 h 产生 v'，再从 v' 产生 h'；连接权重的更新公式为：

$$\Delta w = \eta \left(vh^{\mathrm{T}} - v'h'^{\mathrm{T}}\right)$$

参数的调整步骤为：

0　训练准备

　　使用随机数初始化连接权重和阈值

1　调整参数

　　1.1　在可见层 $v^{(0)}$ 设置输入模式

　　1.2　调整隐藏层中单元 $v^{(0)}$ 的值

　　1.3　根据输出 x_i 和 x_j 的值，调整连接权重 w_{ij} 和阈值 b_i、c_j

　　1.4　调整连接权重和阈值

重复步骤 1.1 至步骤 1.4。

下面举个例子。如图 5-22 所示，各层中单元的状态按照一定的概率发生变化。如图 5-22（a）所示，在可见层设置初始值。如图 5-22（b）所示，根据参数初始值计算隐藏层 $h^{(0)}$ 为状态 1 的概率 $p(h^{(0)} = 1 | v^{(0)})$。

$$p\left(h_j^{(0)} = 1 \mid v^{(0)}\right) = \sigma\left(\sum_{i=1}^{n} w_{ij} v_i^{(0)} + c_j\right)$$

计算上式得到的是一个概率，所以如图 5-21（c）所示，根据这个概率减少符合二项分布的隐藏层中单元 $h_j^{(0)}$ 的状态。在这个二项分布中，h_1, h_j, h_m 状态为 1 的概率分别为 0.8、0.5、0.9。求得它们的状态分别是 0、1、1。

如图 5-22（d）所示，根据隐藏层的值，计算可见层 $v^{(1)}$ 的状态，如图 5-22（e）所示，

$$p\left(h_j^{(1)} = 1 \mid v^{(1)}\right) = \sigma\left(\sum_{i=1}^{n} w_{ij} v_i^{(1)} + c_j\right)。$$

v_1, v_2, v_i, v_n 为 1 的概率分别是 0.7,0.2,0.8,0.6，这里求得它们的状态为 1,1,0,1。

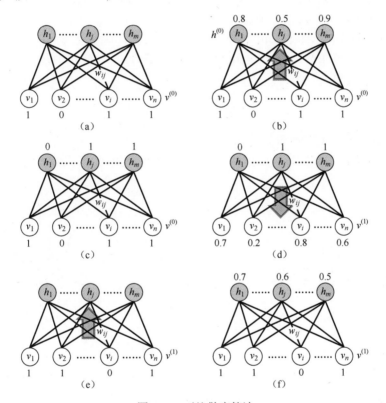

图 5-22　对比散度算法

如图 5-22（f）所示，再次根据可见层的值 $v^{(1)}$ 计算隐藏层中单元 $h_j^{(1)}$ 状态为 1 的概率 $p\left(h_j^{(1)} = 1 \mid v^{(1)}\right)$。

对比散度算法需要迭代 T 次前面所说步骤 1.1～1.2。不过通常设 $T=1$ 即可。

连接权重 w_{ij} 和偏置 b_i、c_j 的调整值分别为：

$$w_{ij} \leftarrow w_{ij} + \eta\left(p\left(h_j^{(0)} = 1 \mid v^{(0)}\right) v_i^{(0)} - p\left(h_j^{(1)} = 1 \mid v^{(1)}\right) v_i^{(1)}\right)$$

$$b_i \leftarrow b_i + \eta\left(v_i^{(0)} - v_i^{(1)}\right)$$

$$c_j \leftarrow c_j + \eta\left(p\left(h_j^{(0)} = 1 \mid v^{(0)}\right) - p\left(h_j^{(1)} = 1 \mid v^{(1)}\right)\right)$$

由于 $p\left(h_j^{(0)} = 1 \mid v^{(0)}\right) = 0.8$，$p\left(h_j^{(1)} = 1 \mid v^{(1)}\right) = 0.7$，$v_i^{(0)} = 1$，$v_i^{(1)} = 1$，

所以，$w_{ij} \leftarrow w_{ij} + 0.1\eta$，$b_i \leftarrow 0$，$c_j \leftarrow c_j + 0.1\eta$。$\eta$ 为学习率。

5.7 深度信念网络

先简要说明信念网络。信念网络（belief network）也称贝叶斯网络，它借助有向无环图（Directed Acyclic Graph，DAG）来刻画属性之间的依赖关系。由于在实践中，变量之间通常存在大量的依赖关系，经常会使用信念网络描述这样的关系。

有向无环图的每个节点代表一个随机变量，变量可以是离散值或连续值，每条弧表示一个概率依赖。如果一条弧是从节点 Y 到 Z，则 Y 是 Z 的双亲，而 Z 是 Y 的后代。如图 5-23 所示，B 的概率值取决于 A 的取值。

如果用概率公式表示图 5-23 中各个节点之间的关系，这个公式为：

$$p(A,B,C,D,E) = p(A)\,p(B|A)\,p(C|A)\,p(D|A)\,p(E\,|\,C)$$

公式推广到一般，设 $X = \{x_1, x_2, \cdots, x_n\}$，有：

$$p(X) = \prod_i p(x_i \,|\, \text{Pag}(x_i))$$

$\text{Pag}(x_i)$ 表示节点 x_i 的所有父节点。

深度信念网络是由辛顿等人提出的，是由 RBM 堆叠组成的，如图 5-24 所示。

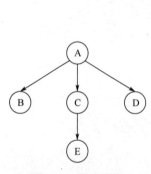

图 5-23　信念网络

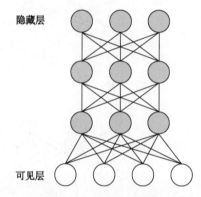

隐藏层

可见层

图 5-24　深度信念网络

深度信念网络与多层神经网络、卷积神经网络的最大区别就是训练方式的差异。

在训练前两种神经网络时，首先确定网络结构，根据最顶层的误差调整连接权重和阈值。具体做法是使用误差反向传播算法，把误差反向传播到下一层，调整所有的连接权重和阈值。

深度信念网络则使用对比散度算法，逐层来调整连接权重和阈值。

具体做法是，首先训练输入层与第一个隐藏层之间的参数，把训练后得到的参数作为下一层的输入，再调整该层与下一个隐藏层之间的参数。然后逐次迭代，完成多层网络的训练，如图 5-25 所示。

深度信念网络既可以当作生成模型来使用，也可以当作判别模型来使用。

作为生成模型使用时，网络会按照某种概率分布生成训练数据。概率分布可根据训练样本导出，但是覆盖全部数据模式的概率分布很难导出。所以，这里使用最大似然估计法训练参数，得到最能覆盖训练样本的概率分布。这种生成模型能够去除输入数据中含有的噪声，得到新的数据，也能够进行输入数据压缩和特征表达。

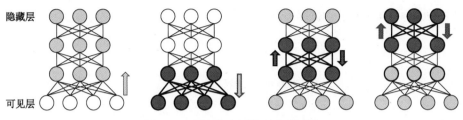

图 5-25 深度信念网络的分层训练

作为判别模型使用时，需要在模型顶层添加一层 BP 网络（如 softmax 层）来达到分类的功能。级联了 softmax 层的深度信念网络如图 5-26 所示。

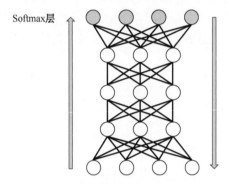

图 5-26 级联了 softmax 层的深度信念网络

尽管现在与其他无监督学习或生成学习算法相比，深度信念网络大多已经很少使用了，但它们在深度学习历史中的重要作用仍应该得到承认。

生成模型（Generative Model）和判别模型（Discriminative Model）是机器学习算法中有监督学习的模型概念。

两者的区别是生成模型是估算 x 和 y 的联合概率分布 $f(x,y)$，而判别模型估算的是条件概率分布 $f(y|x)$。

两者的关系为：

给定 $X=x$，随机变量 Y 的条件分布为

$$f\left(y|x\right)=\frac{f\left(x,y\right)}{g\left(x\right)}, \quad g\left(x\right)>0$$

给定 $Y=y$，随机变量 X 的条件分布为

$$f\left(x|y\right)=\frac{f\left(x,y\right)}{h\left(y\right)}, \quad h\left(y\right)>0$$

这里

$$g\left(x\right)=\int_{-\infty}^{\infty}f\left(x,y\right)\mathrm{d}y \quad h\left(y\right)=\int_{-\infty}^{\infty}f\left(x,y\right)\mathrm{d}x$$

设深度信念网络的各层为 $l=1,2,\cdots,L$，可见层为 $v(0)$，隐藏层的单元为 $h^{(l)}$。各隐藏层的条件概率分布为：

$$p\left(h^{(l)} \mid h^{(l-1)}\right) = \prod_i f\left(b_i^{(l)} + \sum_j w_{ij}^{(l-1)} h_j^{(l-1)}\right)$$

隐藏层中一个单元的条件概率分布为：

$$p\left(h_i^{(l)} \mid h_i^{(l-1)}\right) = f\left(b_i^{(l)} + \sum_j w_{ij}^{(l-1)} h_j^{(l-1)}\right)$$

设 $h^{(0)} = 0$，利用上式，迭代调整各层参数。

思 考 题

1. BP 神经网络和 Hopfield 神经网络分别是什么，两者有什么区别？
2. 离散型 Hopfield 神经网络和连续型 hopfield 神经网络有什么区别？
3. Hopfield 神经网络的发散状态会趋于无限吗？为什么？

第 6 章　自编码器

自编码器（autoencoder，AE）是一种无监督的学习算法，以前主要用于数据降维和数据特征的抽取，也可以用来对输入数据进行降噪处理。在近年的深度学习中，自编码器可用于在训练阶段开始前确定权重矩阵的初始值。

为了便于理解，先来看个例子。

2018 年 3 月 15 日，首届扇兴杯世界女子围棋最强战决赛在日本棋院战罢，冠亚军之战黑嘉嘉第 124 手超时负于於之莹。尽管自从有了 AlphaGo 之后，围棋对机器学习而言已经不是难事，但对于人类，仍然是顶级的智力游戏。相信棋手在对弈过程中，不但要准确应对，还应该有记住对弈过程的能力。在棋手的脑子里，记住的棋盘一定是经过编码后的棋谱，而不是图像。记住棋谱后，棋手就可以轻松复盘了，如图 6-1 所示。

图 6-1　棋谱记忆与编码器

自编码器就是将输入数据中的主要特征抽取出来，组成比输入数据更为简单的编码，然后根据编码再重构出输入数。

6.1　自编码器

自编码器是一种利用反向传播算法使输出值能够复现输入值的神经网络，它先将输入数据压缩成特征数据，然后再用这些特征数据来重构输出数据，目标是使重构的数据尽可能与原始输入数据一致。

自编码器包含编码器（encoder）和解码器（decoder）两部分。按学习范式，自编码器可以分成欠完备（undercomplete）自编码器、正则（regularized）自编码器和变分（Variational）自编码器，其中前两者是判别模型，后者是生成模型。按构筑类型，自编码器可以是前馈结构或递归结构的神经网络。如果按照用途分，能够消除样本数据中的噪声的称为降噪（denoising）自编码器，能够去除样本数据中冗余的称为稀疏（sparse）自编码器。

自编码器需要尽可能复现输入信号。为了实现复现，自动编码器必须捕捉输入数据最主要的特征信息。自编码器实际上是一种数据压缩算法，包括辨识输入（编码，即提取特征）、重构输出（解码，根据特征重构）两部分，其作用是抓住输入模式的主要特征。显然，相对重构，自编码器的编码更为重要。重构的数据是否能够代表原来的数据，需要有一种评价标准（优化目标函数）来判别。

如图 6-2 所示，"编码""解码"过程可以用两个函数 $y = f(x), \tilde{x} = g(y)$ 表示，优化目标函数为 $J(x - \tilde{x})$，其中，x 表示输入数据，$\tilde{x}$ 表示解码器重构的输出。

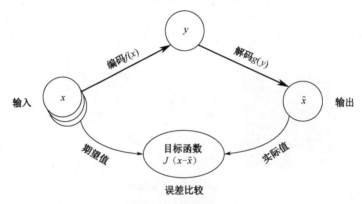

图 6-2　编码与解码函数

按照神经网络的画法，自编码器结构与受限玻尔兹曼机类似，如图 6-3 所示，由输入层和输出层组成。输入输出关系为：

$$y = f(wx + h)$$

x 为输入数据，y 为输出值，w 是权重，h 为阈值，$f(\cdot)$ 是激活函数。自编码器是一种无监督学习的神经网络，目的是通过不断调整网络参数，重构经过维度压缩的输入样本。

然而，要完成编码和解码两个过程，需要如图 6-4 所示的三层结构的自编码器，也就是说，自编码器内部有一个隐藏层。

编码过程负责把输入映射 $f(\cdot)$ 到中间层，中间层的结果 $y_1, y_2, \cdots, y_m$ 是编码后的数据；解码负责把中间层的编码数据映射 $\tilde{f}(\cdot)$ 到重构层（输出层），得到重构的数。先通过编码得到压缩后的数据，再通过解码进行重构输入样本。因为压缩，中间层的数据维度要比原始数据的维度小。

用 $\tilde{x}$ 表示重构值，其计算公式为：

$$\tilde{x} = \tilde{f}(\tilde{w}y + \tilde{h}) = \tilde{f}(\tilde{w}f(wx + h) + \tilde{h})$$

输入值与重构值之间的误差（优化目标函数）可以使用最小二乘法表示：

$$J\left(x-\tilde{x}\right)=\sum_{i=1}^{n}\left(x_i-\widetilde{x_i}\right)^2$$

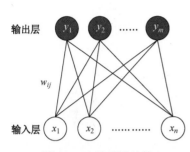

图 6-3　自编码器结构

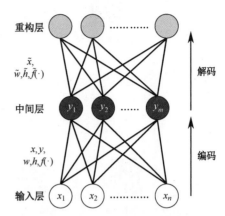

图 6-4　三层结构的自编码器

或交叉熵代价函数表示：

$$J\left(x-\tilde{x}\right)=-\sum_{i=1}^{n}\left(x_i\log\widetilde{x_i}+\left(1-x_i\right)\log\left(1-\widetilde{x_i}\right)\right)$$

可以使用反向传播算法来训练自编码器，将数据输入网络，将误差设置为输入数据与网络输出数据之间的差异。

自编码器的权重是对称的，即编码权重和解码权重是一样的

$$\tilde{W}=W$$

自编码器与受限玻尔兹曼机的结构类似，其最大区别是：受限玻尔兹曼机是一个概率模型，训练的目的是求出能够使似然函数达到极大值的参数估计，而且，在正向传播时，可以按似然函数的值为概率判定输出结果；自编码器需要定义一个损失函数（优化目标函数），通过调整参数使得误差收敛到允许值。

6.2　降噪自编码器

在降噪自编码的训练过程中，如果发现输入数据中有一部分是"损坏"的，就需要用到降噪自编码器。如图 6-5 所示，降噪自编码器能够消除样本数据中含有的噪声。其基本思路是，一个能够恢复出原始信号的神经网络未必是最好的，能够对"损坏"的原始数据编码、解码，然后还能恢复真正的原始数据，这样的特征才是好的。

降噪自编码器这样的"吃草产牛奶"的能力，是通过训练不断改进连接权重得到的，自编码器的网络结构本身没有变化。如图 6-6 所示，降噪自编码器在训练时，有意在训练样本中加入随机噪声，然后训练使其重构结果与不含噪声的样本数据之间的误差收敛于极小值。

如果输入样本加入了随机噪声，则服从均值为 0、方差为 σ^2 的正态分布。

$$\tilde{x}=x+vx$$

式中 $\tilde{x}$ 为含有噪声的输入，v 为随机噪声。

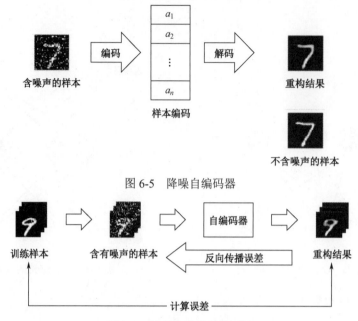

图 6-5　降噪自编码器

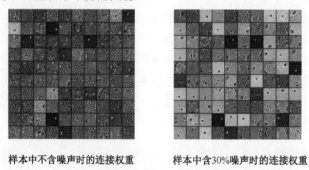

图 6-6　降噪自编码器的训练

因此，降噪自编码器应该能够更好地提取样本属性，才能消除样本中包含的噪声，这一切都是因为训练得到更好的连接权重矩阵。图 6-7 给出了一个降噪编码器训练时输入层与隐层之间的连接权重矩阵的可视化图像。

样本中不含噪声时的连接权重　　　　样本中含30%噪声时的连接权重

图 6-7　自编码器降噪前后连接权重对比

从以上两幅特征图的对比中可以看出，降噪自编码器确实在训练后学习到了有效的特征提取，例如手写体数字的"转角"，这类特征更有代表性。因此，降噪自编码器可以用来训练更好的连接权重矩阵。

6.3　稀疏自编码器

输入输出层单元的数量根据识别模式的大小而定，自编码器的中间层单元的数量是多少？如果数量太少，网络可能很难重构出输入样本；如果数量太大，自编码器中间层的压缩效率，即降维效率不高。

一般来说，自编码器中间层节点数是小于输入层的节点数，但是在网络结构中，中间层节点数并不会少。为了解决这个问题，引入了稀疏编码器，通过改变中间层单元的激活度，让中间层的大部分单元处于非激活状态（它们的输出为 0），只利用其中的少数几个单元。

让中间层单元处于非激活状态的办法是在原来的损失函数中增加正则化项（下式的最后一项）：

$$J\left(x-\tilde{x}\right)=\sum_{i=1}^{n}\left(x_i-\widetilde{x_i}\right)^2+\beta\sum_{j=1}^{M}KL\left(\rho\widehat{\rho_j}\right)$$

其中，$\widehat{\rho_j}$ 表示中间层第 j 个单元的平均激活度：$\widehat{\rho_j}=\dfrac{1}{n}\sum_{i=1}^{n}f\left(W_jx_i+h_j\right)$，$KL\left(\rho\widehat{\rho_j}\right)$ 为

KL 散度：$KL\left(\rho\widehat{\rho_j}\right)=\rho\log\dfrac{\rho}{\rho_j}+\left(1-\rho\right)\log\left(\dfrac{1-\rho}{1-\widehat{\rho_j}}\right)$，$\rho$ 表示平均激活度的目标值，$KL\left(\rho\widehat{\rho_j}\right)$

表示计算得到的平均激活度和目标值的差异。ρ 值越接近于 0，中间层的平均激活度 $\widehat{\rho_j}$ 就越小。

不断调整连接权重 W_j 和阈值 h_j，使得损失函数 $J\left(x-\tilde{x}\right)$ 收敛于极小值。

β 是新增的参数，用于控制稀疏性的权值。在训练网络时，通过不断调整参数，使 β 达到极小值。

和神经网络一样，稀疏自编码器的训练也是需要使用误差反向传播算法的，通过对损失函数求导，计算输入层与中间层之间、中间层与重构层之间的连接权重 w 和阈值 h 的调整值。

平均激活度是根据所有样本计算出来的，所以在计算任何单元的反向传播之前，需要对所有样本计算一遍正向传播，从而获得评价激活度。

正则化项中的平均激活度目标值 ρ 和参数 β 是两个非常重要的参数。ρ 通常是一个很小的正数，比如 0.05。β 取不同的值（比如 0、0.1、0.5、1、2、3 等），会导致明显的连接权重差异，当 β=0，表示没有正则化项，当 β=1 或更大时，连接权重对某些模式反应更明显。

如果发生了过拟合问题，正则化会减小特征变量 z 的数量级，实际上的做法是减小代价函数所有的参数值。

举个例子。时下房地产市场火爆，影响房价的因素主要是房屋面积。图 6-8 是使用不同方式计算房屋售价的曲线。

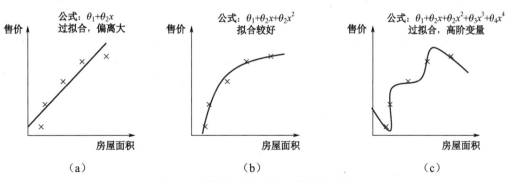

图 6-8 不同计算方式的房屋售价曲线

图 6-8（a）使用的是简单的只有一个变量的线性模拟算法，误差较大，属于考虑因素太少而造成的过拟合，实际上是欠拟合。图 6-8（b）使用的是二阶多项式模拟算法，能够较好地拟合所给的训练数据，曲线相对不复杂，对预测其他数据应该有不错的准确率。图 6-8（c）使用了四阶多项式进行模拟，虽然对训练数据有很好的拟合性，但从曲线的走势可以推测，这样复杂的曲线用来预测其他数据，其准确率就很难保证了。

正则化是针对选用了太多特征造成的过拟合的处理方法。

如果训练得出的模型为：$J(\theta) = \dfrac{1}{2m}\sum_{i=1}^{m}\left(h_\theta\left(x^{(i)}\right) - y^{(i)}\right)^2 \approx 0$，这个模型的曲线类似图 6-8（c）。引入如下的正则化处理，得到的模型更具广泛性：

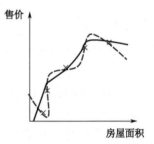

$$J(\theta) = \dfrac{1}{2m}\left[\sum_{i=1}^{m}\left(h_\theta\left(x^{(i)}\right) - y^{(i)}\right)^2 + \lambda\sum_{j=1}^{n}\theta_j^2\right]$$

上式中最后一项为正则化项。最后求其最小值：$\min\limits_{\theta} J(\theta)$，得到的曲线为（实线），如图 6-9 所示。

图 6-9　正则化处理后的曲线

6.4　栈式自编码器

与其他神经网络一样，自编码器也可以有多个中间层。栈式自编码器就是多个自编码器级联，增加更多的中间层，实现多层提取特征，得到更为复杂的编码，最终得到的特征更有代表性，并且维度很小。然而，如果编码过于复杂，就会出现类似过拟合问题，编码器的泛化能力会很差。

例如对于 MNIST 数据集的一个自编码器应该是什么样子的呢？由于 MNIST 中每个图像是 28×28 像素，所以栈式编码器的结构如图 6-10 所示。

在这个例子中，有 784 个输入，接着是一个 300 个神经元的隐藏层，然后中心隐藏层（编码层）是由 150 个神经元组成的，再接着就又是 300 个神经元，最终输出为 784 个神经元（跟输入一致）。

栈式自编码器的训练是逐层进行的，一次训练一个自编码器。如图 6-11 所示，还是以手写字符为例，首先，第一个自编码器学习去重建输入。然后，第二个自编码器学习去重建第一个自编码器中间层的输出。最后，这两个自编码器被整合到一起。使用这种方式，可以创建一个很深的栈式自编码器。

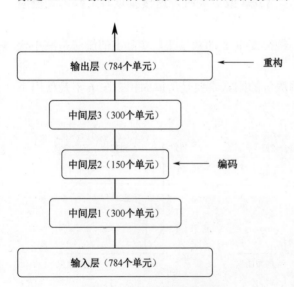

图 6-10　栈式自编码器结构

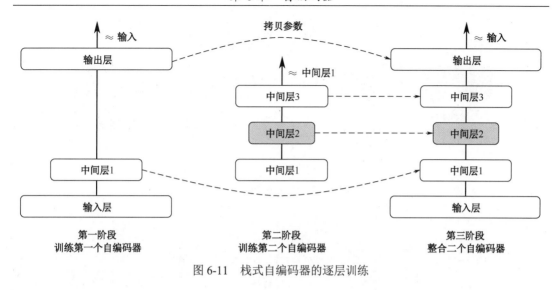

第一阶段
训练第一个自编码器

第二阶段
训练第二个自编码器

第三阶段
整合二个自编码器

图 6-11　栈式自编码器的逐层训练

6.5　变分自编码器

机器学习模型主要分为判别模型与生成模型，近年来随着图像生成、对话回复生成等任务的火热，深度生成模型越来越受到重视。变分自编码器（Variational AutoEncoder, VAE）于 2013 年由 Diederik P.Kingma 和 Max Welling 提出，作为一种深度隐空间（latent space，隐变量的样本空间，也称潜在空间）生成模型，在数据生成任务上与生成对抗网络（GAN）一并受到研究者的青睐。变分自编码器或许是最有用的自动编码器类型。

本节内容参考了机器学习实验室 louwill 于 2018-12-22 发表的博士论文"深度学习第52 讲：变分自编码器 VAE 原理以及 keras 实现"。

经典的自编码器由于是一种有损的数据压缩算法，在进行图像重构时不会得到效果最佳或者良好结构的潜在空间表达。如图 6-12 所示，VAE 不是将输入图像压缩为潜在空间的编码，而是将图像转换为两个统计分布参数——均值和标准差，然后使用这两个参数，从分布中随机采样得到隐变量，对隐变量进行解码重构。

在统计学习方法中，通过生成方法所学习到模型就是生成模型。所谓生成方法，就是根据数据，学习输入 X 和输出 Y 之间的联合概率分布，然后求出条件概率分布 $p(Y|X)$ 作为预测模型的过程，这种模型便是生成模型。朴素贝叶斯模型和隐马尔可夫模型都是生成模型。

具体到深度学习和图像领域，生成模型也可以概括为用概率方式描述图像的生成，通过对概率分布采样产生数据。如图 6-13 所示，根据原始数据构建一个从隐变量 Z 生成目标数据 X 的模型。从概率分布的角度来解释就是构建一个模型将原始数据的概率分布转换到目标数据的概率分布，目标就是原始分布和目标分布要越像越好。所以，从概率论的角度来看，生成模型本质上就是一种分布变换。

图 6-14 是变分自编码器的工作原理图。首先编码器将输入图像转换为表示潜在空间中的两个参数：均值和方差，这两个参数可以定义潜在空间中的一个正态分布，然后从这个正态分布中进行随机采样，最后由解码器根据潜在空间中的采样点重构图像。

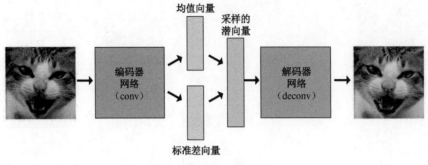

图 6-12 VAE 编码示意图

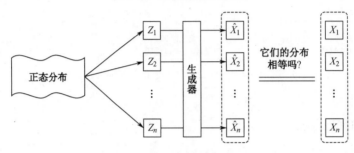

图 6-13 VAE 生成模型示意

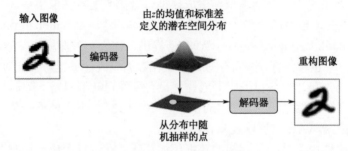

图 6-14 VAE 工作原理图

下面进一步解释变分自编码器的技术细节。

假设有一批原始数据样本 $X=\{X_1,X_2,\cdots,X_n\}$，如果 X 的分布 $p(X)$ 已知，就可以直接对 $p(X)$ 这个分布进行采样，这样就不需要 VAE。但如果 $p(X)$ 未知，那么只能通过变换来推算 $p(X)$。推算 $p(X)$ 的公式为：

$$p(X)=\sum_Z p(X|Z)p(Z)$$

其中，$p(X|Z)$ 为由 Z 生成 X 的模型。假设 Z 服从标准正态分布，即 $p(Z)=\mathrm{N}(0,1)$，先从标准正态分布中采样 Z，然后根据 Z 来算 X，最后将这个模型结合自编码器进行表示，如图 6-15 所示。

从图 6-15 可知，通过计算原始样本均值和方差，将数据编码成潜在空间的正态分布，然后对这个正态分布进行随机采样，用采样的结果进行解码，最后生成目标图像。这个过程的关键在于：采样后得到的 Z_k 与原始数据中的 X_k 是否存在一一对应关系，因为正是这种一一对应关系才使得模型具备输入图像的重构能力。

VAE 其实是对每一个原始样本 X_k 配置了一个专属的正态分布。为什么是专属？因为

后面要训练一个生成器 $X = g(Z)$，希望能够把从分布 $p(Z|X_k)$ 采样出来的一个 Z_k 还原为 X_k。如果假设 $p(Z)$ 是正态分布，然后从 $p(Z)$ 中一个 Z，那么我们怎么知道这个 Z 对应于哪个真实的 X 呢？现在 $p(Z|X_k)$ 专属于 X_k，我们有理由说从这个分布采样出来的 Z 应该要还原到 X_k 中去。还有一个问题就是，我们要怎样找出每一个 X_k 专属正态分布 $p(Z|X_k)$ 的均值和方差呢？很简单，用神经网络进行拟合即可。这样一来，我们就可以将图 6-15 中的 VAE 修改成如图 6-16 所示的样了。

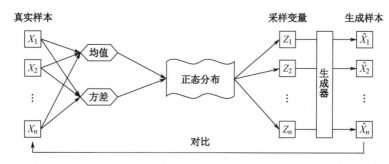

图 6-15　完整的 VAE 生成模型

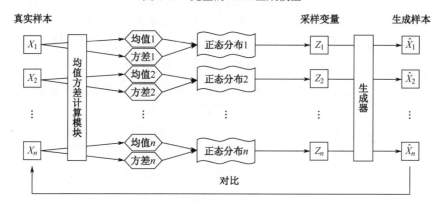

图 6-16　聚焦到均值方差计算的 VAE 生成模型

至此，已经清楚了 VAE 通过神经网络用原始数据的均值和方差表征潜在空间，然后将其描述为正态分布，再根据正态分布进行采样。下面聚焦到正态分布和采样。

先来看正态分布。首先，我们希望重构 X，也就是最小化原始分布和目标分布之间的误差。但是这个重构过程受到噪声的影响，因为 Z_k 是通过重新采样过的，不是直接由编码器算出来的。噪声的存在会增加数据重构的难度，但是我们知道均值和方差都在编码过程中由神经网络计算得到的，所以模型为了重构得更好，在这个过程中会尽量让方差接近 0，但不能等于 0，等于 0 的话就失去了随机性，这样跟普通的自编码器就没什么区别了。

VAE 给出的一个办法在于让所有的专属正态分布 $p(Z|X_k)$ 都向标准正态分布 $N(0,1)$ 看齐，于是有下式：

$$p(Z) = \sum_X p(Z|X) p(X) = \sum_X N(0,1) p(X) = N(0,1) \sum_X p(X) = N(0,1)$$

这样说明 $p(Z)$ 是标准正态分布，然后就可以从 $N(0,1)$ 中采样来生成图像了。所以说，VAE 为了使模型具有生成能力，模型要求每个 $p(Z|X_k)$ 都努力向标准正态分布看齐，如图 6-17 所示。

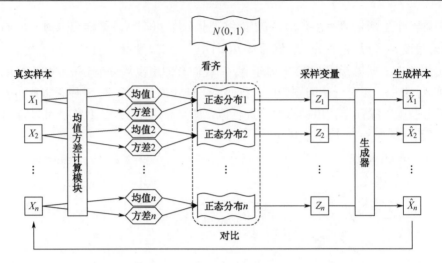

图 6-17　聚焦到正态分布采样的 VAE 生成模型

再来看采样。VAE 的原始论文（"《*Auto-Encoding Variational Bayes*》Diederik P.Kingma，Max Welling"）中提出一种参数复现（Reparameterization）的采样技巧。假设我们要从 $p(Z|X_k)$ 中采样出一个 Z_k，尽管已知 $p(Z|X_k)$ 是正态分布，但是均值方差都是由模型算出来的，我们要靠这个过程反过来优化均值方差的模型。但是"采样"这个操作是不可导

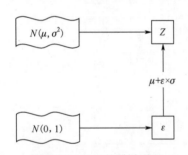

图 6-18　VAE 的采样原理

的，而采样的结果是可导的，于是我们利用从 $N(\mu,\sigma^2)$ 中采样一个 Z，就相当于从 $N(0,1)$ 中采样了一个 ε，然后做变换 $Z=\mu+\varepsilon\times\sigma$ 即可。如图 6-18 所示。

采样完了之后，就可以用一个解码网络（生成器）来对采样结果进行解码重构了。

最后一个细节就是 VAE 训练的损失函数。VAE 的参数训练由两个损失函数来训练，一个是重构损失函数，该函数要求解码出来的样本与输入的样本相似（与之前的自编码器相同），第二项损失函数是学习到的隐分布与先验分布的 KL 距离，可以作为一个正则化损失。

$$\mathcal{L}_{\mu,\sigma^2}=\mathcal{L}_\mu+\mathcal{L}_{\sigma^2}=\frac{1}{2}\sum_{i=1}^{n}\mu_i^2+\frac{1}{2}\sum_{i=1}^{n}\left(\sigma_i^2-\log\sigma_i^2-1\right)=\frac{1}{2}\sum_{i=1}^{n}\left(\mu_i^2+\sigma_i^2-\log\sigma_i^2-1\right)$$

思 考 题

1. 自动编码器的主要功能是什么？（　　　）

   A. 特征提取　　　　　　　　　B. 有监督训练

   C. 降维　　　　　　　　　　　D. 生成模型

2. 栈式自编码器有哪些特点？

第 7 章　循环神经网络

循环神经网络（Recurrent Neural Network，RNN）是一类按时序进行递归执行的递归神经网络。循环神经网络研究始于 20 世纪 80～90 年代，在 21 世纪初发展为深度学习算法之一，其中的双向循环神经网络（Bidirectional RNN，Bi-RNN）和长短期记忆网络（Long Short-Term Memory Networks，LSTM）是常见的循环神经网络。

7.1　循环神经网络概述

前面介绍的各种前馈型人工神经网络在图像识别、数据分类等方面有很好的表现，但是这种前馈网络有很大的局限性，最大的局限性有以下两点：

（1）缺乏记忆。

由于没有反馈回路，网络接收的数据是相互独立的，无法处理以序列形式出现的数据。不幸的是，现实世界存在大量以序列形式出现的数据，如语音数据、视频数据、文本数据、股票市场数据、政府宏观经济数据等，这些序列数据的最大用途就是可以预测下一个序列出现的数据，典型的场景包括机器翻译、股票趋势预测等，甚至还有好玩的彩票预测、古诗生成等。其中的关键是，数据序列中的下一个值在很大程度上依赖于过去的数据，比如预测句子中的下一个单词，需要用到句子中前面的几个单词。要完成处理序列数据的任务，网络就必须具备记忆前面输入的数据的能力，这是前馈型神经网络所不能的。

（2）输入输出大小的限制。

如图 7-1 所示，前馈型神经网络受输入层数量大小固定的限制，因此限定任务的输入输出大小。但是，序列数据通常很难预测其大小，比如一个句子，或许短则几个字，或许长至上百个字。

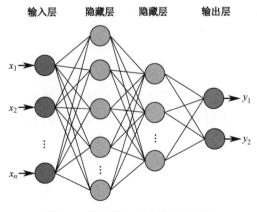

图 7-1　固定输入大小的神经网络

循环神经网络就是为处理序列数据而设计的一种人工神经网络。在这种网络中，设计了序列顺序以及内部循环，形成了具有环路的序列网络结构，这意味着神经元的状态不仅受到自身输入的影响，还会受到最近的过去的影响。与前馈神经网络、卷积神经网络最大的不同之处是它具有"记忆暂存"功能。这个暂存功能是把过去输入的内容对后期的影响量化后，再与当前输入的内容一起反映到网络中，参与训练。

7.2　隐马尔可夫链

在介绍 RNN 之前，先介绍隐马尔可夫模型，这是必需的预备知识。

在机器学习中，有一类问题是根据可知的变量来推测不可知的变量的概率分布。这类问题往往比较难处理，但是很有用。因为可以通过一组易于观察的变量来推测另一组无法观察的变量的概率分布。隐马尔可夫模型（Hidden Markov Model，HMM）就是解决这种问题的一个非常有用的工具，广泛应用在时序数据建模、语音识别、自然语言处理等领域。

HMM 的变量分成两类：称为隐变量的状态变量 y_i 和称为可见变量的观测变量 x_i，观测变量的取值依赖于状态变量。假设，第 i 时刻 y_i 的取值范围为 $\{s_1, s_2, \cdots, s_N\}$，$x_i$ 的取值范围为 $\{o_1, o_2, \cdots, o_M\}$，那么，$x_i$ 的值由 y_i 的值决定。

马尔可夫链假设时刻 t 的状态变量 y_i 只依赖于时刻 $t-1$ 的状态变量 y_{i-1}，与之前的 $t-2$ 个状态变量没有任何关系。因此，在马尔可夫链中的状态变量，只受其上一时刻"父"状态变量的影响，与父之前先辈的影响通过父来传递。HMM 的变量关系示意图如图 7-2 所示。

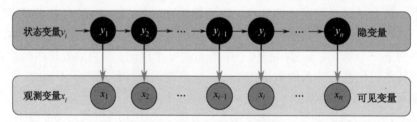

图 7-2　HMM 的变量关系示意图

状态变量 y_i 组成的空间称为状态空间，记 $Y = \{s_1, s_2, \cdots, s_N\}$。观测变量 x_i 组成的空间称为观测空间，记 $X = \{o_1, o_2, \cdots, o_M\}$。

根据 HMM 变量关系，可以得出所有变量的联合概率分布计算公式：

$$P(x_1, y_1, \cdots, x_n, y_n) = P(y_1) P(x_1 | y_1) \prod_{i=2}^{n} P(y_i | y_{i-1}) P(x_i | y_i)$$

除了状态空间 X 和观测空间 Y，要确定一个 HMM，还需要三组参数：

（1）初始状态概率 π：模型在初始 $t=1$ 时刻，状态变量 y_1 取哪个状态值的概率：

$$\pi_i = P(y_1 = s_i)，记 \pi = \{\pi_1, \pi_2, \cdots, \pi_N\}$$

（2）状态转移概率 A：系统从 t 时刻状态 s_i 转换到 $t+1$ 时刻状态 s_j 的概率：

$$a_{ij} = P(y_{t+1} = s_j | y_t = s_i)，记 A = \left[a_{ij}\right]_{N \times N}$$

（3）输出观测概率 B：系统在 t 时刻的状态为 s_i，得到的观测值为 o_j 的概率：

$$b_{ij} = P\left(x_t = o_j \mid y_t = s_i\right)，记 B = \left[b_{ij}\right]_{N \times M}$$

有了状态空间 Y，观测空间 X，以及上述三组参数 π, A, B，就可以完全确定一个 HMM。

给定 HMM 的三组参数 π, A, B，就可以按照如下过程产生观测序列 $X = \{x_1, x_2, \cdots, x_n\}$：

① 设置 $t = 1$，根据初始状态概率 π，选择初始状态 y_1；

② 根据状态 y_t 和输出观测概率 B，选择观测变量取值 x_t；

③ 根据状态 y_t 和状态转移矩阵 A，转移模型状态，即确定 y_{t+1} 的值；

④ 若 $t < n$，设置 $t = t+1$，并转到第②步，否则停止。

7.3　循环神经网络架构

先来看个例子。

在使用手机版的金山词霸输入英文单词查中文时，该 APP 提供了一个很实用的预测提示功能。你输入一个字母，它会根据概率，预测推送下一个你可能输入的字母，甚至替你拼出想输入的整个单词。如，你输入字母 s 时，APP 会显示"s、sh、some"，以此预测你下一步的输入，"s"表示只输入一个字母 s。如果你再输入字母 h，它又预测"sh、she、should"。这是如何实现的？

输入 sh 后，APP 预测下一个字母最可能的是 e，它不但记得刚输入的是 h，还记得前一个输入的是 s。

如此，再输入 e，APP 预测 sheep。

能够做到这样的预测，显然该 APP 不但能够接收当前输入，还能够记住前面已经输入的几个字母及其顺序。

为了让网络具备记忆功能，需要改变网络的架构，让网络的隐藏层输出再返回到该层，如图 7-3 右侧隐藏层所标的横向箭头。

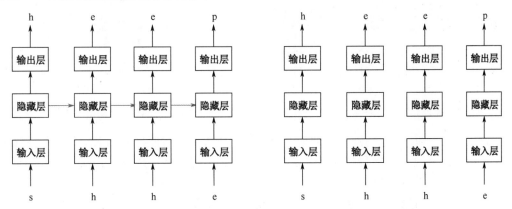

图 7-3　前馈网络和 RNN 预测词序比较

这种包含循环的网络架构称为循环神经网络（Recurrent Neural Network，RNN）。RNN 的核心部分是一个有向图，图 7-4 是单个 RNN 的结构。

RNN 的主体结构 A 的输入除了来自输入层 x_t，还有一个回形箭头提供上一时刻的状态 y_{t-1}。在时刻 t，模块 A 在读取了 x_t 和 y_{t-1} 之后会生成新的状态 y_t，作为本时刻的输出状态。

如果把 RNN 按照时序展开画出，就是如下的结构，如图 7-5 所示。

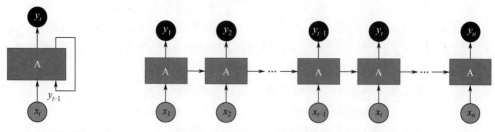

图 7-4　单个 RNN 的结构示意图　　　　图 7-5　RNN 的时序结构示意图

这样的 RNN 时序展开结构，非常适合前面所举的输入 sheep 预测词序的例子。

在这样的 RNN 中（图 7-6），隐藏层单元的输出是这样计算出来的：

$$h_t = f\left(W_{(t-1)t}h_{t-1} + w_t x_t\right) \tag{7.1}$$

$W_{(t-1)t}$ 是 RNN$(t$-1)时刻单元与 t 时刻单元之间的连接权重，t 时刻单元的外部输入为 $w_t x_t$，f 是非线性映射函数，通常为 sigmoid 函数。RNN 单元输出计算如图 7-7 所示。

在前馈网络中，误差反向传播算法首先计算输出层的最终误差，然后再逐层反向向输入端传送。在每一步，计算误差对权重的偏导数 $\dfrac{\partial E}{\partial w}$，然后通过梯度下降法使得导数在减小误差的方向上调整权重。

在 RNN 中，如果将时序中的每一个时刻的网络看成一个网络层，那么，RNN 的分层结构与前馈网络是相同的。区别是前馈网络的分层是物理的，RNN 的分层是在同一物理网络上的不同时刻状态看成不同的层。

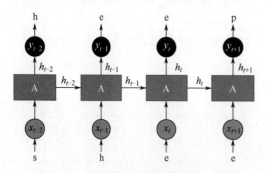

图 7-6　RNN 的预测词序图

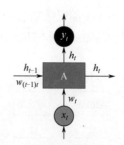

图 7-7　RNN 单元输出计算

由此可以想到，将前馈网络中的误差反向算法引入到按时序展开的 RNN 中，这种在时间维度上的扩展误差反向传播算法称为通过时间的反向传播（Back Propagation Through Time，BPTT），如图 7-8 所示。

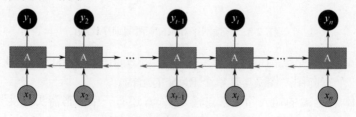

图 7-8　RNN 的 BPTT 示意图

7.4　LSTM

由于 RNN 网络是按照时序逻辑划分层次的，因此，划分的时刻越多，RNN 的深度越深。在实际使用中，如语音转写，输入到 RNN 的序列可能很长，因此，RNN 的层数很大。层数很大会带来如下严重的问题。

按照（7.1）的计算，按序列每向前一次，计算输出的函数需要多复合嵌套一层，于是，第 n 层输出需要用如下形式的嵌套计算：

$$h_n = f\big(f(\cdots)\big) \qquad (7.2)$$

对（7.2）做反向梯度传递计算需要计算一系列符合函数的导数：

$$\frac{\partial h_n}{\partial x} = \frac{\partial h_n}{\partial h_{n-1}} \frac{\partial h_{n-1}}{\partial h_{n-2}} \cdots \frac{\partial h_1}{\partial x} = w_{n-1} w_{n-2} \cdots w_1 h_{n-1}$$

多次连乘权重 $w_{n-1} w_{n-2} \cdots w_1$ 的结果是，梯度数值越来越小（权重小于 1），或越来越大（权重大于 1）。由此引发了梯度消失或爆炸问题。因此，RNN 的循环设计虽然使网络具有了记忆能力，但如果让其处理序列过长的数据，其性能会很差。换句话说，RNN 还不具备长期的记忆能力。

20 世纪 90 年代中期，德国研究人员 Sepp Hochreiter 和 Juergen Schmidhuber 提出了改进的 RNN——长短记忆网络（Long Short-Term Memory，LSTM），用来解决长期记忆的问题。在这种改进的网络结构中，引入了多种称为"门"的结构来控制对单元状态的访问，通过门控来决定是否可以添加或去除信息，从而解决了对长序列进行训练并保留记忆的问题。LSTM 的门结构共有三类：遗忘门、输入门和输出门。

与 RNN 的结构相比，LSTM 增加了一个代表长期记忆的单元状态 C（Cell State），隐藏层原有状态 h 代表短期记忆。因此，每个 LSTM 单元有三项输入：当前输入 x_t、前一个输出 h_{t-1}、前一个状态 C_{t-1}；每个 LSTM 单元有两个输出：输出隐藏值 h_t 和新单元状态 C_t。RNN 与 LSTM 的结构比较如图 7-9 所示。

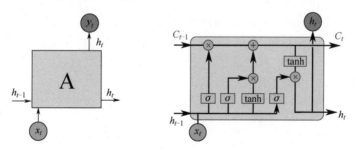

图 7-9　RNN 与 LSTM 结构比较

如果将 LSTM 单元按门的种类分开画出，其结构图如图 7-10 所示。

在单元中，向量的运算有乘法和加法两种，用运算符号外加圆圈标出。LSTM 网络中的门是一个抽象的概念，类似于电路中的逻辑门概念，1 表示开放状态，允许信息通过；0 表示关闭状态，阻止信息通过。借助于类似过滤器的 sigmoid 函数，使得输出值在（0,1）之间，表示以一定的比例运行信息通过。

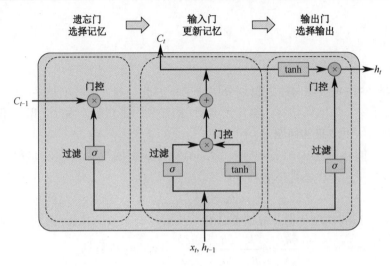

图 7-10   区分门的 LSTM 单元结构示意图

LSTM 网络新增的单元状态 C 随着时间变化不断在隐藏层中传递更新。单元状态在更新过程中，只做一次乘法和一次加法运算。LSTM 单元状态更新如图 7-11 所示。

单元状态的更新是由门结构完成的，遗忘门、输入门、输出门三类门分别用来记住某些信息、遗忘某些信息和输出信息。

（1）遗忘门

用来决定让哪些信息继续通过这个单元，哪些信息将丢弃，遗忘门的计算公式为：

$$f_t = \sigma\left(W_f\left[h_{t-1}, x_t\right] + b_f\right) \tag{7.3}$$

式中，W_f 表示遗忘门的权重矩阵，b_f 表示输入的阈值，$\left[h_{t-1}, x_t\right]$ 表示两个向量拼接，σ 是 sigmoid 函数，输出一个 0～1 范围内数值，决定丢弃（遗忘）多少信息，相当于一个百分比。h_{t-1} 是历史信息，x_t 是新输入的信息。

f_t 与单元前一个状态 C_{t-1} 相乘，接近 1 的值直接在状态 C 的通道上通过，接近 0 的信息就是遗忘信息，不会向前传递。

由此可见，新的外部输入 x_t 通过两步来影响哪些信息遗忘，哪些信息继续传递。第一步是与上一个短期记忆信息 h_{t-1} 通过（7.3）运算得到一个指示向量 f_t；第二步是将向量 f_t 与前一个状态向量 C_{t-1} 相乘，得到的数值决定单元状态 C_{t-1} 哪些遗忘，哪些向前传递。

LSTM 遗忘门结构如图 7-12 所示。

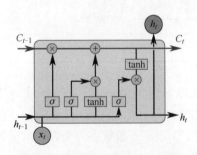

图 7-11   LSTM 单元状态更新图

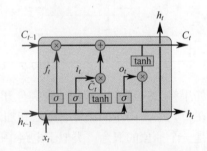

图 7-12   LSTM 遗忘门结构图

（2）输入门

前面的遗忘门相当于 Dropout，作用是丢弃部分信息。而输入门则要为更新单元状态添加一些信息。

输入门原始的添加信息有：一个新的外部输入 x_t、上一时刻的隐藏层状态 h_{t-1}。这两个原始输入信息需要分别通过两个不同的运算生成两个新的输入值：

tanh 部分用来生成更新值 $\tilde{C}_t$，输出范围为[-1,1]，计算公式为：

$$\tilde{C}_t = \tanh\left(W_C\left[h_{t-1}, x_t\right] + b_C\right)$$

σ 部分用来决定接受更新值的百分比，计算公式为：

$$i_t = \sigma\left(W_i\left[h_{t-1}, x_t\right] + b_i\right)$$

注意，这两个公式中，连接权重矩阵和阈值矩阵是不同的，在训练过程中需要单独训练。LSTM 输入门结构图如图 7-13 所示。

（3）更新状态

计算出 i_t 和 $\tilde{C}_t$ 后，就可以决定把哪些信息添加到单元状态 C 上了，也就是开始更新单元状态 C 了。

更新过程就是对旧的单元状态通过遗忘门来丢弃部分信息 $f_t * C_{t-1}$，然后加上新信息 $i_t * \widetilde{C}_t$，最终得到新的单元状态 C_t。

$$C_t = f_t * C_{t-1} + i_t * \tilde{C}_t$$

LSTM 更新单元状态 C 如图 7-14 所示。

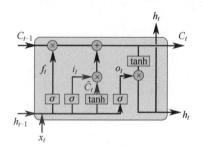

图 7-13　LSTM 输入门结构图

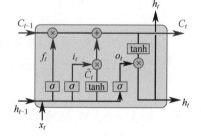

图 7-14　LSTM 更新单元状态 C

（4）输出门

完成单元信息的更新后，最后的任务是决定将当前单元状态中的哪些部分作为新的隐藏状态 h_t 输出。

单元的输出是基于单元的新状态 C_t 来计算的。先把新状态 C_t 通过 $\tanh(C_t)$ 处理，得到属于 $[-1,1]$ 的值，然后根据 sigmoid 函数来决定保留单元状态的哪些部分作为输出。

$$o_t = \sigma\left(W_0\left[h_{t-1}, x_t\right] + b_0\right)$$
$$h_t = o_t * \tanh\left(C_t\right)$$

LSTM 输出状态 h_t 如图 7-15 所示。

小结一下。LSTM 通过"门"结构完成单元状态的信息更改，结构让信息有选择性地影响 RNN 中每个时刻的状态。所谓"门"结构就是一个使用 sigmoid 激活函数和一个按位做乘法的操作，这两个操作合在一起就是一个"门"的结构。使用 sigmoid 作为激活函数的全连接神经网络层会输出一个 0 到 1 之间的数值，描述当前输入有多少信息量可以通过这个结构。当门打开时（sigmoid 神经网络层输出为 1 时），全部信息都可以通过；当门关上时（sigmoid 神经网络层输出为 0 时），任何信息都无法通过。

除了 LSTM，还有一些变种。其中比较著名的变种是 GRU（Gated Recurrent Unit）。使用 GRU 能够达到与 LSTM 相当的效果，并且更容易进行训练，因此很多时候会更倾向于使用 GRU。在 GRU 中，如图 7-16 所示，只有两个门：重置门（reset gate）和更新门（update gate）。同时在这个结构中，把单元状态和隐藏状态进行了合并。最后模型比标准的 LSTM 结构要简单，而且这个结构后来也非常流行。

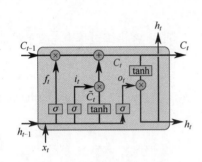

图 7-15　LSTM 输出状态 h_t

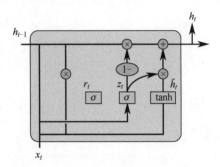

图 7-16　LSTM 的变种 GRU

计算公式为：

$$z_t = \sigma\left(W_z \cdot [h_{t-1}, x_t]\right)$$
$$r_t = \sigma\left(W_r \cdot [h_{t-1}, x_t]\right)$$
$$\tilde{h}_t = \tanh\left(W \cdot [r_t * h_{t-1}, x_t]\right)$$
$$h_t = (1 - z_t) * h_{t-1} + z_t * \tilde{h}_t$$

7.4.1　基于 LSTM 预测彩票

彩票预测是基于过往中奖彩票的数据来预测下一期的中奖结果。其主要流程就是首先收集过往的彩票中奖号码，然后基于这些中奖号码训练网络模型，让模型尽可能地学习到其中的规律，然后用训练好的模型来预测下一期的中奖号码。彩票预测的流程图如图 7-7 所示。

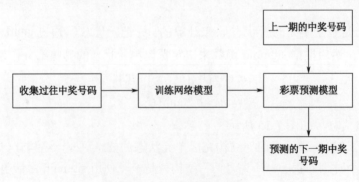

图 7-17　彩票预测流程图

彩票一般是由彩票摇号机器随机生成的一组数字序列。现在就用 LSTM 模型基于过往中奖号码记录来探索彩票号码背后的规律，并据此预测下一期的开奖结果。本节案例只是帮助理解和实践 LSTM 的原理和应用，为了简单起见，我们选取只有三位数的彩票号码，其数值范围是 000～999，共 1000 种号码。

基于 LSTM 的彩票预测模型结构如图 7-18 所示。

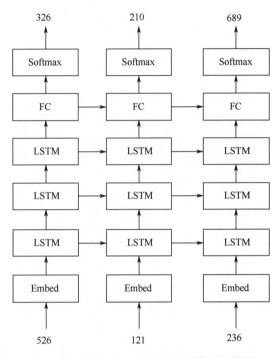

图 7-18　基于 LSTM 的彩票预测模型结构图

将上一期的中奖号码输入到嵌入层，将号码转换成向量，然后经过两层 LSTM 网络，LSTM 的输出再经过一层全连接层，全连接层的输出经过 softmax 分类就得到了预测的彩票号码。具体实现流程如下。

1．准备数据集

训练数据集是将过往的每一期中奖号码存放在 txt 文本文件中，每一行代表一期中奖号码，第一行是第一期的中奖号码，第二行是第二期的中奖号码，以此类推，最后一行是最新一期的中奖号码。本数据集中一共有 8000 条过往中奖数据。

首先需要加载数据集中的数据。训练数据保存在项目中的 dataset/train.txt 文件中。下面编写加载数据集的方法。

导入 os 模块

```
import os
```

加载数据集

```
def load_data(filePath):
    file = os.path.join(filePath)
    with open(file, "r") as f:
        data = f.read()
```

```
        return data
```

查看加载的数据集，并查看前 10 条数据：

```
    dir ='./dataset/train.txt'
    text = load_data(dir)
    nums = [num for num in text.split()]
    print(nums[:10])
```

可以看到打印的结果如下：

```
['516', '261', '962', '396', '856', '159', '412', '189', '691', '216']
```

2. 构建号码索引

因为号码池中总共有 000～999 这 1000 种号码，将这 1000 种号码当作一个字典，从 000～999 依次排序。那么中奖号码就是其对应的索引值。号码字典表如图 7-19 所示。

图 7-19　号码字典表

当字典表构建好以后，我们还需要构建两个字典：从索引获取号码的字典 index_to_vocab 以及根据号码获取索引的字典 vocab_to_index：

```
        # 导入numpy
    import numpy as np
    # 构建索引到号码的字典
    def lookup():
        # 号码到索引的字典
        vocab_to_index = {str(index).zfill(3) : index for index in
range(1000)}
        # 索引到号码的字典
        index_to_vocab = {index : str(index).zfill(3) for index in
range(1000)}
        return vocab_to_int, int_to_vocab
```

3. 数据处理

将训练数据中的号码保存到字符串列表中，并构建号码的索引列表。

```
text = load_data(dir)
# 构建号码列表
nums = [num for num in text.split()]
# 构建号码的索引列表
num_index = [vocab_to_index[num] for num in nums]


#构建batch
def get_batches(int_text, batch_size, sequence_length):
    # 总batch数量
batch_count = len(num_index) // (batch_size * sequence_length)
# 输入的index
inputs = num_index [:batch_count * (batch_size * sequence_length)]
# 输出的index，比输入往后错开一位
targets = num_index [1: batch_count * (batch_size * seq_length)+1]
result = []
# 将inputs和targets按照batch_size进行reshape
x = np.array(inputs).reshape(1, batch_size, -1)
y = np.array(targets).reshape(1, batch_size, -1)
# 按照batch的数量进行分割
x_ = np.split(x, batch_count, axis=2)
y_ = np.split(y, batch_count, axis=2)


for k in range(batch_count):
    batch = []
    batch.append(x_[k][0])
    batch.append(y_[k][0])
    result.append(batch)


return np.array(result)
```

4．模型构建

数据处理好了以后就开始构建 LSTM 模型了，本案例使用的是 3 层 LSTM 模型，然后再经过一层全连接层。

```
def lstm(batch_size):
vocab_size = len(int_to_vocab)
# 定义输入、目标和学习率
input = tf.placeholder(tf.int32, [None, None], name="input")
targets = tf.placeholder(tf.int32, [None, None], name="targets")
lr = tf.placeholder(tf.float32)
input_shape = tf.shape(input)


# 构建RNN单元并初始化
# 将3个BasicLSTMCells 叠加在MultiRNNCell中，num_units代表每个Cell输出的隐藏
层的维度。
cell =
tf.contrib.rnn.MultiRNNCell([tf.contrib.rnn.BasicLSTMCell(num_units=hidden_s
ize) for _ in range(lstm_layers)])
```

```
    # 初始化状态
    initial_state = cell.zero_state(batch_size, dtype=tf.float32)
    initial_state = tf.identity(initial_state, name="initial_state")

    # 初始化嵌入矩阵
    embed_matrix = tf.Variable(tf.random_uniform([vocab_size, embed_dim],
-1, 1))
    # 从嵌入矩阵中索引向量作为lstm的输入
    lstm_input = tf.nn.embedding_lookup(embed_matrix, input_text)

    # 使用RNN单元构建RNN
    lstm_outputs, final_states = tf.nn.dynamic_rnn(cell, lstm_input,
dtype=tf.float32)
    # 经过一层全连接层
    logits = tf.layers.dense(lstm_outputs, vocab_size)

    # 计算准确率
    correct_pred = tf.equal(tf.argmax(probs, 2), tf.cast(targets, tf.int64))
    accuracy = tf.reduce_mean(tf.cast(correct_pred, tf.float32),
name='accuracy')

    return logits, final_states, accuracy
```

5. 定义损失函数和优化器

本案例的损失函数使用 sequence loss 损失函数，在求解时主要有以下几个过程：

- 求解 softmax

将得分 logits 进行归一化处理，也就是将 logits 转换成一个 0～1 之间的概率值，在计算的时候把输入值当成幂指数求值，再正则化这些结果值。这个幂运算表示，更多的证据对应更大的假设模型（hypothesis）里面的乘数权重值。反之，拥有更少的证据意味着在假设模型里面拥有更小的乘数权重值。假设模型里的权值不可以是 0 值或者负值。softmax 会正则化这些权重值，使它们的总和等于 1，以此构造一个有效的概率分布。公式如下：

$$\text{softmax}(x)_i = \frac{\exp(x_i)}{\sum_j \exp(x_j)}$$

- 选择交叉熵

交叉熵的定义如下：

$$H_{y'}(y) = \sum_i y_i' \log(y_i)$$

y 是我们预测的概率分布，y'是实际的分布。

- 求平均值

将交叉熵计算的结果再计算平均值就得到了 Sequence loss 的结果。

- 损失函数使用 sequence loss

```
    loss=tf.contrib.seq2seq.sequence_loss(probs,targets,tf.ones([input_sh
ape[0], input_shape[1]]))
```

优化器使用 Adam 算法，Adam 算法和传统的随机梯度下降法不同，随机梯度下降法在训练过程中保持单一的学习率，而 Adam 算法通过计算梯度的一阶矩估计和二阶矩估计可以自适应学习率。

```
train_op = tf.train.AdamOptimizer(lr).minimize(loss)
saver = tf.train.Saver(tf.global_variables())
```

6. 设置超参数

需要设置的超参数主要有：训练的迭代次数 epoches、batch 的大小 batch_size、嵌入层的大小、隐藏层的大小、学习率、序列的长度、LSTM 的层数、保存所有号码的字典大小、保存模型的目录等。

```
# 迭代次数
epochs = 60
# 批次大小
batch_size = 32
# LSTM的层数
lstm_layers = 3
# 嵌入层的维度
embed_size = 128
# 隐藏层输出的维度
hidden_size = 128
# 每次处理的序列长度
sequence_length = 10
# 号码字典大小
vocab_size = 1000
# 学习率
learning_rate = 0.001
# 保存模型的目录
save_dir = './modelSave'
```

7. 训练模型

将处理后的数据和标签 feed 到模型中进行训练。

```
def train_lstm():
loss_list = []
with tf.Session() as sess:
    sess.run(tf.global_variables_initializer()
    for epoch in range(epochs):
        state = sess.run(initial_state, {input_text: batches[0][0]})

        # 开始迭代训练
        for i, (x, y) in enumerate(batches):
            feed = {
                    input_text: x,
                    targets: y,
                    initial_state: state,
                    lr: learning_rate
```

```
        }
                train_loss, state, _ = sess.run([loss, final_states, train_op],
feed)
                loss_list.append(train_loss)

                # 每迭代20次，打印loss信息
                if epoch % 20 == 0:
                    print('Number of iterations:', epoch, 'loss:',
loss_list[-1])

                if i>0 and loss_list[-2] > loss_list[-1]:
                        saver.save(sess, save_dir\\model.ckpt)
```

8. 在测试数据上进行预测

下面在测试集上进行预测，并评估模型的准确率。

```
    def prediction():
    accs = []
    losses=[]
    prev_state = sess.run(initial_state, {input_text: np.array([[1]])})
    for i, (x, y) in enumerate(test_batches):
    # 获取测试集上的预测结果
    test_loss, acc, probabilities, prev_state = sess.run(
                                [probs, final_states, accuracy],
                                {input_text: x,
                                targets: y,
                                initial_state: prev_state})

    #保存测试损失和准确率
    accs.append(acc)
    losses.append(test_loss)

    print('Number of iterations:', epoch, 'loss:',
losses[-1],'accuracy:',accs[-1])
```

9. 训练和测试结果说明

- 训练过程

在训练过程中，刚开始损失值 loss 以较快的速度降低，下面列出了前 5 个 epoch 的 loss 变化情况：

```
    Epoch   0 loss = 6.910
    Epoch   0 loss = 6.912
    Epoch   0 loss = 6.901
    Epoch   1 loss = 6.743
    Epoch   1 loss = 6.567
    Epoch   1 loss = 5.951
    Epoch   2 loss = 4.837
    Epoch   2 loss = 4.216
    Epoch   2 loss = 4.336
```

```
Epoch   3 loss = 3.412
Epoch   3 loss = 3.125
Epoch   3 loss = 3.665
Epoch   4 loss = 3.009
Epoch   4 loss = 3.007
Epoch   4 loss = 3.146
Epoch   5 loss = 2.924
Epoch   5 loss = 2.797
Epoch   5 loss = 2.977
Epoch   6 loss = 2.717
Epoch   6 loss = 2.524
Epoch   6 loss = 2.808
```

但是再往后面，loss 下降的幅度越来越低，最后基本上在 2.2 上下振荡，这个 loss 值还是比较大的。

后面几个 epoch 的 loss 变化情况如下所示：

```
Epoch  52 loss = 2.157
Epoch  52 loss = 2.340
Epoch  52 loss = 2.005
Epoch  53 loss = 2.164
Epoch  53 loss = 2.095
Epoch  53 loss = 2.278
Epoch  54 loss = 2.103
Epoch  54 loss = 2.162
Epoch  54 loss = 2.183
Epoch  55 loss = 2.997
Epoch  55 loss = 2.159
Epoch  55 loss = 2.215
Epoch  56 loss = 2.049
Epoch  56 loss = 2.047
Epoch  56 loss = 2.182
Epoch  57 loss = 2.136
Epoch  57 loss = 2.143
Epoch  57 loss = 2.263
Epoch  58 loss = 2.205
Epoch  58 loss = 2.274
Epoch  59 loss = 2.216
Epoch  59 loss = 2.102
Epoch  59 loss = 2.119
```

整个训练过程损失值 loss 的变化情况如图 7-20 所示。

- 测试情况

在测试中，loss 的值都是比较大的。随着训练迭代次数的增加，测试集上 loss 的值刚开始反而在增大，后面会在一个较大的值处左右波动。

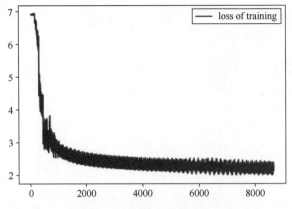

图 7-20 训练过程损失值变化

```
Epoch   0 test_loss = 6.919
Epoch   1 test_loss = 7.325
Epoch   2 test_loss = 8.555
Epoch   3 test_loss = 9.252
Epoch   4 test_loss = 9.498
Epoch   5 test_loss = 9.572
Epoch   6 test_loss = 9.849
Epoch   7 test_loss = 9.968
Epoch   8 test_loss = 10.020
Epoch   9 test_loss = 10.033
Epoch  10 test_loss = 10.047
Epoch  11 test_loss = 10.065
Epoch  12 test_loss = 10.102
Epoch  13 test_loss = 10.149
Epoch  14 test_loss = 10.212
Epoch  15 test_loss = 10.278
Epoch  16 test_loss = 10.347
Epoch  17 test_loss = 10.405
Epoch  18 test_loss = 10.453
Epoch  19 test_loss = 10.478
Epoch  20 test_loss = 10.488
......
Epoch  39 test_loss = 11.160
Epoch  40 test_loss = 11.588
Epoch  41 test_loss = 11.709
Epoch  42 test_loss = 11.559
Epoch  43 test_loss = 11.307
Epoch  44 test_loss = 10.859
Epoch  45 test_loss = 10.377
Epoch  46 test_loss = 10.169
Epoch  47 test_loss = 10.196
Epoch  48 test_loss = 10.474
```

```
Epoch  49 test_loss = 10.864
Epoch  50 test_loss = 11.209
Epoch  51 test_loss = 11.416
Epoch  52 test_loss = 11.470
Epoch  53 test_loss = 11.378
Epoch  54 test_loss = 11.199
Epoch  55 test_loss = 10.968
Epoch  56 test_loss = 10.766
Epoch  57 test_loss = 10.654
Epoch  58 test_loss = 10.669
Epoch  59 test_loss = 10.804
```

随着训练迭代次数的增加，模型在测试集上的损失值变化情况如图 7-21 所示。

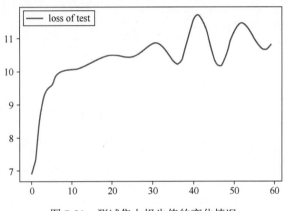

图 7-21　测试集上损失值的变化情况

10．预测彩票

下面将模型预测的开奖结果与实际的开奖结果进行比对，可以发现模型并不能正确预测出开奖结果。

截取的 30 次预测结果如图 7-22 所示：

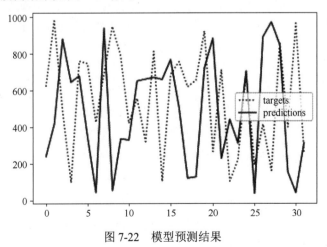

图 7-22　模型预测结果

图中虚线代表实际的开奖结果，实线代表模型预测的结果。

7.4.2 基于 LSTM 生成古诗词

生成古诗词是根据给定的古诗词风格或者古诗词的第一个字，模型会自动生成符合要求的诗词。生成古诗词的主要流程有：首先收集古诗词训练数据，然后构建深度学习网络模型，再用这些古诗词数据训练网络模型，模型通过训练学习到古诗词的特征，然后给训练好的模型输入一个古诗词的起始字，模型就可以生成一首诗词。生成古诗词的流程如图 7-23 所示。

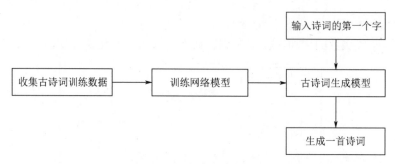

图 7-23　生成古诗词流程图

循环神经网络主要应用于序列数据的处理，文本的生成就是循环神经网络的一个应用。本样例中使用 LSTM 模型生成古诗词。基于 LSTM 生成古诗词的模型结构图如图 7-24 所示。

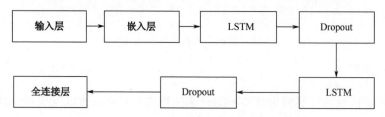

图 7-24　基于 LSTM 生成古诗词的模型结构图

在输入层中输入最初给定的几个汉字，然后经过嵌入层将其转换成向量，再经过两层 LSTM 网络，同时为了防止过拟合，在 LSTM 的输出端加上 Dropout，最后再经过一层全连接层。

1．准备数据集

训练数据集存放在 txt 文本文件中，每一行是一首古诗词，每一首古诗词是由标题和内容组成的。本数据集中一共有 20000 首古诗词。

训练数据样例如下所示：

远山澄碧雾：残云收翠岭，夕雾结长空。带岫凝全碧，障霞隐半红。仿佛分初月，飘飘度晓风。还因三里处，冠盖远相通。

赋得花庭雾：兰气已熏宫，新蕊半妆丛。色含轻重雾，香引去来风。拂树浓舒碧，萦花薄蔽红。还当杂行雨，仿佛隐遥空。

春池柳：年柳变池台，隋堤曲直回。逐浪丝阴去，迎风带影来。疏黄一鸟弄，半翠几眉开。萦雪临春岸，参差间早梅。

芳兰：春晖开紫苑，淑景媚兰场。映庭含浅色，凝露泫浮光。日丽参差影，风传轻重香。会须君子折，佩里作芬芳。

咏桃：禁苑春晖丽，花蹊绮树妆。缀条深浅色，点露参差光。向日分千笑，迎风共一香。如何仙岭侧，独秀隐遥芳。

首先需要加载数据集中的数据。并对古诗词文本数据进行处理。

导入 numpy 库和 Counter 模块：

```python
import numpy as np
from collections import Counter
```

编写数据处理方法：

```python
def data_process(batch_size=64, train_file='./data/train.txt'):
    poetrys = []
    # 读取数据文件
    with open(train_file,'r',encoding='utf-8') as f:
        for line in f:
            try:
                # 提取出标题和内容
                title,content = line.strip().split(':')
                # 去掉空格
                content = content.replace(' ','')
                # 去掉太短或太长的诗词
                if len(content) < 5 or len(content) > 100:
                    continue
                content = 'B' + content + 'E'
                poetrys.append(content)
            except Exception as e:
                print("读取训练数据出错！")

    # 将诗词按照长度进行排序
    # poetrys = sorted(poetrys, key=lambda poetry: len(poetry))
    print('诗词数量: ',len(poetrys))

    # 统计字出现的次数
    all_words = []
    for poetry in poetrys:
        all_words += [word for word in poetry]
    counter = Counter(all_words)
    # item会把字典中的每一项变成一个2元组，字典变成大list
    count_pairs = sorted(counter.items(),key=lambda x: -x[1])
    words,_ = zip(*count_pairs)

    # 用空格来补齐诗句长度
    words = words[:len(words)] + (' ',)
    # 将字符转换成索引的字典
```

```
    word_index_map = dict(zip(words,range(len(words))))

    # 把古诗词转换为向量
    to_index = lambda word: word_index_map.get(word,len(words))
    poetry_embed = [list(map(to_index,poetry)) for poetry in poetrys]

    # 将嵌入后的古诗词向量按照batch_size进行划分
    batch_count = len(poetry_embed) // batch_size
    x_batches = []
    y_batches = []
    for i in range(batch_count):
        start_index = i * batch_size
        end_index = start_index + batch_size
        batches = poetry_vector[start_index:end_index]
        # 记录下最长诗句的长度
        length = max(map(len,batches))
        x = np.full((batch_size,length),word_index_map[' '],np.int32)
        for row in range(batch_size):
            x[row,:len(batches[row])] = batches[row]
        y = np.copy(x)
        y[:,:-1] = x[:,1:]
        x_batches.append(x)
        y_batches.append(y)
    return words, poetry_embed, to_index, x_batches, y_batches
```

2. 构建模型

构建模型使用的语句如下。

```
    def build_model(num_of_word,
            input_data,
            labels=None,
            hidden_size=128,
            lstm_layers=3,
            batch_size=128):
        """
    num_of_word: 词的个数
    input: 输入向量
    labels: 标签
    hidden_size: 隐藏层维度
    lstm_layers: lstm的层数
    batch_size: 批次大小
        """
    result = {}
        # 构建LSTM
        cell = tf.contrib.rnn.BasicLSTMCell(hidden_size,
state_is_tuple=True)
        cells = tf.contrib.rnn.MultiRNNCell([cell] * lstm_layers,
state_is_tuple=True)
```

```
# 如果labels不是None则初始化一个batch的cell状态，否则初始化一个cell状态
if labels is not None:
    initial_state = cells.zero_state(batch_size,tf.float32)
else:
    initial_state = cells.zero_state(1,tf.float32)

# 古诗词向量嵌入
embedding =
tf.get_variable('embedding',initializer=tf.random_uniform(
        [num_of_word + 1,rnn_size],-1.0,1.0))
    inputs = tf.nn.embedding_lookup(embedding,input_data)

# 构建LSTM
outputs,last_state =
tf.nn.dynamic_rnn(cell,inputs,initial_state=initial_state)
    output = tf.reshape(outputs,[-1,rnn_size])

    weights = tf.Variable(tf.truncated_normal([rnn_size,num_of_word+1]))
    bias = tf.Variable(tf.zeros(shape=[num_of_word + 1]))
    logits = tf.nn.bias_add(tf.matmul(output,weights),bias=bias)

    if labels is not None:
        labels = tf.one_hot(tf.reshape(labels,[-1]),depth=num_of_word+1)
        loss =
tf.nn.softmax_cross_entropy_with_logits(labels=labels,logits=logits)
        total_loss = tf.reduce_mean(loss)
        train_op = tf.train.AdamOptimizer(0.01).minimize(total_loss)
        tf.summary.scalar('loss',total_loss)

        result['initial_state'] = initial_state
        result['output'] = output
        result['train_op'] = train_op
        result['total_loss'] = total_loss
        result['loss'] = loss
        result['last_state'] = last_state
    else:
        prediction = tf.nn.softmax(logits)

        result['initial_state'] = initial_state
        result['last_state'] = last_state
        result['prediction'] = prediction
    return result
```

3. 设置超参数

需要设置的超参数主要有：训练的迭代次数 epoches、batch 的大小 batch_size、嵌入层的大小、隐藏层的大小、学习率、LSTM 的层数、保存模型的目录等。

```
# 迭代次数
epochs = 60
# 批次大小
batch_size = 128
# LSTM的层数
lstm_layers = 3
# 嵌入层的维度
embed_size = 128
# 隐藏层输出的维度
hidden_size = 128
# 学习率
learning_rate = 0.001
# 保存模型的目录
save_dir = './modelSave'
```

4. 训练模型

模型构建完成以后，开始在训练数据集上对模型进行训练。

```
def train(words, poetry_vector, x_batches, y_batches):
input_data = tf.placeholder(tf.int32,[batch_size,None])
output_targets = tf.placeholder(tf.int32,[batch_size,None])
result = build_model(len(words),
    input_data=input_data,
    labels =output_targets,
    batch_size=batch_size)
saver = tf.train.Saver(tf.global_variables())
init_op = tf.group(tf.global_variables_initializer(),tf.local_
variables_initializer())
merge = tf.summary.merge_all()
with tf.Session(config=config) as sess:
writer = tf.summary.FileWriter('./logs',sess.graph)
sess.run(init_op)
start_epoch = 0
model_dir = "./model"
checkpoint = tf.train.latest_checkpoint(model_dir)
 # 如果model目录下有之前保存的模型，则加载模型
if checkpoint:
    saver.restore(sess,checkpoint)
    print("restore from the checkpoint {0}".format(checkpoint))
    start_epoch += int(checkpoint.split('-')[-1])
    print('start training...')
    try:
        for epoch in range(start_epoch,epochs):
        batch_count = len(poetry_embed) // batch_size
        for n in range(batch_count):
            loss,_,_ = sess.run([
                result['total_loss'],
                result['last_state'],
```

```
                    result['train_op'],
                    ],
                feed_dict={input_data: x_batches[n],
                    output_targets: y_batches[n]
                    })
            print('Epoch: %d, training loss: %.6f' % (epoch,n,loss))
            if epoch % 10 == 0:
                saver.save(sess,
                os.path.join(model_dir,"poetry"),
                    global_step=epoch)
                result = sess.run(merge,
                    feed_dict={input_data: x_batches[n],
                    output_targets: y_batches[n]
                                })
            writer.add_summary(result,epoch * batch_count + n)
    except KeyboardInterrupt:
    print('Interrupt manually, try saving checkpoint for now...')
    saver.save(sess,os.path.join(model_dir,"poetry"),global_step
=epoch)
```

在训练过程中，损失值随着迭代次数的增加逐渐减小，下面是训练过程中损失值的变化过程：

```
Epoch: 0, batch: 0, training loss: 8.363750
Epoch: 0, batch: 1, training loss: 6.842326
Epoch: 0, batch: 2, training loss: 5.407359
Epoch: 0, batch: 3, training loss: 6.040745
Epoch: 0, batch: 4, training loss: 5.102072
Epoch: 0, batch: 5, training loss: 5.019694
Epoch: 0, batch: 6, training loss: 6.557991
Epoch: 0, batch: 7, training loss: 5.007926
Epoch: 0, batch: 8, training loss: 4.295572
Epoch: 0, batch: 9, training loss: 5.789928
Epoch: 0, batch: 10, training loss: 4.655053
Epoch: 0, batch: 11, training loss: 5.132796
Epoch: 0, batch: 12, training loss: 4.508708
Epoch: 0, batch: 13, training loss: 5.132932
Epoch: 0, batch: 14, training loss: 4.192904
Epoch: 0, batch: 15, training loss: 5.014709
Epoch: 0, batch: 16, training loss: 4.416163
Epoch: 0, batch: 17, training loss: 4.254426
Epoch: 0, batch: 18, training loss: 3.804920
Epoch: 0, batch: 19, training loss: 3.171908
Epoch: 0, batch: 20, training loss: 4.188355
…
Epoch: 1, batch: 0, training loss: 3.805973
Epoch: 1, batch: 1, training loss: 4.295999
Epoch: 1, batch: 2, training loss: 3.684734
Epoch: 1, batch: 3, training loss: 3.794642
```

```
Epoch: 1, batch: 4, training loss: 3.846423
Epoch: 1, batch: 5, training loss: 3.899302
Epoch: 1, batch: 6, training loss: 5.193813
Epoch: 1, batch: 7, training loss: 3.790020
Epoch: 1, batch: 8, training loss: 3.324178
Epoch: 1, batch: 9, training loss: 4.546222
Epoch: 1, batch: 10, training loss: 3.557119
…
Epoch: 10, batch: 0, training loss: 0.321982
Epoch: 10, batch: 1, training loss: 0.643146
Epoch: 10, batch: 2, training loss: 0.971218
Epoch: 10, batch: 3, training loss: 0.198254
Epoch: 10, batch: 4, training loss: 0.910282
Epoch: 10, batch: 5, training loss: 0.967238
Epoch: 10, batch: 6, training loss: 0.751517
Epoch: 10, batch: 7, training loss: 0.868685
Epoch: 10, batch: 8, training loss: 0.568555
Epoch: 10, batch: 9, training loss: 0.378942
Epoch: 10, batch: 10, training loss: 0.812699
Epoch: 10, batch: 19, training loss: 0.915108
Epoch: 10, batch: 20, training loss: 0.701417
```

从上面截取的训练过程损失值变化情况来看，loss 是处于不断减小的过程中，增加 epoch 的迭代次数，loss 可以降低到更小的值。

5. 生成古诗词

经过训练以后，已经将训练好的模型保存在 model 目录下，下面通过训练好的模型自动生成一首古诗词。

```python
def gen_poetry(words, to_num):
    batch_size = 1
    input_data = tf.placeholder(tf.int32, [batch_size, None])
    result = build_model(len(words),
        input_data=input_data,
        batch_size=batch_size)
    saver = tf.train.Saver(tf.global_variables())
    init_op = tf.group(tf.global_variables_initializer(),
tf.local_variables_initializer())
    with tf.Session(config=config) as sess:
        sess.run(init_op)
       # 加载模型
        checkpoint = tf.train.latest_checkpoint('./model')
        saver.restore(sess, checkpoint)

        x = np.array(to_index('B')).reshape(1, 1)

        _, last_state = sess.run([result['prediction'],
        result['last_state']],
```

```
                     feed_dict={input_data: x})

        word = input('请输入古诗词的第一个字符:')
        poem = ''
        while word != 'E':
            poem += word
            x = np.array(to_index(word)).reshape(1, 1)
            predict, last_state = sess.run(
                            [result['prediction'],
                            result['last_state']],
                            feed_dict={
                            input_data:x,
                            result['initial_state']: last_state
})
                # 将预测结果转换成汉字
        word = to_word(predict, words)
    print(poem)
    return poem
```

```
# 将预测结果转换成汉字
def to_word(predict, vocabs):
    t = np.cumsum(predict)
    s = np.sum(predict)
    sample = int(np.searchsorted(t, np.random.rand(1) * s))
    if sample > len(vocabs):
        sample = len(vocabs) - 1
    return vocabs[sample]
```

6. 生成结果

运行 gen_poetry（words, to_num）方法。例如输入第一个字符为"春"，模型会输出如下的诗句：

"春和看寒暑，力重难教重。半头蒲柳声，家画不知彼。"

再次输入第一个字符为"春"，模型会重新生成如下诗词：

"春烟日洒人归别，花发枝疑练，朱崖初见钿签巧。"

思　考　题

1. 下列哪一种架构有反馈连接？（　　　）
   A. 循环神经网络　　　　　　　　B. 卷积神经网络
   C. 限制玻尔兹曼机　　　　　　　D. 都不是
2. LSTM 与 GRU 有哪些区别？
3. LSTM 和卷积神经网络（CNN）有什么异同？

第 8 章　生成对抗网络

生成对抗网络（Generative Adversarial Network，GAN）是一类包含生成模型（Generative Model）和判别模型（Discriminative Model）的深度学习模型，它通过生成模型和判别模型的互相对抗，实现生成网络生成的样本尽可能逼真。生成对抗网络的概念最早于 2014 年由 Ian J. Goodfellow 等人提出，并于近期发展为研究最热门的深度学习算法之一，其中深度卷积对抗生成网络（Deep Convolutional Generative Adversarial Networks，DCGAN）是常见的一种改进，在图像生成的任务中取得了很好的效果。

8.1　生成对抗网络概述

前面介绍的各种基于监督学习的深度神经网络在图像识别、数据分类等方面有很好的表现，但是在生成模型领域，监督学习有很大的局限性，最大的局限性有以下两点：

（1）标注数据依赖程度高。深度监督学习十分依赖输入/输出有匹配的大训练数据集，这一方面使得数据获取成本很高，另一方面使得到的训练结果很不灵活，很难快速适应新环境。这种强依赖于人工标注数据的训练方法具有其天然的局限性，很难解决复杂的逻辑推理问题，其算法模型能力受到数据标注工程师和算法设计者的能力制约，算法模型学到的大部分内容主要是对数据本身而非对任务的理解。

（2）对生成结果进行评价难度大。对于机器翻译、图片还原等生成类任务来说，同一组输入往往会有不特定数量的正确结果，因此无法给出标准答案，人为标注的方法较为困难，基于标注数据对算法进行评价和优化的做法取得的结果不尽如人意。

对抗特征学习的典型过程如图 8-1 所示。

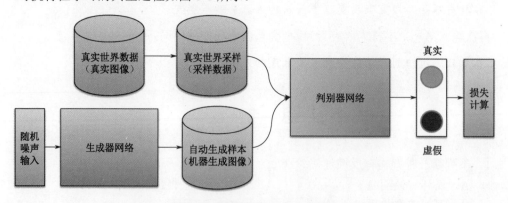

图 8-1　对抗特征学习的典型过程

生成对抗网络的主要思想是设置一个零和博弈，通过两个神经网络的对抗实现学习。博弈中的一个神经网络称为生成器，它的主要工作是生成样本，并尽量使得其看上去与训练样本一致。另外一个神经网络称为判别器，它的目的是准确判断输入样本是否属于真实的训练样本。一个常见的比喻是将这两个网络想象成伪钞制造者与警察。对抗学习的训练过程类似于伪钞制造者尽可能提高伪钞制作水平以骗过警察，而警察则不断提高鉴别能力以识别伪钞。随着对抗学习的不断训练，伪钞制造者与警察的能力都会不断提高。

8.2　生成对抗网络

生成对抗网络模型主要包括两部分：生成模型和判别模型。生成模型是指我们可以根据任务、通过模型训练由输入的数据生成文字、图像、视频等数据。就类似用于生成奥巴马演讲稿的 RNN 模型,通过输入开头词就能生成下来，或者由有马赛克的图像通过模型变成清晰的图像，如图 8-2 所示（该图片来源于 Christian Lucas 的论文 *Photo-Realistic Single Image Super-Resolution Using a Generative Adversarial Network*）。图 8-3（该图片来源于 Qifeng Chen 发表的论文 *Photographic Image Synthesis with Cascaded Refinement Network*）是由人工智能根据大量街景记录图片自动生成的虚拟场景图片。

图 8-2　生成模型生成的图片

图 8-3　生成的街景

生成模型从本质上是一种极大似然估计，用于产生指定分布数据的模型，生成模型的作用是捕捉样本数据的分布、将原输入信息的分布情况经过极大似然估计中参数的转化来将训练偏向转换为指定分布的样本。

$$\hat{\theta} = \arg\max_{\theta} P(x \mid \theta) = \arg\max_{\theta} \prod_{i=1}^{n} P(x_i \mid \theta) \tag{8-4}$$

判别模型实际上是个二分类，会对生成模型生成的图像等数据进行判断，判断其是否是真实的训练数据中的数据，如图 8-4 所示。

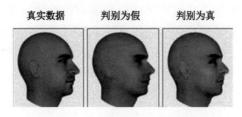

真实数据　　判别为假　　判别为真

图 8-4　判别生成的图像

对于 GAN，一个简单的理解是可以将其看作博弈的过程，我们可以将生成模型和判别模型看作博弈的双方，比如在犯罪分子造假币和警察识别假币的过程中：生成模型 G 相当于制造假币的一方，其目的是根据看到的钱币情况和警察的识别技术，去尽量生成更加真实的、警察识别不出的假币；判别模型 D 相当于识别假币的一方，其目的是尽可能识别出犯罪分子制造的假币。这样通过造假者和识假者双方的较量，使得最后能达到生成模型能尽可能真的钱币、识假者判断不出真假的效果（真假币概率都为 0.5）。

我们可以将上面的场景映射成图片之间生成模型和判别模型之间的博弈过程，如图 8-5 所示，博弈的简单模式如下：生成模型生成一些图片→判别模型学习区分生成的图片和真实图片→生成模型根据判别模型改进自己，生成新的图片→判别模型再学习区分生成的图片和真实图片……上面的博弈场景会一直继续下去，直到生成模型和判别模型无法提升自己，这样生成模型就会成为一个比较完美的模型。

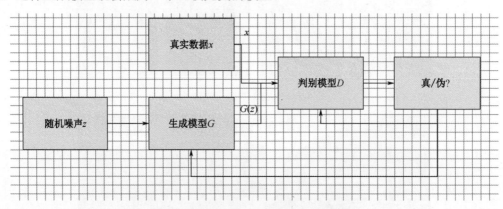

图 8-5　生成模型和判别模型之间的博弈

下面我们介绍 GAN 网络的训练过程：

（1）我们先将正态分布的噪声数据 z（必须统一的一类分布数据，因为训练模型是按分布情况转换的，模型的作用是将一类分布转化为任务需要的数据分布情况）输入到网络中。

（2）噪音数据会通过生成模型网络 $G(z)$ 生成造假的图像数据，因为我们的目的是制造尽可能让判别模型分不清的图像，所以会结合判别网络进行模型训练，通过这种训练来使生成模型有更好的造假效果。

（3）接下来会将生成模型输出的造假图片数据输入到判别模型网络 $D(x)$ 中，之后进行网络参数计算得到最后的判别输出，输出 0～1 的参数值，0 表示造假信息，1 表示真实数据，对于生成模型产生的造假信息，我们希望判别模型能够输出接近 0 的输出值，从而有效判断真假，在网络进行生成模型训练时，在判别模型部分生成误差后，我们在训练时判别网络的网络参数并不需要发生变化，只是把最后按生成模型目标函数计算的误差往前一直传，传到生成网络来更新生成网络的参数，这样就可以完成生成网络的训练。训练过程如图 8-6 所示。

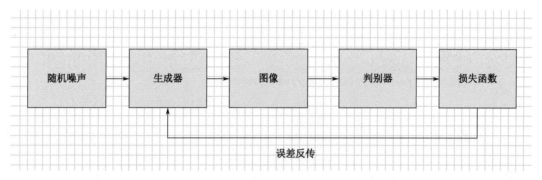

图 8-6　模型的训练过程

（4）结合真实样本集和造假样本集按批次进行判别模型网络的训练，根据其目标函数进行梯度下降：

$$\max_D E_{x \sim P_r}[\log D(x)] + E_{x \sim P_g}[\log(1 - D(x))]$$

$$\nabla_{\theta_d} \frac{1}{m} \sum_{i=1}^m [\log D(x^{(i)}) + \log(1 - D(G(z^{(i)})))]$$

进行网络训练时，判别模型的目标函数是：$\max_D E_{x \sim P_r}[\log D(x)] + E_{x \sim P_g}[\log(1 - D(x))]$，其中 $D(x)$ 是判别模型的输出结果，是一个 0～1 范围内的实数值，用来判断图片是真实图片的概率，其中 P_r 和 P_g 分别代表真实图像的分布与生成图像的数据分布情况，可以看出目标函数是找到使得后面两个式子之和最大的判别模型函数 $D(z)$，后面两个式子是一个加和形式，其中：$E_{x \sim P_r}[\log(D(x)]$ 是指使得真实数据放入到判别模型 $D(x)$ 输出的计算值和整个式子值尽可能大。$E_{x \sim P_g}[\log(1 - D(x))]$ 是指使得造假数据放入到判别模型 $D(x)$ 输出的计算值尽可能小和整个式子值尽可能大，这样整合下来就是使得目标函数尽可能大，因此在训练时就可以根据目标函数进行梯度提升。

生成模型的目标是让判别模型无法区分真实图片和生成图片，其目标函数是：$\min_g \max_D E_{x \sim P_r}[\log D(x)] + E_{x \sim P_g}[\log(1 - D(x))]$ 也就是找到生成函数 $g(z)$ 使得生成模型的目标函数尽量小，所以两者是对抗的。图 8-7 是 GAN 的一个算法流程，此图来源于 Ian J.Goodfellow 在 2014 年发表的论文 *Generative Adversarial Nets*，我们会使用目标函数在两个网络中进行参数的梯度改变。

对于上面的最大最小化目标函数进行优化时，我们最直观的处理方式是将生成网络模型 D 和判别网络模型 G 进行交替迭代，在一段时间内，固定 G 网络内的参数，来优化网络 D，另一段时间固定 D 网络中的参数来优化 G 网络中的参数。

Algorithm 1 Minibatch stochastic gradient descent training of generative adversarial nets. The number of steps to apply to the discriminator, k, is a hyperparameter. We used $k = 1$, the least expensive option, in our experiments.

for number of training iterations **do**

   for k steps **do**

      • Sample minibatch of m noise samples $\{z^{(1)}, \ldots, z^{(m)}\}$ from noise prior $p_g(z)$.

      • Sample minibatch of m examples $\{x^{(1)}, \ldots, x^{(m)}\}$ from data generating distribution $p_{\text{data}}(x)$.

      • Update the discriminator by ascending its stochastic gradient:

$$\nabla_{\theta_d} \frac{1}{m} \sum_{i=1}^{m} \left[\log D\left(x^{(i)}\right) + \log\left(1 - D\left(G\left(z^{(i)}\right)\right)\right) \right].$$

   end for

   • Sample minibatch of m noise samples $\{z^{(1)}, \ldots, z^{(m)}\}$ from noise prior $p_g(z)$.

   • Update the generator by descending its stochastic gradient:

$$\nabla_{\theta_g} \frac{1}{m} \sum_{i=1}^{m} \log\left(1 - D\left(G\left(z^{(i)}\right)\right)\right).$$

end for

图 8-7　GAN 算法流程

8.3　条件生成对抗网络

2014 年，Goodfellow 提出了 *Generative Adversarial Networks*，在论文的最后他指出了 GAN 未来的研究方向和拓展：这种不需要预先建模的方法缺点是太过自由了，对于较大的图片，较多的 pixel 的情形，基于简单 GAN 的方式就不太可控了。于是我们希望得到一种条件型的生成对抗网络，通过给 GAN 中的 G 和 D 增加一些条件性的约束，来解决训练太自由的问题。于是同年，Mirza 等人就提出了一种条件生成对抗网络（CGAN，Conditional Generative Adversarial Networks），这是一种带条件约束的生成对抗模型，它在生成模型（G）和判别模型（D）的建模中均引入了条件变量 y，这里 y 可以是 label，也可以是 tags，可以是来自不同模态的数据，甚至可以是一张图片，使用这个额外的条件变量，对于生成器对数据的生成具有指导作用，因此，条件生成对抗网络也可以看成是把无监督的 GAN 变成有监督模型的一种改进，这个改进也被证明是非常有效的，为后续的相关工作提供了指导作用。

我们提到了生成对抗网络实际上是对 D 和 G 解决以下极小化极大的二元博弈问题：$\min\limits_{g} \max\limits_{D} E_{x \sim P_t}[\log D(x)] + E_{x \sim P_g}[\log(1 - D(x))]$ 而在 D 和 G 中均加入条件约束 y 时，实际上就变成了带有条件概率的二元极小化极大问题：

$$\min\limits_{g} \max\limits_{D} E_{x \sim P_t}[\log D(x \mid y)] + E_{x \sim P_g}[\log(1 - D(x \mid y))]$$

在生成器模型中，条件变量 y 实际上是作为一个额外的输入层（additional input layer），它与生成器的噪声输入 $p(z)$ 组合形成了一个联合的隐层表达；在判别器模型中，y 与真实数据 x 也是作为输入，并输入到一个判别函数当中。实际上就是将 z 和 x 分别与 y 进行 concat，分别作为生成器和判别器的输入再来进行训练。其实在有监督的 DBN 中，也用到了类似的做法。条件生成对抗网络的基本框架如图 8-8 所示。

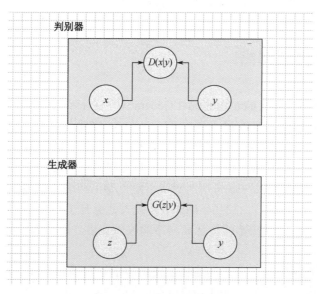

图 8-8　CGAN 基本框架

举例来说，我们在 MNIST 手写数据集上以数字类别标签为约束条件，根据类别标签信息，生成对应的数字。以 MNIST 图像的类标签上训练的一个条件对抗网络为例，我们将输入编码成一个 one-hot 的向量（每个特征只用 0,1 表示，且每个特征范围内只有一个元素非0），以下分别为生成器和判别器的构造。在生成器网络中，一个具有维度 100 的噪声先验 z 是由一个单位超立方体内的均匀分布所绘制的。z 和 y 都被映射到带有 ReLu 激活函数的隐藏层，层的大小分别为 200 和 1000，在都被映射到第 2 层之前，（在映射到第 2 层前,联合所有单元）联合在 1200 维的 ReLu 隐藏层。最后用 sigmoid 单元层作为输出去产生 784 维的 MNIST 样本。图 8-9 基于对数似然的 Parzen 窗口用来估计 MNIST。

判别器将 x 映射到一个带有 240 个神经元和 5 pieces（即 maxout 的 $k=5$）的 maxout 层，y 被映射到一个带有 50 个神经元和 5 pieces 的 maxout 层。在到 sigmoid 层之前这两个隐藏层都映射到一个带有 240 个神经元和 4 pieces 的联合 maxout 层。使用大小为 100 的 MBGD 训练该模型，初始化的学习速率为 0.1，它会指数地下降到 0.000001，衰减因子为 1.00004。动量初始化为 0.5，并且会增加到 0.7.Dropout 的概率为 0.5，在生成器和判别器中同时被使用。在验证集上最好的对数似然估计被使用做停止点。图 8-10 显示了一些生成的样本。每一行都有一个标签，每一列都是不同的生成样本。

总体来说，条件生成对抗网络的确是一个在原始 GAN 上非常直接也很有效的改进，能够更加有效地发挥 GAN 在数据生成上的效果，并且在很多场所都会有非常重要的运用。

Model	MNIST
DBN [1]	138 ± 2
Stacked CAE [1]	121 ± 1.6
Deep GSN [2]	214 ± 1.1
Adversarial nets	225 ± 2
Conditional adversarial nets	132 ± 1.8

图 8-9　各模型效果对比

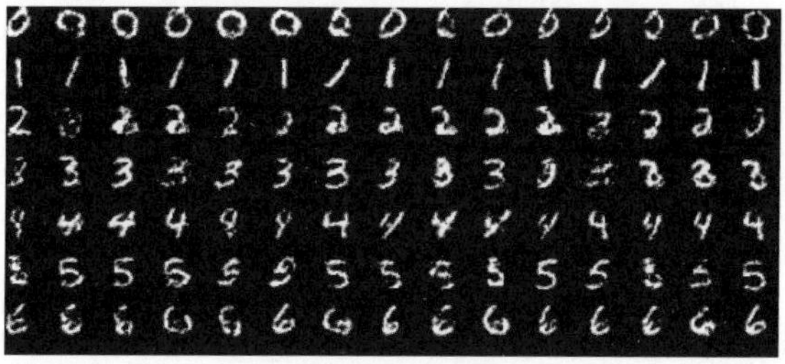

图 8-10　生成的样本

8.4　深度对抗生成网络

DCGAN 的全称是 Deep Convolutional Generative Adversarial Networks，即深度卷积对抗生成网络，它是由 Alec Radford 在论文 *Unsupervised Representation Learning with Deep Convolutional Generative Adversarial Networks* 中提出的。DCGAN 是继 GAN 之后比较好的改进，其主要的改进是在网络结构上，DCGAN 是深层卷积网络与 GAN 的结合，其基本原理与 GAN 相同，只是将生成网络和判别网络用两个卷积网络（CNN）替代。到目前为止，DCGAN 的网络结构还是被广泛使用，DCGAN 极大地提升了 GAN 训练的稳定性以及生成结果的质量。为了提高生成样本的质量和网络的收敛速度，DCGAN 在网络结构上进行了一些改进。

取消池化层：在网络中，所有的池化层使用步幅卷积（strided convolutions）（在判别网络中）和微步幅度卷积（fractional-strided convolutions）（在生成网络中）进行替换。

在生成器和判别器中均加入了 batch normalization。

去掉了全连接层，使用全卷积网络，以实现更深的网络结构。

在生成器（G）中，最后一层使用 Tanh 激活函数，其余层采用 ReLu 激活函数；在判别器（D）中采用 LeakyReLu 激活函数。

DCGAN 中的生成器（G）结构如图 8-11 所示。

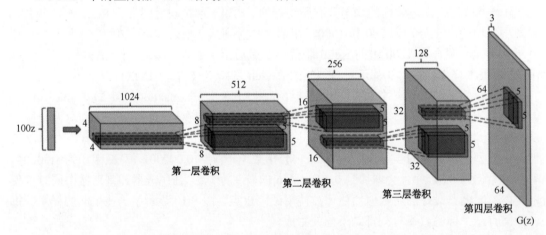

图 8-11　DCGAN 的网络结构

DCGAN 采用一个随机噪声向量作为输入，输入采用与 CNN 类似但是相反的结构将输入放大成二维数据。可以看到，生成器（G）将一个 100 维的噪音向量扩展成 64*64*3 的矩阵输出，整个过程采用的是微步卷积的方式，采用这种结构的生成模型和 CNN 结构的判别模型，DCGAN 在图片生成上可以达到相当可观的效果。

对于判别器（D），它的输入是一张图像，输出是这张图像为真实图像的概率。在 DCGAN 中，判别器（D）的结构是一个卷积神经网络，输入的图像经过若干层卷积后得到一个卷积特征，将得到的特征送入 Logistic 函数，输出可以看作是概率。

8.5　基于 DCGAN 生成人脸图片

生成人脸图片是指给模型输入一个随机向量或者包含某些特征的向量，图片生成模型会生成一张人脸图片。生成人脸图片可以应用于人脸图片的合成和人脸分析的任务中，人脸图片的合成可以根据某个人的不同角度的侧面图像，生成这个人的正面图像，同时很好地保留面部特征。生成人脸的主要流程有：首先收集人脸数据集，构建生成对抗网络模型，使用人脸数据集训练网络模型，得到可以生成人脸图片的生成器；然后给生成器输入特征向量就可以生成人脸图片了。生成人脸图片的流程如图 8-12 所示。

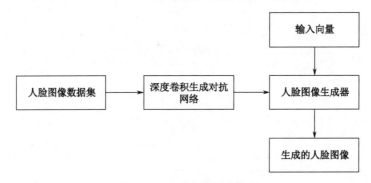

图 8-12　生成人脸图片流程

8.5.1　准备数据集

本案例采用 LFW（Labeled Faces in the Wild）人脸数据集作为训练数据。LFW 数据集是为了研究非限制环境下的人脸识别问题而建立的，是目前人脸识别的常用数据集。这个集合包含 13233 张人脸图像，这些图像全部来自于互联网。其中每个人脸都被标注了一个人名，大约 1680 个人名包含两个以上的人脸图像。每张图片的尺寸为 250 像素×250 像素，绝大部分为彩色图像，但也存在少许黑白人脸图片。LFW 数据集被广泛应用于评价 face verification 算法的性能。

首先在 http://vis-www.cs.umass.edu/lfw/lfw.tgz 上下载 LFW 人脸数据集。将数据集放在项目的/dataset/lfw 目录下。编写获取人脸图片的函数：

导入 os 和 glob 模块，glob 模块的功能是在指定路径下搜索匹配特定格式的文件。

```
import os
import glob

def getImages():
    dataset = 'dataset/lfw'
    images = glob.glob(os.path.join(dataset+'/**/','*.*'))
    print("共有{}张图片".format(len(images)))
    return images
```

8.5.2　构建模型

1. 环境设置与变量定义

具体操作方法如下。

```
# 导入tensorflow包
import tensorflow as tf
# 进行超参数设置
batch_size = 100  # 一个训练批次的大小
z_dim = 100  # 输入到生成器的随机向量长度
width = 64  # 图片的宽度
height = 64  # 图片的高度
output_dir = 'output'  # 生成器生成的图片保存路径

# 如果输出目录不存在则新建
if not os.path.exists(output_dir):
os.mkdir(output_dir)

# 定义输入的图片数据占位符
image_x = tf.placeholder(dtype=tf.float32, shape=[None, height, width,
3], name='image_x')
# 定义输入到生成器的随机向量
gen_noise = tf.placeholder(dtype=tf.float32, shape=[None, z_dim],
name='gen_noise')
# 设置是否训练标识
is_training = tf.placeholder(dtype=tf.bool, name='is_training')

# 定义激活函数
def lrelu(x, leak=0.2):
return tf.maximum(x, leak * x)
```

2. 判别器神经网络构建

在本案例中，判别器由 4 层卷积层构成，在每个卷积层之后都加入了一层正则化层（batch normalization，BN），加入正则化层是为了加快网络的收敛速度。经过 4 个卷积层之后，通过 flatten 变换将卷积结果变换成一维的向量。最后再通过一个全连接层，输出一个一维的值，然后再将这个值经过 sigmoid 激活函数生成判别器的判别结果。

```
# 定义判别器神经网络结构
def discriminator(image, reuse=None, is_training=is_training):
    decay = 0.9
with tf.variable_scope('discriminator', reuse=reuse):
# 构建第一个卷积层，其中卷积核的大小为5×5×3，一共64个卷积核，滑动步长为2，padding
采用same使得卷积之后大小不变
        h0 = lrelu(tf.layers.conv2d(image, kernel_size=5, filters=64,
strides=2, padding='same'))
```

```
        # 构建第二个卷积层，并经过一层batch normalization
        h1 = tf.layers.conv2d(h0, kernel_size=5, filters=128, strides=2,
padding='same')
        h1 = lrelu(tf.contrib.layers.batch_norm(h1,
is_training=is_training, decay= decay))

        # 构建第三个卷积层，并经过一层batch normalization
        h2 = tf.layers.conv2d(h1, kernel_size=5, filters=256, strides=2,
padding='same')
        h2 = lrelu(tf.contrib.layers.batch_norm(h2,
is_training=is_training, decay= decay))

        #构建第四个卷积层，并经过一层batch normalization
        h3 = tf.layers.conv2d(h2, kernel_size=5, filters=512, strides=2,
padding='same')
        h3 = lrelu(tf.contrib.layers.batch_norm(h3,
is_training=is_training, decay= decay))

    # 将h3进行flatten，变成一维向量
        h4 = tf.contrib.layers.flatten(h3)
    # 经过一个全连接层，得到一个标量的logits
        h4 = tf.layers.dense(h4, units=1)

    # 最后使用sigmoid作为激活函数得到结果
        return tf.nn.sigmoid(h4), h4
```

3. 生成器神经网络构建

在本案例中，生成器由一层全连接层、一层正则化层和三层反卷积层构成。经过三层反卷积层之后，得到人脸图像的像素点的输出，这个结果经过图片合成即为最终生成的结果。

```
    def generator(z_dim, is_training=is_training):
        decay = 0.9
        with tf.variable_scope('generator', reuse=None):
            d = 4
            # 构建一个全连接层
            h0 = tf.layers.dense(z_dim, units=d * d * 512)
            h0 = tf.reshape(h0, shape=[-1, d, d, 512])
            # 经过一层batch normalization
            h0 = tf.nn.relu(tf.contrib.layers.batch_norm(h0,
    is_training=is_training, decay= decay))
            # 构建一个反卷积层
            h1 = tf.layers.conv2d_transpose(h0, kernel_size=5, filters=256,
    strides=2, padding='same')
        # 经过一层batch normalization
            h1 = tf.nn.relu(tf.contrib.layers.batch_norm(h1,
```

```
        is_training=is_training, decay= decay))

        # 构建第二个反卷积层
        h2 = tf.layers.conv2d_transpose(h1, kernel_size=5, filters=128,
strides=2, padding='same')
        h2 = tf.nn.relu(tf.contrib.layers.batch_norm(h2,
is_training=is_training,
    decay= decay))

        h3 = tf.layers.conv2d_transpose(h2, kernel_size=5, filters=64,
strides=2,
    padding='same')
        h3 = tf.nn.relu(tf.contrib.layers.batch_norm(h3,
is_training=is_training,
    decay= decay))
        # 构建第三个反卷积层
        h4 = tf.layers.conv2d_transpose(h3, kernel_size=5, filters=3,
strides=2, padding='same', activation=tf.nn.tanh, name='g')
        return h4


# 读取图片并转换图片的形状, height、width分别是转换后图片的高度和宽度。
def read_image(img_path, height, width):
    image = imread(img_path)
    h = image.shape[0]
    w = image.shape[1]

    if h > w:
        image_new = image[h // 2 - w // 2: h // 2 + w // 2, :, :]
    else:
        image_new = image[:, w // 2 - h // 2: w // 2 + h // 2, :]

    image_new = imresize(image_new, (height, width))
    return image_new / 255.
```

4. 整合人脸图片

为了方便对比，生成器会同时生成多张人脸图片。下面这个函数的作用是将生成器输出的多张人脸图片整合成一个大的图形矩阵。

```
def composeImage(images):
    if isinstance(images, list):
        images = np.array(images)
    img_h = images.shape[1]
    img_w = images.shape[2]
    # 为了将所有的人脸图片排列成一个大的方形阵列，计算包含的人脸图片数量的平方根，作为图形矩阵的边长
    side_length = int(np.ceil(np.sqrt(images.shape[0])))
    # 如果是多张人脸图片，且图片是彩色的，即有3个通道
```

```
        if len(images.shape) == 4 and images.shape[3] == 3:
            comImg = np.ones(
                (images.shape[1] * side_length + side_length + 1,
                 images.shape[2] * side_length + side_length + 1, 3)) * 0.5
        # 如果是多张人脸图片，且图片是黑白的，即有1个通道
        elif len(images.shape) == 4 and images.shape[3] == 1:
            comImg = np.ones(
                (images.shape[1] * side_length + side_length + 1,
                 images.shape[2] * side_length + side_length + 1, 1)) * 0.5
        # 如果只有一张人脸图片
        elif len(images.shape) == 3:
            comImg = np.ones(
                (images.shape[1] * side_length + side_length + 1,
                 images.shape[2] * side_length + side_length + 1)) * 0.5
        else:
            raise ValueError('Could not parse image shape of
{}'.format(images.shape))
        # 循环每一张人脸图片
        for i in range(side_length):
            for j in range(side_length):
                filter = i * side_length + j
                if filter < images.shape[0]:
                    # 拿出本次迭代需要处理的单张人脸图片
                    this_img = images[filter]
                    comImg[1 + i + i * img_h:1 + i + (i + 1) * img_h,
                        1 + j + j * img_w:1 + j + (j + 1) * img_w] = this_img
    return comImg
```

5. 定义损失函数

生成对抗网络的损失函数由两部分组成：生成网络的损失函数和判别网络的损失函数。损失函数使用的是 logtis 的 sigmoid 值的交叉熵，也就是 TensorFlow 框架中的 tf.nn.sigmoid_cross_entropy_with_logits 函数。

其中，判别器的损失函数由两部分组成：一个是用训练集中的图片数据训练判别器时，判别器输出的判定结果为真实图片的损失值；另一个是用生成器生成的图片训练判别器时，判别器输出的判定结果为假图片的损失值。

```
    # 使用生成器生成一张人脸图片
    image_gen = generator(noise)
    # 将训练集数据输入到判别器得到判别结果
    d_real, d_real_logits = discriminator(image_x)
    # 将生成的图片输入到判别器得到判别结果
    d_fake, d_fake_logits = discriminator(image_gen, reuse=True)

    vars_g = [var for var in tf.trainable_variables() if
var.name.startswith('generator')]
    vars_d = [var for var in tf.trainable_variables() if
var.name.startswith('discriminator')]
```

```
    # 使用训练集数据训练时判别器判定为真实图片的损失值
    loss_d_real =
tf.reduce_mean(tf.nn.sigmoid_cross_entropy_with_logits(logits=d_real_logits,
labels=tf.ones_like(d_real)))
    # 使用生成器生成的图片训练时，判别器判定为假图片的损失值。
    loss_d_fake =
tf.reduce_mean(tf.nn.sigmoid_cross_entropy_with_logits(logits=d_fake_logits,
labels=tf.zeros_like(d_fake)))
    # 生成器的损失函数
    loss_g =
tf.reduce_mean(tf.nn.sigmoid_cross_entropy_with_logits(logits=d_fake_logits,
labels=tf.ones_like(d_fake)))
    # 判别器的损失函数
    loss_d = loss_d_real + loss_d_fake
```

6. 构建优化器

接下来就需要对损失函数进行优化，本案例采用 Adam 优化算法，TensorFlow 框架提供了 Adam 优化器。

```
    update_ops = tf.get_collection(tf.GraphKeys.UPDATE_OPS)
    with tf.control_dependencies(update_ops):
        # 判别网络的优化器
    optimizer_d = tf.train.AdamOptimizer(learning_rate=0.0002,
    beta1=0.5).minimize(loss_d, var_list=vars_d)
    # 生成网络的优化器
    optimizer_g = tf.train.AdamOptimizer(learning_rate=0.0002,
    beta1=0.5).minimize(loss_g, var_list=vars_g)
```

7. 模型训练

接下来就可以训练模型了。

```
    sess = tf.Session()
    sess.run(tf.global_variables_initializer())
    # 产生一个随机向量，作为生成网络的输入
    z_samples = np.random.uniform(-1.0, 1.0, [batch_size,
z_dim]).astype(np.float32)
    samples = []
    loss = {'d': [], 'g': []}

    offset = 0
    images = getImages()
    for i in range(20000):
        print("iteration:{}".format(i))
        n = np.random.uniform(-1.0, 1.0, [batch_size,
z_dim]).astype(np.float32)

        offset = (offset + batch_size) % len(images)
        # 获取batch数据
        batch = np.array([read_image(img, height, width) for img in
```

```
images[offset: offset + batch_size]])
        batch = (batch - 0.5) * 2

        d_loss, g_loss = sess.run([loss_d, loss_g], feed_dict={image_x: batch,
noise: n, is_training: True})
        loss['d'].append(d_loss)
        loss['g'].append(g_loss)

        # 优化损失函数
        sess.run(optimizer_d, feed_dict={image_x: batch, noise: n,
is_training: True})
        sess.run(optimizer_g, feed_dict={image_x: batch, noise: n,
is_training: True})
        sess.run(optimizer_g, feed_dict={image_x: batch, noise: n,
is_training: True})

        # 每当迭代100次的时候就使用生成网络生成一张图片
        if i % 100 == 0:
            print(i, d_loss, g_loss)
            gen_images = sess.run(g, feed_dict={noise: z_samples, is_training:
False})
            gen_images = (gen_images + 1) / 2
            imgs = [img[:, :, :] for img in gen_images]
            gen_images = composeImage(imgs)
            imsave(os.path.join(output_dir, 'sample_%d.jpg' % i), gen_images)
```

8. 人脸图片生成

为了方便对比在训练过程中生成器生成的人脸图片的效果。在训练的时候我们每迭代100 次就保存生成器生成的人脸图片。生成器输出的图片如下所示。

在初始状态下，给生成器输入一个随机噪声，生成器输出的图片如图 8-14 所示。

从上图可见，初始状态下，生成器输出的只是一张灰色的图片。

当训练到第 100 次迭代时，生成的图片如图 8-15 所示。

图 8-14　生成器输出的图片

图 8-15　当训练到第 100 次迭代时生成的图片

当训练迭代到第 100 次时，从生成器输出的图片中可以很模糊地看到人脸的轮廓。

当训练迭代到第 500 次时，生成的图片如图 8-16 所示。

可以看到当训练迭代到第 500 次时，生成的图片效果要比第 100 次迭代时的效果好一些。

当训练迭代第 1000 次时生成的图片如图 8-17 所示。

图 8-16　当训练迭代到第 500 次时生成的图片　　图 8-17　当训练到 1000 次迭代时生成的图片

当训练迭代第 2000 次时生成的图片如图 8-18 所示。

当训练迭代第 5000 次时生成的图片如图 8-19 所示。

图 8-18　当训练迭代 2000 次时生成的图片　　图 8-19　当训练迭代 5000 次时生成的图片

当训练迭代第 10000 次时生成的图片如图 8-20 所示。

当训练迭代第 15000 次时生成的图片如图 8-21 所示。

当训练迭代第 20000 次时生成的图片如图 8-22 所示。

图 8-20　当训练迭代 10000 次时生成的图片

图 8-21　当训练迭代 15000 次时生成的图片

图 8-22　当训练迭代 20000 次时生成的图片

从上面的训练过程中生成器输出的人脸图片可以看出，随着迭代次数的不断增加，生成器生成的人脸图片越来越清晰。

思　考　题

1. 生成对抗网络中两个网络一个负责生成样本，那么另一个网络的主要功能是什么？
（　　）

　　A．判别样本　　　B．计算样本　　　C．统计样本　　　D．生成样本

2. 对抗学习和生成对抗网络的区别在哪里？

第9章 学习有关的处理技巧

本章将介绍深度学习的一些处理技巧，包括如何增加训练数据量、如何提高训练数据质量、如何防止模型的过拟合，以及连接权重的初始值设计等。

9.1 训练样本

算力、算法、数据和应用场景是深度学习应用系统研发成功与否的四个关键要素，犹如中国佛教中的"四大金刚"，要想保障"风调雨顺"，缺一不可。近年来深度学习在多个领域不断获得巨大成功，拥有海量训练数据是其基本保证。

下面先介绍两个开源的数据集 ImageNet 和 Places，然后再介绍在有限数据的情况下，采用数据增强（data augmentation）的方式来扩充数据量的方法。

截至 2019 年 10 月 13 日，ImageNet 存放了 21841 个类别，14197122 张样本图像。这些图像涵盖了动物、植物、乐器、工艺品等多个领域，采用类别分层结构存储，同一物体还分别从不同的环境、角度以及形状等拍摄不同的图像，每幅图像还添加了注释信息、物体的位置信息，既可以作为物体的识别样本，也可以作为物体的检测样本。

数据集 Places 是一个场景图像数据集，包含 1 千万张图片，400 多个不同类型的场景环境，每个类具有 5000～30000 个训练图像，可用于以场景和环境，为应用内容的视觉认知任务，由麻省理工学院维护。

数据集 ImageNet 主要是物体图像，Places 则是关于场景的图像，如厨房、卧室等室内场景，港口、山川等室外场景图像。同样，同一场景在种类、拍摄角度、拍摄时间方面还有不同。

数据集 ImageNet、Places 是花费大量心血建成的，不是所有应用场景都能得到这样充分的数据支持的。如果数据样本有限，深度学习应该如何进行训练呢？

可以采用数据增强的方式对已有样本图像进行扩充，具体做法是对样本图像进行平移、旋转、镜像翻转、剪切等变换，得到新的样本。除了几何变换外，还可以用对比度变换、颜色变换、添加随机噪声、增加模糊度等变换获得新图像。

非常贴心的是，很多开源的深度学习框架都提供了数据扩充类，让程序员很方便实现上述的数据扩充方法。如 Keras 的 ImageDataGenerator 类。

TFLearn 是一个建立在 TensorFlow 之上的模块化的、透明的深度学习库，比 TensorFlow 提供了更高层次的 API，介绍其 tflearn.data_augmentation.ImageAugmentation 类的用法及实例的网址是：http://tflearn.org/data_augmentation/。

9.2　数据预处理

深度学习对输入数据不做任何特征变换，直接将其输入网络。但是，这不等于在开始训练之前不需要对数据进行预处理。比如，尺寸不一致，含有失真数据，这就需要对样本数据进行预处理。

另外，图像处理的数据量很大，这是因为一幅 16×16 的小图像，需要一个 256 维的向量来存储所有像素信息，如果需要区分色彩，至少需要 3 个 256 维向量。如果能够大幅度减少数据量，同时又不会明显影响识别率，这是非常值得做的事。

仔细分析，图像中相邻的像素通常具有相关性。利用相关性，可以从那些高度相关的像素中只选一个作为代表，其余的可以舍弃。这样就可以将输入向量转换为一个维数低很多的近似向量，而且误差非常小。

典型的预处理方法包括：

（1）零均值化（zero-mean）

（2）数据规范化（normalization）

（3）主成分分析（Principal Components Analysis，PCA）

（4）白化（whitening）

零均值化又叫中心化，就是将每一维原始数据减去每一维数据的平均值，得到差分数据，突出与均值之间的差异。如图 9-1 所示，零均值化也是一个平移的过程，平移后所有数据的中心是（0，0）。计算公式为：

$$\tilde{x} = x - \overline{x} = x - \frac{1}{N}\sum_{i=1}^{N}x_i$$

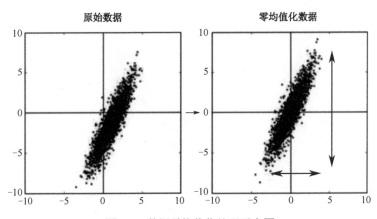

图 9-1　数据零均值化处理示意图

数据规范化也称归一化，是将数值减去均值，再除以标准差。即，首先计算各数据的标准差：

$$\sigma_j = \sqrt{\frac{1}{N}\sum_{i=1}^{N}\left(x_{ij} - \overline{x_j}\right)}$$

再将按照前面方法求得的零均值化数据 $\widetilde{x_{kj}}$，除以标准差：

$$\overline{\overline{x_{kj}}} = \frac{\widetilde{x_{kj}}}{\sigma_j}$$

这样就能得到均值为 0、方差为 1 的标准化数据。

如图 9-2 所示，经过标准化处理，可以使得不同的特征具有相同的尺度，类似统一度量衡。

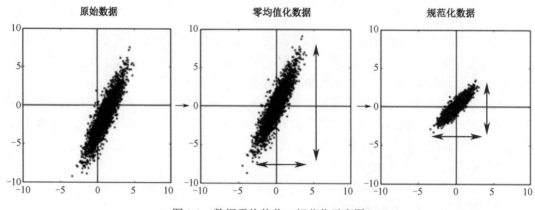

图 9-2 数据零均值化、规范化示意图

主成分分析是一种使用广泛的数据降维算法，是将数据的主要成分找出，并去掉基本无关的成分，从而达到降维的目的。用数学描述，就是将 n 维数据要压缩到比 n 维小很多的 k 维（$k \ll n$）。那么，选择哪 k 个维数留下来呢？

显然是将数据中主要的特征留下来，这些留下的就是所谓的主成分。这种做法就是主成分分析法（Principal Components Analysis，PCA）。

在二维情况下看比较形象。如图 9-3 所示，PCA 找出的两个特征是正交的，也就是这两个特征没有关联性。

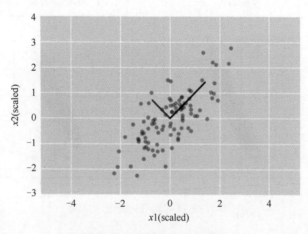

图 9-3 主成分分析化示意图

这些新特征是按它们本身变化程度的大小来进行排列的。第一个主成分代表了数据集中变化最为剧烈的特征，第二个主成分代表了变化程度排在第二位的特征，以此类推。

PCA 的算法步骤：

① 设有 n 条 m 维数据，将原始数据按列组成 m 行 n 列矩阵 $\boldsymbol{X}$；

② 将 X 的每一行（代表一个属性字段）进行零均值化；

③ 再求出协方差矩阵：

④ $C = \dfrac{1}{m}XX^{\mathrm{T}}$

⑤ 求出协方差矩阵的特征值及对应的特征向量；

⑥ 将特征向量按对应特征值大小从上到下按行排列成矩阵，取前 k 行组成矩阵 $\boldsymbol{P}$；

⑦ $Y = \boldsymbol{P} \times \boldsymbol{X}$，即为降维到 k 维后的数据。

例：原始数据集矩阵 X 为（每一行代表一个图像的信息）

$$\begin{pmatrix} 1 & 1 & 2 & 4 & 2 \\ 1 & 3 & 3 & 4 & 4 \end{pmatrix}$$

求均值化后

$$\begin{pmatrix} -1 & -1 & 0 & 2 & 0 \\ -2 & 0 & 0 & 1 & 1 \end{pmatrix}$$

再求协方差矩阵

$$\boldsymbol{C} = \frac{1}{5}\begin{pmatrix} -1 & -1 & 0 & 2 & 0 \\ -2 & 0 & 0 & 1 & 1 \end{pmatrix}\begin{pmatrix} -1 & -2 \\ -1 & 0 \\ 0 & 0 \\ 2 & 1 \\ 0 & 1 \end{pmatrix} = \begin{pmatrix} \dfrac{6}{5} & \dfrac{4}{5} \\ \dfrac{4}{5} & \dfrac{6}{5} \end{pmatrix}$$

求得其特征值：$\lambda_1 = 2, \lambda_2 = \dfrac{2}{5}$

对应的特征向量：$c_1 = \begin{pmatrix} \dfrac{1}{\sqrt{2}} \\ \dfrac{1}{\sqrt{2}} \end{pmatrix}$，　$c_2 = \begin{pmatrix} -\dfrac{1}{\sqrt{2}} \\ \dfrac{1}{\sqrt{2}} \end{pmatrix}$

标准化后

$$\boldsymbol{P} = \begin{pmatrix} \dfrac{1}{\sqrt{2}} & \dfrac{1}{\sqrt{2}} \\ -\dfrac{1}{\sqrt{2}} & \dfrac{1}{\sqrt{2}} \end{pmatrix}$$

选择较大的特征值对应的特征向量：

$$\begin{pmatrix} \dfrac{1}{\sqrt{2}} & \dfrac{1}{\sqrt{2}} \end{pmatrix}$$

执行 PCA 变换：$\boldsymbol{Y} = \boldsymbol{PX}$，得到的 $\boldsymbol{Y}$ 就是 PCA 降维后的值数据集矩阵：

$$Y = \begin{pmatrix} \dfrac{1}{\sqrt{2}} & \dfrac{1}{\sqrt{2}} \end{pmatrix}\begin{pmatrix} -1 & -1 & 0 & 2 & 0 \\ -2 & 0 & 0 & 1 & 1 \end{pmatrix} = \begin{pmatrix} -\dfrac{3}{\sqrt{2}} & -\dfrac{1}{\sqrt{2}} & 0 & \dfrac{3}{\sqrt{2}} & \dfrac{1}{\sqrt{2}} \end{pmatrix}$$

如何判别特征之间有没有关联？这需要用到概率论中的协方差矩阵。

来看两个随机变量 X 和 Y 组合构成的二维随机变量 (X,Y) 的情况。

对于二维随机变量 (X,Y)，X 和 Y 的协方差计算公式为：

$$\mathrm{Cov}(X,Y) = E\left\{ \left[X - E(X) \right]\left[Y - E(Y) \right] \right\}$$

根据协方差的值可以判别这两个随机变量 X 和 Y 是否线性相关：

$$\rho_{XY} = \frac{\mathrm{Cov}(X,Y)}{\sigma_X \sigma_Y}$$

ρ_{XY} 为随机变量 X 和 Y 的相关系数，σ_X、σ_Y 分别是 X 和 Y 的标准差。

如果 $\rho_{XY} = 0$，说明随机变量 X 和 Y 不存在线性关系；

如果 $\rho_{XY} \neq 0$，说明 X 和 Y 线性相关。

数学上更一般的协方差矩阵定义：

设 $X = (x_1, x_2, \cdots, x_n)^\mathrm{T}$ 为 n 维随机变量，称矩阵 C 为 n 为向量 X 的协方差矩阵：

$$C = \begin{pmatrix} c_{11} & c_{12} & \cdots & c_{1n} \\ c_{21} & c_{22} & \cdots & c_{2n} \\ \vdots & \vdots & \cdots & \vdots \\ c_{n1} & c_{n2} & \cdots & c_{nn} \end{pmatrix}$$

其中，$c_{ij} = \mathrm{Cov}(x_i, x_j), i, j = 1, 2, \cdots, n$ 为 X 的分量 x_i, x_j 的协方差。

$$\mathrm{Cov}(x_1, x_2) = E\big[(x_1 - E(x_1))(x_2 - E(x_2))\big] = E(x_1, x_2) - E(x_1)E(x_2)$$

白化的目的是降低输入的冗余性，降低特征之间的相关性，使得所有的特征具有相同的方差。

例如：训练数据是图像，由于图像中相邻像素之间具有很强的相关性，因此输入是冗余的。经过白化处理后，新数据之间的相关性降低，图像边缘增强。而且，新数据具有相同的方差。

白化处理分 PCA 白化和 ZCA 白化。

PCA 白化：先使用 PCA 进行基转换，降低数据的相关性，再对每个输入特征进行缩放（除以各自的特征值的开方），以获得单位方差。此时的协方差矩阵为单位矩阵。

ZCA（Zero-phase Component Analysis，零相位成分分析）白化只是在 PCA 白化的基础上做了一个逆映射操作，把数据转换到原始基下，使得白化后的数据更加接近原始数据，同时又去除了相关性。

ZCA 白化首先通过 PCA 去除了各个特征之间的相关性，然后使得输入特征具有相同方差，此时得到 PCA 白化后的处理结果。然后再把数据旋转回去，得到 ZCA 白化的处理结果。

二者的差异：PCA 白化保证数据各维度的方差为 1，ZCA 白化保证数据各维度的方差相同；PCA 白化可以用于降维，也可以去相关性，而 ZCA 白化主要用于去相关性，且尽量使白化后的数据接近原始输入数据。

9.3 Dropout 与 DropConnect

在机器学习中，模型含有大量的参数，这些参数通过训练数据来确定取值。由于参数众多，通过大量的训练数据来设定的参数很可能对训练数据表现得很优秀，但对测试数据，乃至今后的实际应用，其表现不一定同样优秀了。这就是所谓的"过拟合"问题。

由于参数设置得过于"精致"出现了过拟合问题，自然想通过降低参数的精致度，来避免出现过拟合问题，提高模型的泛化能力。所谓参数设置过于精致，是指参数过多，或是参数的取值过大。

Dropout（失活）是辛顿等人提出的一种提高网络泛化的方法，在网络训练的每次过程中，按照一定的概率将一部分中间层的单元暂时从网络中丢弃，具体做法是把这些单元的输出设置为 0。这样舍弃了部分特征，提高网络的泛化能力，解决网络的过拟合问题。因此，Dropout 是因参数过多而引入的处理方法。

为什么会想到 Dropout？

由于网络模型过于复杂，记录了很多没有泛化能力的特征，使网络容易犯"教条主义"错误，无法应对千变万化的实际应用情况。于是想到了用随机丢弃部分细节的方式简化模型。

如图 9-4 所示，在每次迭代训练时，都会失活部分单元，失活的单元被标成灰色。失活的概率通常会定在 50%左右。

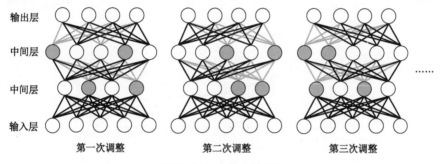

图 9-4 Dropout 的训练

每次失活的单元按照概率随机设置，所以可以提高泛化能力。

DropConnect 也是从网络中舍弃一部分单元来防止过拟合的。所不同的是，Dropout 把单元的输出值设置为 0，而 DropConnect 是把部分连接权重设置为 0。

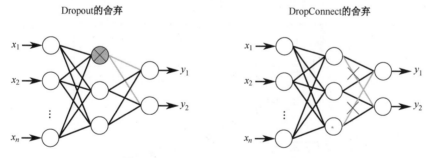

图 9-5 Dropout 与 DropConnect 比较

Dropout 和 DropConnect 的目的都是消除过拟合提高泛化能力，究竟用哪个方法好呢？有人已经在 MNIST 数据集上针对不使用 Dropout、使用 Dropout、使用 DropConnect 三种情况做了测试，如图 9-7 所示为是测试结果比较。

不使用 Dropout 时，测试误差会随着中间层单元数量的增加而上升。

使用 Dropout 时，测试误差先是随着单元数的增加而快速下降，单元数达到 400 时，下降速度逐渐变缓。

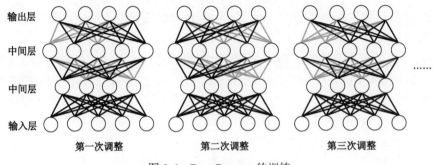

图 9-6　DropConnect 的训练

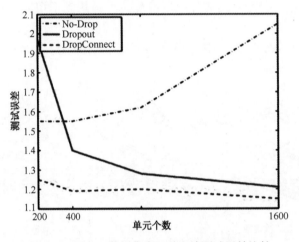

图 9-7　MNIST 数据集上三种方法测试误差比较

使用 DropConnect 时，即使单元数只有 200，测试误差也低于使用 Dropout，单元数再增多，测试误差变化不大。

图 9-8 是 MNIST 数据集上在不使用 Dropout、使用 Dropout、使用 DropConnect 三种情况下，训练误差和测试误差与训练次数的关系。

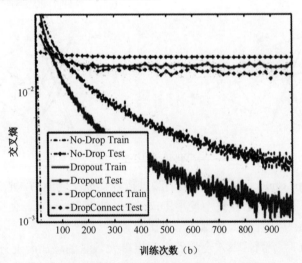

图 9-8　MNIST 数据集上三种方法训练误差、测试误差比较

不使用 Dropout 时，训练误差很早就下降，但测试误差没有，这就是过拟合问题。

使用 Dropout 时，训练误差要小于使用 DropConnect 时，但测试误差比使用 DropConnect 时要稍微高一些。

MNIST 数据集来自美国国家标准与技术研究所，其全称为 Mixed National Institute of Standards and Technology database。

它包含了四个部分：

- Training set images：train-images-idx3-ubyte.gz（包含 60,000 个样本）
- Training set labels：train-labels-idx1-ubyte.gz（包含 60,000 个标签）
- Test set images：t10k-images-idx3-ubyte.gz（包含 10,000 个样本）
- Test set labels：t10k-labels-idx1-ubyte.gz（包含 10,000 个标签）

训练集（training set）由来自 250 个不同人手写的数字构成，其中 50% 是高中学生，50% 来自人口普查局（the Census Bureau）的工作人员，测试集（test set）也是同样比例的手写数字数据。为了方便使用，这些数据已经大小归一化，并在一个固定大小的图像中居中。

9.4　正则化

正则化是机器学习中用来处理过拟合的一种常用方法。从正则化这个名词上看，无论是中文还是英文（regularization），都是不太好理解的。这里主要是指使连接权重的分布更加规则（regular），方法是强制让权重只能取较小的值，因此，有时又称权重正则化（weight regularization）。

Dropout 与 DropConnect 用来处理参数过多问题，正则化则是处理参数取值过大问题，也就是参数起的作用过大了，需要适当弱化。

处理参数取值过大问题的具体办法是，在损失函数中加入一个约束数值项，来惩罚或补偿参数值过大造成的损失函数收敛过快的问题。

附加的约束数值项常见的有以下两种：

（1）L1 正则化项，添加的约束项与权重参数的绝对值（权重的 L1 范数）成正比：

$$\lambda \sum_i |w_i|$$

（2）L2 正则化项，添加的约束项与权重参数的平方（权重的 L2 范数）成正比：

$$\frac{\lambda}{2} \sum_i w_i^2$$

λ 是正则化系数，决定了对损失函数的惩罚大小，初始时通常设置成较小的数，如 0.1。

L1 正则化有助于产生稀疏的权值矩阵，既可以防止过拟合，也可以用于特征选择，L2 正则化主要用于防止模型过拟合。

L2 正则化可以直观理解为它对于大数值的权重向量进行严厉惩罚，倾向于更加分散的权重向量。这样使网络更倾向于使用所有输入特征，而不是严重依赖输入特征中某些小部分特征。这样做可以提高模型的泛化能力，降低过拟合的风险。一般说来 L2 正则化都会比 L1 正则化效果好。

9.5 权重的初值设置

尽管说，在神经网络的学习中，连接权重可以经过多次迭代，自动找到一组合适的值。但是，俗话说，"好的开始是成功的一半"，开始时给权值赋予什么样的初值，会影响到迭代的效率，甚至影响到最终值的质量。

最简单的权重初值设置方法是将参数全部初始化为 0 或者一个常数，但是大多数情况不能使用这种简单的方法。

有些类型的神经网络初始权重会设置成 0，如 Hopfield 网络，但绝大部分网络不能这样做。比如对于前馈网络，因为如果初始值为 0，对于正向传播网络是没有意义的，因为在正向传播时，每一个神经元的所有输入乘以 0 值的权值，算出的激活值都为 0。

连接权重参数有很多个，很显然将初始权重设置成同一个较小值不是一个好方法。如果初始值都设置成相同的值，所有的权重将会进行相同的更新，无法体现不同神经元的不同作用。

为了提高网络的泛化能力，选择一组权重的初值时，应该考虑这组初值既具有随机性，又符合一个合理的分布。设置的初始权重通常要符合正态分布，这是因为中心极限定理告诉我们，任何独立随机变量的极限分布为正态分布。

那么，问题又来了，符合正态分布的数值取多大？如果初始值过大，会导致梯度爆炸；初始值过小，会导致梯度消失。因此，必须选用适当大小的值。

根据经验，初始权重设置成 "$\sigma \times r$"，σ 为较小数值（比如 0.01），也是这个正态分布的标准差，σ 为随机数。

初始权重按照一个概率分布设置后，可以进一步分析隐藏层各神经元的激活值的分布情况。隐藏层各神经元的激活值的分布显然影响着神经元的输出分布，但是，不同的激活函数，其影响是不同的。

如果使用 sigmoid 函数作为激活函数，最担心的是激活值呈两端分布，即偏向 0 或 1 的分布。因为这样的分布会造成梯度消失，从而影响下一步的学习效率。

如果激活值呈中心分布，即激活值集中分布在 0.5 附近，这说明大多数神经元的输出是相同的，这个网络则缺乏辨别力。

为了避免出现这样的情况，泽维尔（Xavier Glorot）和本吉奥提出了一种初始值分布的方法，可以为本层神经元获得合适的激活值分布：

如果前一层的输入节点数为 n_{in}，下一层的输出节点数为 n_{out}，那么，初始权重采用标准差为 $\sqrt{2/(n_{in}+n_{out})}$ 的分布。在 Caffe 等框架中，将这个分布简化为：如果前一层的节点数为 n，则初始值使用标准差为 $\frac{1}{\sqrt{n}}$ 的分布。这个数值已经得到广泛运用，被称为 "Xavier 初始值"。

如果激活函数使用的是 ReLU 而不是 Sigmoid，由于这两个函数图形的差异，Sigmoid 函数的图形是左右对称的，ReLU 不是，需要对 Xavier 初始值作些调整。

何恺明（Kaiming He）发现了这一特征，因此，称为 "He 初始值"。如果前一层的节

点数为 n，初始值采用标准差为 $\sqrt{\dfrac{2}{n}}$ 的正态分布。

图 9-9 是基于 MNIST 的 3 种权重初始值性能比较实验结果，实验网络有 5 层，每层有 100 个神经元，激活函数为 ReLU。

std=0.01 时完全无法进行学习，因为正向传播中传递的值很小（集中在 0 附近的数据）。因此，逆向传播时求到的梯度也很小，权重几乎不进行更新。

当权重初始值为 Xavier 初始值和 He 初始值时，学习进行得很顺利。并且，选用 He 初始值的学习进度更快一些。

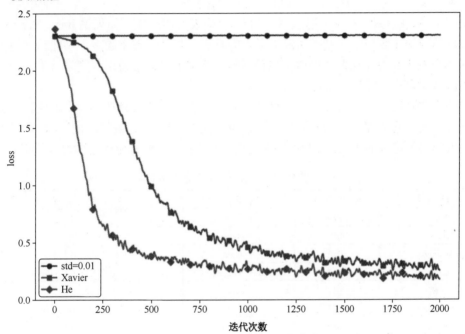

图 9-9　MNIST 数据集上 3 种初始权重实验比较

思　考　题

1. 下列哪种操作实现了和神经网络中 Dropout 类似的效果？（　　　）
   A．Bagging　　　　　　　　　　B．Boosting
   C．Stacking　　　　　　　　　　D．以上都不对
2. 有哪些深度学习防止过拟合的方法？
3. 在计算机视觉中，典型的数据增强方法有哪些？
4. 简述 L1 正则与 L2 正则的区别。

第 10 章　深度学习开发工具

　　前面介绍了深度学习的原理、方法和技巧，但是如果从零开始实现这些方法是很困难的事。非常幸运的是我们遇上了一个开放共享的时代，与大数据技术一样，也有很多公开的深度学习工具，这些工具不但是深度学习的软件框架，还包含了大量功能强大的软件库。利用这些工具，能够使程序员快速、相对容易地研发智能系统。如果说 ImageNet 和 Places 等大规模数据集在数据层面助推了深度学习的发展，那么，越来越多、功能越来越强大的深度学习开发工具为开发人员提供了编程利器。事实上，学习使用深度学习工具，已经成为开发深度学习应用的第一堂课。

　　下面简要介绍一个常用的开源深度学习开发工具，这些工具在架构、设计和功能上各不相同，但是，它们都能够为开发深度学习应用提供简捷、高效的实现框架，可以说是应用开发人员必不可少的工具。表 10-1 列出了几种当前流行的开源深度学习开发工具。

表 10-1　深度学习常见的开源工具

工 具 名 称	公 开 时 间	使用的语言	开 发 者
Theano	2010	Python	蒙特利尔大学
Pylearn2	2013	Python	蒙特利尔大学
cuda convnet	2012	Python	多伦多大学
Caffe	2013	C++, Python	加州大学伯克利分校
Torch7	2011	Lua	纽约大学
Chainer	2015	Python	Preferred Networks(PFN)
TensorFlow	2015	C++, Python	Google

　　下面介绍最常用的两种深度学习软件框架：TensorFlow 和 Caffe。

10.1　TensorFlow

　　TensorFlow 是一个使用数据流图进行数值计算的软件库，是 Google 于 2015 年底发布的开源深度学习框架，此前一直是 Google 公司内部使用的机器学习框架，当时名称是 DistBelief，经改进后向大众开源，现在已经拥有了庞大的开发人员社区，为框架的持续发展注入了活力。

　　TensorFlow 包含了大量深度学习相关的函数、矩阵运算函数，还提供了图像插补、旋转等图像处理函数，组合这些函数就能实现几乎所有所需的算法。

　　TensorFlow 对运行环境的要求不高，在嵌入式设备、单片机、大规模分布式环境都可以运行，所以开发人员几乎可以无缝地编写针对任何设备架构的代码。

　　TensorFlow 采用数据流图定义运算任务，或者说将完整的数据计算表示为一个数据流程图。数据流程图是一张由"节点"和"线"组成的有向图。"节点" 用来表示计算任务，也可以表示数据的输入/输出。"线"表示"节点"之间的相互关系，用多维数组表示，即用"张量"（tensor）描述。因为数据流图中流动的是张量，所以这个工具取名为"TensorFlow"。

10.1.1　安装 TensorFlow

TensorFlow 既可以支持 CPU，也可以支持 CPU+GPU。前者的环境需求简单，后者需要额外安装 GPU 的支持。以 Linux 平台的安装过程为例，CPU 版本的 TensorFlow 安装过程如下：

（1）下载并安装 Anaconda，然后检查 Anaconda 是否成功安装：输入"conda-version"命令，如果能正确显示 Conda 的版本号，则说明 Anaconda 安装正确。

（2）检查新环境中的 Python 版本：输入"python-version"命令，如果显示 Python 的版本号，并且 python 的版本号高于 2.7 或者 3.3，则说明 Python 环境安装正确。

（3）安装 TensorFlow，在命令行中输入"pip install tensorflow"命令，等待程序运行完毕。

（4）验证是否安装成功：在命令行中输入"python"命令，进入 Python 运行环境，然后键入：

```
import tensorflow as tf
hello = tf.constant('Hello tensorfolw')
sess = tf.Session()
print(sess.run(hello))
```

如果在命令行中成功打印"Hello tensorfolw"，则说明安装成功。

以 Linux 平台的安装过程为例，GPU 版本的安装还需要以下额外环境：

（1）有支持 CUDA 计算能力的 3.0 或更高版本的 NVIDIAGPU 卡。

（2）下载安装 CUDA Toolkit 8.0，并确保其路径添加到 PATH 环境变量里；

（3）下载安装 cuDNN v6 或 v6.1，并确保其路径添加到 PATH 环境变量里；

（4）CUDA8.0 相关的 NVIDIA 驱动。

在 Ubuntu 操作系统环境下的详细安装过程如下：

（1）屏蔽自带显卡驱动：输入"sudo gedit /etc/modprobe.d/blacklist.conf"命令，在输入密码处最后一行加上：blacklist nouveau. 这里是将 Ubuntu 自带的显卡驱动加入黑名单，在终端输入"sudo update-initramfs-u"命令，使修改生效并重启电脑。

（2）下载 NVIDIA 驱动安装程序，（本书使用 384.111 版本）然后通过命令："sudo./NVIDIA-Linux-x86_64-384.111.run"进入安装程序，完成安装后，重启电脑。

（3）重启电脑后，输入以下指令进行验证："sudo nvidia-smi"，若列出了 GPU 的信息列表则表示驱动安装成功。

（4）下载 CUDA：首先在官网（https://developer.nvidia.com/cuda-downloads）下载 CUDA。下载 CUDA 时一定要注意 CUDA 和 NVIDIA 显卡驱动的适配性。现在的情况是：CUDA_8.0 支持 375.** 及以上系列的显卡驱动；CUDA_9.0 支持 384.** 及以上系列的显卡驱动；CUDA_9.1 支持 389.** 及以上系列的显卡驱动。本书中的显卡驱动为 384.111 系列，使用的版本为 cuda_9.0.176_384.81_linux.run。

（5）安装 CUDA，执行以下命令：

```
sudo chmod 777 cuda_9.0.176_384.81_linux.run
sudo ./cuda_9.0.176_384.81_linux.run
```

（6）环境变量设置：

打开～/.bashrc 文件：sudo gedit ～/.bashrc，将以下内容写入到～/.bashrc 尾部：

```
exportPATH=/usr/local/cuda-9.0/bin${PATH:+:${PATH}}
exportLD_LIBRARY_PATH=/usr/local/cuda/lib64${LD_LIBRARY_PATH:+:${LD_LIBRARY_PATH}}
```

（7）测试 CUDA 是否安装成功，执行以下命令：

```
cd /usr/local/cuda-8.0/samples/1_Utilities/deviceQuery
sudo make
sudo ./deviceQuery
```

如果能正确显示关于 GPU 的信息，则说明安装成功。

（8）下载并安装 cuDNN，首先去官网（https://developer.nvidia.com/rdp/cudnn-download）下载 cuDNN 并进行解压：sudo tar-zxvf./cudnn-9.0-linux-x64-v7.tgz，然后进入解压后的文件夹下的 include 目录，在命令行进行如下操作，将 cuDNN 的文件复制到 cuda 相应文件夹下：

```
cd cuda/include
sudo cp cudnn.h/usr/local/cuda/include          #复制头文件到cuda头文件目录
                                                 进入lib64目录下,

对动态文件进行复制和软链接
cd ..
cd lib64
sudo cp lib*/usr/local/cuda/lib64/              #复制动态链接库
cd /usr/local/cuda/lib64/
sudo rm -rf libcudnn.solibcudnn.so.7            #删除原有动态文件
sudo ln -s libcudnn.so.7.0.51libcudnn.so.7      #生成软衔接
sudo ln -s libcudnn.so.7libcudnn.so             #生成软链接
```

（9）安装 GPU 版本 TensorFlow，使用"pip install tensorflow-gpu"命令进行安装，验证过程与 CPU 版本相同。

10.1.2 TensorFlow 运行环境

TensorFlow 拥有多层级结构，可部署于各类服务器、PC 终端和网页并支持 GPU 和 TPU 高性能数值计算，被广泛应用于谷歌内部的产品开发和各领域的科学研究。截至版本 1.12.0，绑定完成并支持版本兼容运行的语言有 C 和 Python，其他（试验性）绑定完成的语言为 JavaScript、C++、Java、Go 和 Swift，依然处于开发阶段的包括 C#、haskell、Julia、Ruby、Rust 和 Scala。

TensorFlow 的 Python 版本支持 Ubuntu 16.04、Windows 7、MacOS 10.12.6 Sierra、Raspbian 9.0 以及对应的更高版本，其中 MacOS 平台仅支持 CPU 版本。此外 Python 语言平台的 TensorFlow 也可以使用 Docker 进行安装。

TensorFlow 的 C 语言版本支持 X86-64 下的 Linux 类系统和 MacOS 10.12.6 Sierra 或更

高版本，MacOS 版不包含 GPU 加速功能。

TensorFlow 的安装比较简单，需要先安装 Python（2.7 或 3.3 以上版本）和 pip，如果使用 GPU，还需要使用英伟达（NVIDIA）公司提供的使用统一计算架构（Compute Unified Device Architecture, CUDA）高于 3.5 的 GPU 显卡，并且要求操作系统安装 GPU 驱动 384.x 以及以上版本，以及 CUDA Toolkit 9.0 和 cuDNN 7.2 以上版本。

10.1.3　TensorFlow 基本要素

TensorFlow 的系统架构如图 10-1 所示。自底向上分为设备层和网络层、数据操作层、图计算层、API 层、应用层。

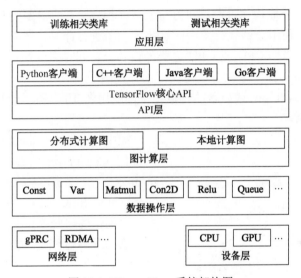

图 10-1　TensorFlow 系统架构图

网络通信层包括 gRPC（google Remote Procedure Call Protocol）和远程直接数据存取（Remote Direct Memory Access，RDMA），这都是在分布式计算时需要用到的。

设备管理层包括 TensorFlow 分别在 CPU、GPU、FPGA 等设备上的实现，也就是对上层提供了一个统一的接口，使上层只需要处理卷积等逻辑，而不需要关心在硬件上的卷积的实现过程。

数据操作层主要包括卷积函数、激活函数等操作。

图计算层，也是我们要了解的核心，包含本地计算图和分布式计算图的实现（包括图的创建、编译、优化和执行）。

API 层和应用层复杂编程语言的实现与应用。

TensorFlow 提供了深度学习的基本元素的实现,表 10-2 是 TensorFlow 支持的常用算子。

表 10-2　TensorFlow 常用算子

类　　别	示　　例
数学运算操作	Add、Sub、Mul、Div、Exp、Log、Greater、Less、Equal……
数组运算操作	Concat、Slice、Split、Constant、Rank、Shape、Shuffle……

续表

类　别	示　例
矩阵运算操作	MatMul、MatrixInverse、MatrixDeterminant…
有状态的操作	Variable、Assign、AssignAdd……
神经网络构建操作	SoftMax、Sigmoid、ReLU、Convolution2D、MaxPool……
检查点操作	Save、Restore
队列和同步操作	Enqueue、Dequeue、MutexAcquire、MutexRelease…
控制张量流动的操作	Merge、Switch、Enter、Leave、NextIteration

10.1.4　TensorFlow 运行原理

TensorFlow 编程分成构建阶段和执行阶段。在构建阶段，计算过程被描述成一个数据流图，在执行阶段，使用会话执行图中的运算。为了进行计算，图必须在会话中启动。会话将图的运算分发到诸如 CPU 或 GPU 之类的设备上，同时提供执行运算的方法。所以需要创建一个"Session 对象"来执行已定义好的计算图。

数据流图是 TensorFlow 最显著的特点，下面就用图 10-2 所示的数据流图来简要说明 TensorFlow 的运行原理。

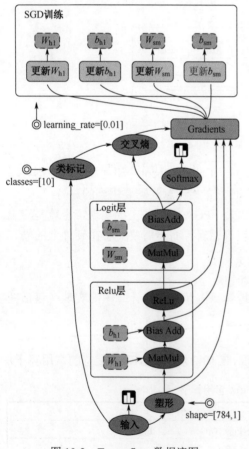

图 10-2　Tensorflow 数据流图

图中包含输入（input）、塑形（reshape）、Relu 层（Relu layer）、Logit 层（Logit layer）、softmax、交叉熵（cross entropy）、梯度（gradient）、SGD 训练（SGD Trainer）等部分，是一个简单的回归模型。

它的计算过程是，首先从输入开始，经过塑形后，一层一层进行前向传播运算。Relu 层（隐藏层）里会有两个参数：b_{h1} 和 w_{h1}，在输出前使用激活函数修正线性单元 ReLu 做激活处理。

然后进入 Logit 层（输出层），学习两个参数：b_{sm} 和 w_{sm}。用 softmax 函数来计算输出结果中各个类别的概率分布。

用交叉熵来度量两个概率分布（源样本的概率分布和输出结果的概率分布）之间的相似性。然后开始计算梯度，这里需要参数 b_{h1}、w_{h1}、b_{sm} 和 w_{sm}，以及交叉熵后的结果。

随后进入 SGD 训练，也就是反向传播的过程，从上往下计算每一层的参数，依次进行更新。也就是说，计算和更新的顺序为 b_{sm}、w_{sm}、b_{h1} 和 w_{h1}。

如果觉得图 10-2 所示的过程过于抽象和烦琐，下面看一个简单的例子，完成如下的修正线性单元函数运算：

$$y = \text{ReLU}(Wx + b)$$

计算这个公式的数据流图如下：

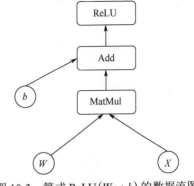

图 10-3　算式 $\text{ReLU}(Wx+b)$ 的数据流图

其中，W 是连接权重，b 是阈值，MatMul 是矩阵乘法运算，Add 是加法运算。

建立这个运行图的步骤为：

（1）创建并初始化连接权重 W 和阈值 b。

矩阵 W 赋值是从均匀分布采样：

```
W = tf.Variable(tf.random_uniform
((784,100),-1,1)
```

阈值 b 初始化为 0：

```
b = tf.Variable(tf.zeros((100,)))
```

（2）创建输入占位符 x，输入具有 $m \times 784$ 的矩阵：

```
x = tf.placeholder(tf.float32,(100,784))
```

（3）建立一个流程图。

```
y = tf.nn.relu(tf.matual(x,W) + b)
```

至此，运行图已经建好，下面看如何运行和获取输出。

为了进行计算，图必须在会话（session）中启动。会话将图的运算分发到诸如 CPU 或 GPU 之类的设备上，同时提供执行运算的方法。所以需要创建一个 "Session 对象" 来执行已定义好的计算图。

```
sess = tf.Session()
sess.run(tf.global_variables_initializer())
sess.run(y, {x; np.random.ranmdom((100,784))})
```

10.1.5　TensorFlow 编程识别手写数字实例

TensorFlow 的中文官网（www.tensorfly.cn）上有使用教程，有兴趣的读者可以作为入门学习参考。下面介绍其中的一个例子，使用 TensorFlow 识别手写字体数字。手写字体数字选自数据集 MNIST。例子中要识别的是下列四个手写数字：5、0、4、1，如图 10-4 所示。

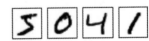

图 10-4　MNIST 数据集中的样本数字

第一步是从官网下载手写字体数据集 MNIST，下载的 python 源代码为：

```
import input_data
mnist = input_data.read_data_sets("MNIST_data/", one_hot=True)
```

官网提供下载的数据集分成两部分：6 万个样本数据的训练数据集（mnist.train）和 1 万个样本数据的测试数据集（mnist.test）。测试数据集只用来评估模型的性能，判断是否可以把模型推广到其他数据集上（泛化）。

每一个 MNIST 数据单元由两部分组成：图像和对应的标签。例如，训练集图片名为 mnist.train.images，其标签为 mnist.train.labels。为了便于区分，下面在图片名称加后缀 "xs"，在标签名称加后缀"ys"。

每张图像的像素都是 28×28，可以用一个数字矩阵来表示这张图像。把这个矩阵展开成一个向量，那么，向量的长度（维度）是 28×28=784。因此，MNIST 数据集的每张图像可以用一个 784 维向量表示。

图 10-5 截取了一张图像的四分之一，像素是 14×14=196，可以用图 9-4 右侧部分的一个 14×14 矩阵表示。图中的非 0 数值表示像素的强度。

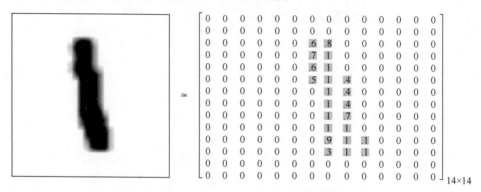

图 10-5　MNIST 数字的矩阵表示（像素强度值）

MNIST 训练数据集中，图像集 mnist.train.images 是一个形状为[60000, 784]的张量，如图 10-6 所示，第一个维度数字 60000 用来索引图像，第二个维度数字 784 用来索引每张图像中的像素点。该张量里的每一个元素，都表示某张图像里的某个像素的强度值，取值介于 0 和 1 之间。

按照上述方法，数字 0 到 9 的标签所用向量为 10 位，其中只有某一位是 1，其余各位都是 0。比如，数字 0 的标签向量为[1,0,0,0,0,0,0,0,0,0]。因此，标签集 mnist.train.labels 是一个[60000, 10]的数字矩阵，如图 10-7 所示。

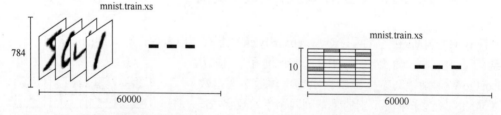

图 10-6　MNIST 数据集的索引结构　　　　　图 10-7　MNIST 中数字 0～9 的索引结构

有了 0～9 这 10 个数字类别的数据结构抽象，接下来要做的就是：将任何一幅输入图像正确划分到其中的一类。

如何将任意一幅输入图像正确识别成一个数字？不能奢望机器像人一样，看到一个手写数字，就可以立刻识别出是哪个数字。机器所做的是，通过识别与已有的 10 个数字类别比较，分别给出这 10 个类别相像的可能性数值，即概率值。例如，假设为模型提供一幅图像，该模型识别这幅图像代表 9 的概率为 80%，代表 8 的概率为 5%（上半部分小圆），给予其他 8 个数字更小的概率值。

根据概率值来决定分类，于是想到了使用 softmax 回归方法，这个方法会产生 0～1 的值。softmax 回归通常分为两步：

第一步，首先将给定图像中属于确定类的所有证据加在一起，然后将证据转换为概率。为了计算给定图像属于某个特定数字类的证据，对图像像素强度进行加权求和。如果具有高强度的像素证据这张图像不属于该类，那么相应的权重为负值，如果这个像素拥有的证据可以证明这张图像属于这个类，那么权重是正值。

图 10-8 显示了模型为每个数字类别学习到的权重，红色代表负值，蓝色代表正值。

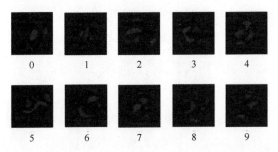

图 10-8　模型为 MNIST 中数字 0～9 学习到的权重

像素值加权求和的公式为：

$$\text{evidence}_i = \sum_j w_{i,j} x_j + b_i$$

其中，evidence_i 是对于给定输入图像 $X = \{x_j\}$ 属于数字 i 的证据，w_{ij} 代表权重，b_i 代表数字 i 类的阈值，j 代表给定图像 X 的像素序数。加入一个阈值是因为输入往往会带有一些无关的干扰量。

然后用 softmax 函数把这些证据转换成预测概率 y：

$$y = \text{softmax}(evidence)$$

softmax 可以看成是一个激励函数，也就是关于 10 个数字类的概率分布。因此，给定一张图像，它与每个数字的吻合度可以被 softmax 函数转换成为一个概率值。softmax 函数可以定义为：

$$\text{softmax}(x)_i = \frac{e^{x_i}}{\sum_j e^{x_j}}$$

上述数学建模过程是把给定的线性函数转换为 10 个数字类别的概率分布，通常这种转换通过把输入值当成幂指数求值，再正则化处理。

上述的 softmax 回归模型可以用下面的网络图来解释，如图 10-9 所示。

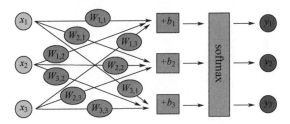

图 10-9　softmax 回归的可视化

当然，为了简化，图中只画了 3 个输入，其实可以有很多个输入，输出也应该是 10 个，现在简化成 3 个。对于每个输入，计算其加权和，再加上阈值，然后应用 softmax 回归给出结果。

前面的网络图形式可以改写成数学方程式形式：

$$
\begin{bmatrix} y_1 \\ y_2 \\ y_3 \end{bmatrix} = \text{softmax} \begin{pmatrix} W_{1,1}\, x_1 + W_{1,2}\, x_1 + W_{1,3}\, x_1 + b_1 \\ W_{2,1}\, x_2 + W_{2,2}\, x_2 + W_{2,3}\, x_2 + b_2 \\ W_{3,1}\, x_3 + W_{3,2}\, x_3 + W_{3,3}\, x_3 + b_3 \end{pmatrix}
$$

图 10-10　softmax 回归的方程式形式

如果改用向量形式，上述方程式变成了矩阵乘法和向量加法：$y = \text{softmax}(Wx + b)$，更加简洁，如图 10-11 所示。

$$
\begin{bmatrix} y_1 \\ y_2 \\ y_3 \end{bmatrix} = \text{softmax} \left(\begin{bmatrix} W_{1,1} & W_{1,2} & W_{1,3} \\ W_{2,1} & W_{2,2} & W_{2,3} \\ W_{3,1} & W_{3,2} & W_{3,3} \end{bmatrix} \begin{bmatrix} x_1 \\ x_2 \\ x_3 \end{bmatrix} + \begin{bmatrix} b_1 \\ b_2 \\ b_3 \end{bmatrix} \right)
$$

图 10-11　softmax 回归的向量形式

理解了识别手写体的基本原理后，下面介绍如何通过编程来实现识别。

为了用 Python 实现高效的数值计算，通常会使用函数库，比如 NumPy，会把类似矩阵乘法这样的复杂运算使用其他外部语言实现。不幸的是，从外部计算切换回 Python 的每一个操作，仍然是一个很大的开销。如果用 GPU 来进行外部计算，这样的开销会更大。用分布式的计算方式，也会消耗更多的资源用来传输数据。

TensorFlow 也把复杂的计算放在 python 之外完成，但是为了避免前面说的那些开销，TensorFlow 不单独地运行单一的复杂计算，而是先用图描述一系列可交互的计算操作，然后全部一起在 Python 之外运行。

使用 TensorFlow 之前，首先要导入：

```
import tensorflow as tf
```

下面定义训练数据 x、连接权重 W 和阈值 b：

```
x = tf.placeholder("float", [None, 784])
W = tf.Variable(tf.zeros([784,10]))
b = tf.Variable(tf.zeros([10]))
```

在这里，用全为零的张量来初始化 W 和 b，因为要学习 W 和 b 的值，它们的初值可以随意设置。

下面可以只用一行代码实现模型，对 x 和 W 进行内积运算，然后再加上 b，再把结果传递给 tf.nn.softmax 函数，计算输出 y：

```
y = tf.nn.softmax(tf.matmul(x,W) + b)
```

回归模型实现后，接下来的任务是训练模型。

为了训练模型，需要定义一个指标来评估这个模型。一个非常常见的，非常漂亮的成本函数是"交叉熵"。它的定义如下：

$$
H_{y'}(y) = -\sum_i y_i' \log(y_i)
$$

式中，y 是预测的概率分布，y' 是实际的分布（前面设定向量只有 1 位为 1，其余为 0）。

比较粗略的理解是，交叉熵用来衡量我们的预测用于描述真相的低效性。

为了计算交叉熵，首先设置预测的概率分布 y：

```
y_ = tf.placeholder("float", [None,10])
```

然后用 $\sum_i y_i' \log(y_i)$ 计算交叉熵：

```
cross_entropy = -tf.reduce_sum(y_*tf.log(y))
```

用梯度下降算法以 0.01 的学习速率最小化交叉熵：

```
train_step =
tf.train.GradientDescentOptimizer(0.01).minimize(cross_entropy)
```

初始化所有参数：

```
init = tf.initialize_all_variables()
sess = tf.Session()
sess.run(init)
```

然后开始训练模型，设置迭代 1000 次：

```
for i in range(1000):
batch_xs, batch_ys = mnist.train.next_batch(100)
sess.run(train_step, feed_dict={x: batch_xs, y_: batch_ys})
```

每次迭代，都随机抓取训练数据中的 100 个批处理数据点，然后用这些数据点作为参数替换之前的变量 train_step。

模型训练完成后，还需要进行评价。

首先测试实际输出和期望输出是否一致：

```
correct_prediction = tf.equal(tf.argmax(y,1), tf.argmax(y_,1))
```

然后计算其准确率：

```
accuracy = tf.reduce_mean(tf.cast(correct_prediction, "float"))
    print sess.run(accuracy, feed_dict={x: mnist.test.images, y_:
mnist.test.labels})
```

10.1.6　TensorBoard 可视化工具

深度学习框架尽管已经为开发人员提供了很多方便，但是在训练、测试和优化一个大规模的深度神经网络过程中，程序员还是有无助的感觉。TensorFlow 为此提供了一个非常好用的可视化工具——TensorBoard，这是一个可以通过浏览器运行的 Web 应用程序，可以通过仪表盘查看网络的训练运行情况，从而进行可视化训练和测试。特别是在训练网络的时候，使用 TensorBoard 可以直接观察参数（如：权重、偏置、卷积层数、全连接层数等）设置的不同效果。

TensorBoard 目前支持 7 个维度的可视化展示方式，分别为 SCALARS、IMAGES、AUDIO、GRAPHS、DISTRIBUTIONS、HISTOGRAMS 和 EMBEDDINGS。其主要功能如下：

（1）SCALARS：展示训练过程中的准确率、损失值、权重/偏置的变化情况，如图 10-12 所示。

（2）IMAGES：展示训练数据中的图片数据。

（3）AUDIO：展示训练数据中的音频数据，以声纹图的形式进行展示。

（4）GRAPHS：展示模型的数据流图，包括神经网络的拓扑结构、各层之间的数据流向以及模型在计算过程中在各个设备、步骤消耗的内存和时间，如图 10-13 所示。

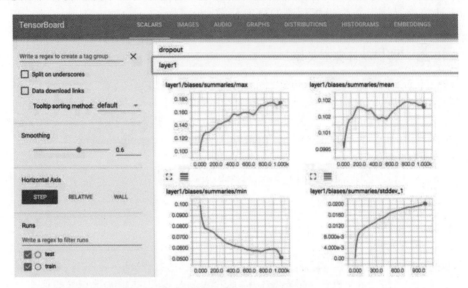

图 10-12　TensorBoard 的 Scalars 视图

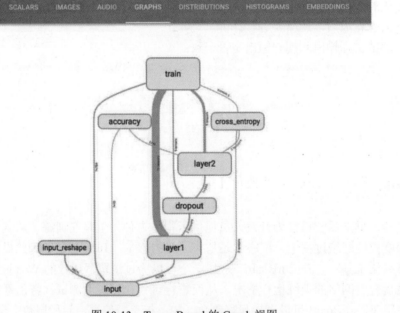

图 10-13　TensorBoard 的 Graph 视图

（5）DISTRIBUTIONS：展示模型的在训练过程中参数的数值分布情况。

（6）HISTOGRAMS：以柱状图的形式展示训练过程中神经网络参数的分布情况。

（7）EMBEDDINGS：展示投影向量的参数分布情况。

10.2　Caffe

Caffe（Convolutional Architecture for Fast Feature Embedding）是由加州大学伯克利分校

视觉与学习中心（Berkeley Vision and Learning Center，BVLC）华人 AI 科学家贾扬清等人开发的一套深度学习工具，它支持 Linux（特别是 Ubuntu，乌班图）和 Mac OS X 操作系统，也能在 Windows 系统上运行，还支持 CUDA。Caffe 的核心语言是 C++，支持命令行、Python 和 Matlab 接口，它既可以在 CPU 上运行也可以在 GPU 上运行。它提供了比较完整的工具包，可以用来训练、测试、微调和部署模型，且执行速度非常快。

Caffe 是图像识别领域应用最多的深度学习工具，专注于卷积神经网络和图像处理，包含卷积层和全连接层等功能。

Caffe 的核心模块有三个，分别是 Blob、Layer 和 Net。

Blob 相当于 TensorFlow 的 tensor，用来进行数据的存储、交互和处理。

Layer 是神经网络的核心和基本计算单元，定义了许多层级结构，Blob 是 Layer 的输入/输出。

Net 由多个 Layer 组成，这些 Layer 通过连接构成一个网络模型。

Caffe 的基本结构如图 10-14 所示。

Blob 是一个 N 维向量，用来存储数据，这些数据包括图片、深度网络进行前向传输时的数据和反向求梯度过程时的梯度数据等。

对于图像数据来说，Blob 通常是一个 4 维向量，其格式为（Number，Channel，Height，Width），其中，Channel 表示图像的通道数，灰度图是单通道的，Channel=1，RGB 图像是 3 通道的，Channel=3。Height

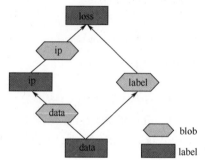

图 10-14 Caffe 的基本结构

和 Width 为图像的高度和宽度。Number 表示图像批块（Batch），批处理可以使神经网络有更大的吞吐量。

Layer 是神经网络的核心，Caffe 设计实现了许多层结构，包括卷积、池化、损失等层结构，利用这些层结构可以实现绝大部分的神经网络模型。

Layer 将下层的数据输出作为输入，进而通过内部运算输出。

Layer 层的定义和使用一般需要三个步骤：①建立层，包括建立连接关系和初始化其中一些变量参数；②前向传输过程，给定输入并计算出相应的输出；③反向传播过程，进行反向梯度的计算，并把梯度保存在层结构中。

Net 是由层 Layer 组成的，定义了输入、输出、网络各层，并将各层连接成一个图，由此定义了一个网络。

一个典型的网络应该有数据输入，并且以一个损失函数作为输出，针对不同的任务，例如分类和重构，应选择不同的损失函数。

通过创建 layer 和 blob 来搭建网络，layer 和 blob 是在配置文件 prototxt 中定义的。

下列三个配置文件是必须的：

train_test.prototxt：设置训练时的网络结构和数据集。

solver.prototxt：设置训练时的超参数，如学习率等。

deploy.prototxt：设置发布时使用的网络结构和输入数据信息。

这三个文件可以参照 Caffe 官网的例子模仿编写。

layer 和 blob 是 Caffe 网络结构的两个基本部件。

如果把一个网络结构比作一座大厦的话，那么 layer 就是每一层楼，而 blob 就是砖。在网络结构中，layer 之间的数据是通过 blob 传递的，包括正向的原始数据和反向的梯度信息。blob 是一个四维数组（Num，Channels，Height，Width）。

layer 是 Caffe 的基本计算单元。layer 使得网络的结构分层次，让我们很直观地看到计算进行的顺序和上下关系。

跟盖楼一样，数据是自下而上的计算传输。bottom 为输入口，top 为输出口。一个 layer 有一个到多个的 top 和 bottom。

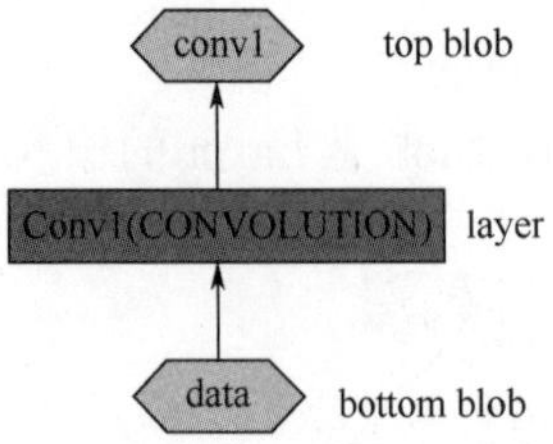

Caffe 的分层结构如图 10-15 所示。

Caffe 的优势之一是可以使用别人创建好的网络模型，Caffe 的 Model Zoo 里有很多网络模型，Caffe 目录下也有可以下载的网络模型的脚本文件。

Caffe 安装前，需要先安装以下库：

- CUDA（在 GPU 上运行程序时需要）
- BLAS（可以选择 ALTAS、MKL、OpenBLAS 之一）

图 10-15　Caffe 的分层结构

- Boost（1.55 以上版本）
- OpenCV（2.4 以上版本）。

最新的 Caffe 可从 GitHub 上下载。

10.2.1　Caffe 的安装

Caffe 的安装包括 CPU 版本的安装和 GPU 版本的安装，本安装样例使用的操作系统是 Ubuntu16.04。

1．CPU 版本的安装

1）安装 Caffe 的依赖

Caffe 的主要依赖包有：libprotobuf-dev、libleveldb-dev、libsnappy-dev、libopencv-dev、libhdf5-serial-dev、protobuf-compiler、libboost-all-dev、libatlas-base-dev、libhdf5-serial-dev。

依次执行以下命令：

```
    sudo apt-get install libprotobuf-dev libleveldb-dev libsnappy-dev
libopencv-dev libhdf5-serial-dev protobuf-compiler
    sudo apt-get install --no-install-recommends libboost-all-dev
    sudo apt-get install libatlas-base-dev
    sudo apt-get install libhdf5-serial-dev
```

2）安装 Caffe

从 https://github.com/BVLC/caffe 下载 Caffe 源代码。

在 caffe 目录下，使用"cp Makefile.config.example Makefile.config"命令新建 Makefile.config 文件，修改 Makefile.config：

```
    去掉#CPU_ONLY := 1前面的#
```

修改如下两个路径：

```
    INCLUDE_DIRS := $(PYTHON_INCLUDE) /usr/local/include
/usr/include/hdf5/serial
    LIBRARY_DIRS:=$(PYTHON_LIB) /usr/local/lib /usr/lib
/usr/lib/x86_64-linux-gnu/hdf5/serial
```

然后进行编译：

```
    make pycaffe
    make all
    make test
    make runtest
```

结果显示 ALL TESTS PASSED 则代表安装成功。

2．GPU 版本的安装

1）安装相关依赖项

依次在命令框内执行以下命令，在操作系统中安装相关环境依赖：

```
    sudo apt-get install libprotobuf-dev libleveldb-dev libsnappy-dev
libopencv-dev libhdf5-serial-dev protobuf-compiler
    sudo apt-get install --no-install-recommends libboost-all-dev
    sudo apt-get install libopenblas-dev liblapack-dev libatlas-base-dev
    sudo apt-get install libgflags-dev libgoogle-glog-dev liblmdb-dev
```

2）安装 NVIDIA 驱动

（1）查询 NVIDIA 驱动

首先去官网 http://www.nvidia.com/Download/index.aspx?lang=en-us 查看适合自己显卡的驱动并下载。

（2）安装驱动

在终端输入：

```
    sudo gedit/etc/modprobe.d/blacklist.conf
```

输入密码后在最后一行加上 blacklist nouveau。这里是将 Ubuntu 自带的显卡驱动加入黑名单。

在终端输入：

```
    sudo update-initramfs-u
```

然后重启电脑。这里需要注意的是，安装显卡驱动要通过快捷键 Ctrl+Alt+F1～F6 切换到文字界面。

然后，输入命令：

```
    sudo service lightdm stop
```

使用如下命令安装驱动：

```
    sudo./NVIDIA-Linux-x86_64-375.20.run
```

执行步骤（1）中下载的 NVIDIA 驱动软件，本例中为 NVIDIA-Linux-x86_64-375.20.run 安装完成后，再次重启电脑。

安装完成之后输入以下指令进行验证：

```
    sudo nvidia-smi
```

若列出了 GPU 的信息列表，则表示驱动安装成功。

3）安装 CUDA

（1）下载 CUDA

首先在官网上（https://developer.nvidia.com/cuda-downloads）下载 CUDA。

（2）下载完成后执行以下命令：

```
sudo chmod 777 cuda_8.0.44_linux.run
sudo ./cuda_8.0.44_linux.run
```

在安装过程中询问是否安装 nvidia367 驱动时，因为之前已经安装了 nvidia367，所以这里选择"否"。其余的都直接采用默认设置或者选择"是"即可。

（3）配置环境变量

打开/.bashrc 文件：sudo gedit～/.bashrc

将以下内容添加到/.bashrc 尾部：

```
export PATH=/usr/local/cuda-8.0/bin${PATH:+:${PATH}}
export LD_LIBRARY_PATH=/usr/local/cuda8.0/lib64${LD_LIBRARY_PATH:+:
${LD_LIBRARY_PATH}}
```

（4）测试 CUDA 的 samples

```
cd /usr/local/cuda-8.0/samples/1_Utilities/deviceQuery
make
sudo ./deviceQuery
```

如果显示一些关于 GPU 的信息，则说明安装成功。

4）配置 cuDNN

首先去官网（https://developer.nvidia.com/rdp/cudnn-download）下载 cuDNN。

下载 cuDNN 之后进行解压：

```
sudo tar -zxvf ./cudnn-8.0-linux-x64-v5.1.tgz
```

进入 cuDNN 解压之后的 include 目录，在命令行进行如下操作：

```
cd cuda/include
sudo cp cudnn.h /usr/local/cuda/include
```

再将 lib64 目录下的动态文件进行复制和链接：

```
sudo cp lib* /usr/local/cuda/lib64/
cd /usr/local/cuda/lib64/
sudo rm -rf libcudnn.so libcudnn.so.5
sudo ln -s libcudnn.so.5.0.5 libcudnn.so.5
sudo ln -s libcudnn.so.5 libcudnn.so
```

5）安装 opencv3.1

从官网（http://opencv.org/downloads.html）下载 Opencv，并将其解压到你要安装的位置，假设解压到了/home/opencv。

```
unzip opencv-3.1.0.zip
sudo cp ./opencv-3.1.0 /home
sudo mv opencv-3.1.0 opencv
```

安装前准备，创建编译文件夹：

```
cd ~/opencv
mkdir build
cd build
```

配置编译环境，安装 cmake 编译软件并配置编译信息：

```
sudo apt install cmake
sudo cmake -D CMAKE_BUILD_TYPE=Release -D CMAKE_INSTALL_PREFIX=/usr/
local ..
```

执行编译过程：

```
sudo make -j8
```

-j8 表示并行计算，根据自己电脑的配置进行设置，配置比较低的电脑可以将数字改小或不使用。

opencv 编译成功后，安装 opencv，需要运行下面的指令进行安装：

```
sudo make install
```

6）配置 Caffe

（1）从 https://github.com/BVLC/caffe 下载 Caffe 源代码。

下载完成后，找到 caffe-master.zip，用 unzip 命令将其解压到当前目录下，然后重命名为 caffe。

（2）在 Caffe 目录下，使用"cp Makefile.config.example Makefile.config"命令新建 Makefile.config 文件，修改 Makefile.config：

① 若使用 cuDNN，则将#USE_cuDNN := 1 前面的#去掉；

② 若使用的 opencv 版本是 3，则将#OPENCV_VERSION := 3 前面的#去掉；

③ 若要使用 Python 来编写 layer，则将 #WITH_PYTHON_LAYER := 1 前面的#去掉；

④ 将下面的变量

```
INCLUDE_DIRS := $(PYTHON_INCLUDE) /usr/local/include
LIBRARY_DIRS := $(PYTHON_LIB) /usr/local/lib /usr/lib
```

修改为：

```
INCLUDE_DIRS := $(PYTHON_INCLUDE) /usr/local/include
/usr/include/hdf5/serial
LIBRARY_DIRS := $(PYTHON_LIB) /usr/local/lib /usr/lib
/usr/lib/x86_64-linux-gnu /usr/lib/x86_64-linux-gnu/hdf5/serial
```

（3）修改 makefile 文件

打开 makefile 文件，将：

```
NVCCFLAGS +=-ccbin=$(CXX) -Xcompiler-fPIC $(COMMON_FLAGS)
```

修改为：

```
NVCCFLAGS += -D_FORCE_INLINES -ccbin=$(CXX) -Xcompiler -fPIC
$(COMMON_FLAGS)
```

（4）编辑/usr/local/cuda/include/host_config.h

将如下语句注释掉：

```
//#error-- unsupported GNU version! gcc versions later than 4.9 are not
supported!
```

（5）编译。执行以下命令，进行编译：

```
make all -j8   # -j根据自己电脑配置决定
```

（6）测试

```
sudo make runtest
```

至此，Caffe 就配置完成了。

10.2.2 Caffe 的应用实例

配置 Caffe 完成后，我们可以利用 MNIST 数据集对 Caffe 进行测试，过程如下：

（1）将终端定位到 Caffe 根目录。

```
cd ~/caffe
```

（2）下载 MNIST 数据库并解压缩：

```
./data/mnist/get_mnist.sh
```

（3）将其转换成 Lmdb 数据库格式：

```
./examples/mnist/create_mnist.sh
```

（4）训练网络：

```
./examples/mnist/train_lenet.sh
```

训练的时候可以看到损失与精度数值。

随着深度学习的迅猛发展，深度学习的工具日益增多，其中以基于 Theano 的深度学习工具居多。

TensorFlow 是由深度学习领域居于领先地位的企业研发的，也是目前最有影响力的深度学习工具之一，相信今后还会出现其他企业开源的深度学习框架。

众多的工具不免让人眼花缭乱。如果是初学者，建议使用 Caffe，如果希望自己动手写算法，建议使用 TensorFlow。

随着深度学习的迅猛发展，深度学习的工具日益增多，其中以基于 Theano 的深度学习工具居多。

TensorFlow 是由深度学习领域居于领先地位的企业研发开源的，也是目前最有影响力的深度学习工具，相信今后还会出现其他企业开源的深度学习框架。

众多的工具不免让人眼花缭乱。如果是初学者，建议使用 Caffe，如果希望自己动手写算法，建议使用 TensorFlow。

思 考 题

TensorFlow 与 Caffe 各自有哪些特点？

第11章 自动化机器学习

机器学习一路走来，从单神经元到如今的深度学习网络，网络结构越来越复杂，需要确定的各种参数越来越多，涉及的专业知识越来越深奥。面对这样的场景，软件工程师一定会想到，去设计一些工具，来减轻深度学习网络应用的复杂度和工作量。之前的TensorFlow 等框架结构已经为程序员带来了极大的便利，2017 年，又是 Google 公司，推出了 AutoML——一种号称能自主设计深度神经网络的 AI 网络，紧接着于 2018 年元月发布了其第一个产品，"Cloud AutoML"，并将它作为云服务开放出来，从此拉开了人工智能自主为特定应用搭建神经网络的研究序幕，有人称之为自动化机器学习（Automated Machine Learning，AutoML）。

传统机器学习模型大致可分为以下四个部分：数据采集、数据预处理、优化、应用。其中数据预处理与模型优化部分往往需要数据科学家花费大量的精力来进行算法与模型的选择。

为了降低机器学习的门槛，让没有该领域专业知识的人也可以使用机器学习来完成相关的工作，AutoML 应运而生。

如图１１－１所示，从传统机器学习模型出发，AutoML 从特征工程、模型构建、参数优化、评估等方面实现自动化。

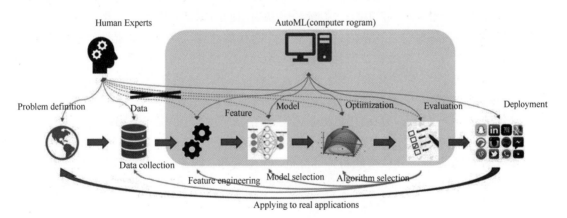

图 11-1　AutoML 在机器学习过程中所做的工作

图片来源：https://arxiv.org/pdf/1810.13306.pdf

具体地说，AutoML 可以完成以下工作：预处理并清理数据、自动选择数据特征、从现有的模型部件中构建合适的模型、优化模型超参数、模型的评估分析。

11.1 AutoML 简介

AutoML（Automated Machine Learning，自动化机器学习），即一种将自动化和机器学习相结合的方式，目前来看，还是一个较前沿的研究方向，它可以使计算机独立完成更复杂的任务，从而使人类更加聚焦于业务逻辑，而不必再关心网络的细节。

传统神经网络的结构设计是由领域人类精英手工完成的，即机器学习时需要经历数据预处理、特征选择、算法选择和配置等，而深度学习则需要经历模型网络架构设计和模型的训练。如果将机器学习中的数据预处理、特征选择、算法选择等步骤与深度学习中的模型架构设计和模型训练等步骤相结合，将其都放在一个"黑箱"里，而使用这个黑箱时，我们只需要输入数据，就可以得到我们想要的预测结果。而且中间这个"黑箱"的运行过程，不需要人工的干预便可以自动完成，那这就是自动化机器学习或自动化深度学习（AutoML）了。理想状态下，只需要使用者提供一份数据集，整个系统就可以根据数据集自身，不断尝试不同类型的网络结构和连接方式，训练若干个神经网络模型，逐步进行自动化反复迭代和尝试，最后产出一个终版模型，然后就可以部署该模型进行预测工作。

11.2 AutoML 与传统方法的对比

传统的机器学习在解决问题时，首先需要对问题进行定义，然后针对特定问题收集数据，由专家对数据特征进行标定、提取特征、选择特征，然后根据所选特征训练模型、对模型进行评估，最后部署到应用上，以解决最初提出的问题。其中数据收集、特征提取、特征选择、模型训练和模型评估的过程，是一个迭代的过程，需要反复进行、不断优化才能得到较优的模型。这个过程非常耗时费力，AutoML 可以将传统机器学习中的迭代过程综合在一起，构建一个自动化的过程，实现自动特征工程、自动管道匹配、自动参数调整、自动模型选择等功能，从而减少时间和人力等资源的浪费。

与传统机器学习相比，自动化机器学习主要在以下两个方面优势突出：

（1）缩短了学习的过程时间，提升了模型训练的效率

传统的 AI 模型训练往往要经历特征分析、模型选择、调参、评估等步骤，这些步骤需要经历数月的时间，如果完全没经验，时间会更长。AutoML 虽然也需要经历这些步骤，但是通过自动化的方式，可以减少这些步骤的时间。

选择怎样的参数，被选择的参数是否有价值或者模型有没有问题，如何优化模型，这些步骤在从前是需要依靠个人的经验、知识或者数学方法来判断的。而 AutoML 可以完全不用依赖经验，而是靠数学方法，由完整的数学推理的方式来证明。

通过数据的分布和模型的性能，AutoML 会不断评估最优解的分布区间并对这个区间再次采样。采用 AutoML 缩短了整个模型训练时间，大大提升模型训练的效率。

（2）降低了机器学习的门槛，有利于行业的快速发展

传统机器学习的模型训练难度使得很多初学者望而却步，即使是数据专家也经常抱怨训练过程是多么令人沮丧和变化无常。没有经过一定时间的学习，使用者很难掌握模型选

择、参数调整等步骤。

采用 AutoML 可以有效降低使用机器学习的门槛，作为一个新的 AI 研究方法，将机器学习封装成云端产品，用户只需提供数据，系统即可完成深度学习模型的自动构建，从而实现自动化机器学习。AutoML 将会成为机器学习发展的最终形态，即机器自己完成学习任务，这样基于计算机强大计算能力所获得的模型将优于人类对它定义的模型。从应用角度来讲，必定会有更多非专业领域的人受益于 AutoML 的发展，从而推动行业的快速发展。

11.3　现有 AutoML 平台产品

11.3.1　谷歌 Cloud AutoML

Cloud AutoML（https://cloud.google.com/automl）是一套机器学习产品，通过利用 Google 最先进的元学习、迁移学习和神经架构搜索技术，使机器学习专业知识有限的开发人员也能根据业务需求训练高质量模型。Cloud AutoML 主要提供以下 3 个领域的 AutoML 服务：图像分类、文本分类以及机器翻译。在图像分类领域，谷歌提供了大量标注良好的图像供开发者使用，同时提供了标注工具允许开发者自行对图像进行标注。

谷歌 Cloud AutoML 系统提供了图像用户界面，以及 Python API、Java API 和 Node.js API 等使用方式。

Cloud AutoML 中重要的一环 Cloud AutoML Vision 代表了深度学习去专业化的关键一步。企业不再需要招聘人工智能专家来训练深度学习模型，只需要有简单基础的人通过 Web 图像用户界面上传几十个示例图像，点击一个按钮即可完成整个深度神经网络的构建与训练，同时完成后可以立即部署于谷歌云上进入生产环境。

Cloud AutoML 利用了元学习与迁移学习。元学习与迁移学习可以有效利用过去的训练经验与训练数据，这意味着用户不再像过往那样需要提供海量的数据进行模型训练，而只需要提供较少的数据就可以完成一个图像分类器的训练并应用于特定场景。这背后是谷歌大量的基础训练数据源和训练经验与记录的支撑。

另外，迁移学习与元学习的应用涉及用户数据隐私与平台性能的权衡问题。如果 Cloud AutoML 可以将用户的数据与训练经验都积累起来并提供给其他用户使用，那么该平台的底层数据积累便会越来越雄厚，其使用效果也会越来越好。但是，大多数客户都不会希望自己的数据被泄漏，因此上述的美好愿景也不一定能实现。

11.3.2　百度 EasyDL

EasyDL 是百度大脑推出的定制化 AI 训练及服务平台，支持面向各行各业有定制 AI 需求的企业用户及开发者使用，如图 1 1 − 2 所示。EasyDL 提供围绕 AI 服务开发的端到端的一站式 AI 开发和部署平台，包括数据上传、数据标注、训练任务配置及调参、模型效果评估、模型部署，同时 EasyDL 面向不同用户提供了不同的训练平台，包括适用 AI 零基础或追求高效率开发的用户使用的经典版、适用 AI 初学者和 AI 专业用户使用的专业版、专为零售行业客户提供的零售版三种平台级方案，方便各类企业用户及个人开发者使用。

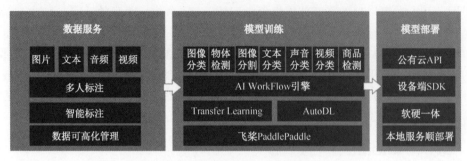

图 11-2　百度 EasyDL 架构图

EasyDL 基于百度 Paddle Paddle 飞桨开源深度学习框架构建而成，内置丰富百度用户百亿级大数据训练的成熟预训练模型，底层结合百度自研的 AutoDL/AutoML 技术，基于少量数据就能获得出色效果和性能的模型。

目前 EasyDL 的各项定制能力在业内得到广泛应用，用户累计过万，在零售、安防、互联网内容审核、工业质检等数十个行业都有应用落地，并提升了这些行业的智能化水平和生产效率。

EasyDL 提供了一个流水线式的可视化界面。如图 11-3 所示。

图 11-3　百度 EasyDL 首页界面

使用者基本上无需机器学习的专业知识，只需要对过程有简单的了解，跟随界面的流程执行"选择类型——模型创建——数据上传——模型训练——模型发布"等流程，中间的过程平台会通过迁移学习、自动化建模技术等方式完成。

在自动化建模上，EasyDL 平台有两种不同的方法：一种是基于迁移学习的 Auto Model Search，另一种是基于神经架构搜索的模型自动生成 AutoDL 方法。基于迁移学习的 Auto Model Search 方法是针对用户数据集的类型，在适用于该类型数据集的过去被证明优秀的预训练模型中进行搜索，如 Inception、ResNet、DenseNet 等，并结合不同的超参数组合进行训练与选择；每一个模型都会结合其配置的超参组合进行训练，这个过程可以通过百度的 workflow 等高性能底层计算平台进行并行加速。

对于某些对性能需求更高的用户而言，上述方式不一定能够把模型性能推到极致；因此还需要基于神经架构搜索 NASNet 的方法，该方法能够针对用户的数据集从零开始生成一个最适配的模型，从而确保性能可以达到最优，近期百度也开源 EasyDL 后台的 AutoDL 技术，一种高效的自动搜索构建最佳网络结构的方法，通过增强学习在不断训练过程中得到定制化高质量的模型。该系统由两部分组成，第一部分是网络结构的编码器，第二部分是网络结构的评测器。编码器通常以 RNN 的方式把网络结构进行编码，然后评测器把编码的结果拿去进行训练和评测，拿到包括准确率、模型大小在内的一些指标，反馈给编码器，编码器进行修改，再次编码，如此迭代。经过若干次迭代以后，最终得到一个设计好的模型。下面对 AutoDL Design 工作原理进行简要说明：

百度所使用的自动网络结构搜索的方法，目标是找到合适的"局部结构"。即，首先搜索得到一些合适的局部结构作为零件，然后类似流行的 Inception 结构那样，按照一定的整体框架堆叠成为一个较深的神经网络。

整个搜索过程，是基于增强学习（Reinforcement Learning，RL）思想设计出来的。因此很自然地包括了以下两个部分：第一个部分是生成器，对应增强学习中的智能体（agent），用于采样（sample），生成网络结构；第二个部分是评估器，用于计算奖励（reward），即用新生成的网络结构去训练模型，以模型的准确率（accuracy）或者是损失函数（loss function）返回给生成器。

第一部分　生成器：

生成器内部维护了一个循环神经网络（Recurrent Neural Network，RNN），更准确地说是一个长短时记忆网络（Long Short-Term Memory，LSTM）。它的输入始终是 0，所以这个 RNN 的输出完全由其内部的状态所决定。由于需要生成的是一个神经网络的结构，是有向无环图，因此需要生成一系列的点（vertex）和边（edge）。有向无环图中的点对应神经网络中的层或者是操作，需要事先预置一些可供选择的常见操作，如卷积、池化等等。有向无环图中的边对应神经网络中的连接，有一些层会连接到多个层，有一些层也会接收多个层的输出作为自己的输入。

从代码层面或者从实现层面来说，生成器的输出包括两部分，第一个部分是 id 序列，每个 id 表示神经网络中的层或者是操作。第二个部分是邻接矩阵（Adjacent Matrix），用来表示各个层或者是操作之间的关联关系，邻接矩阵中只有 0 或者 1，表示节点之间没有连接或者有连接。

生成器内部使用的是 LSTM 单元（cell），不过对单元的输出进行了一些额外的处理：针对生成 id 序列的部分，输出会先经过一个全连接层（Fully Connected layer，FC），然后经过一个多项分布（multinomial）的采样；针对生成邻接矩阵的部分，输出也是先经过一个全连接层，然后经过一个 0-1 分布（Bernoulli）的采样。

第二部分　评估器：

评估器的输入是由前述生成器生成的层或者操作的序列，以及对应的邻接矩阵。评估器首先要根据输入，构建出一个神经网络。注意生成器输出的很可能不是连通图（connected），所以还需要将所有没有出度（out degree）的节点都连接在一起。

随后，评估器会使用指定的数据进行训练，不过由于需要尝试的不同种类的网络结构太多，这里的训练不会像常规的训练那样进行非常多的轮数（epoch）直至收敛（convergence），而是会采用提前终止（early stop）策略，只进行很少的轮数的训练，然后将损失函数值作为奖励返回给生成器。生成器随后使用 Policy Gradient 的方式对其内部的 RNN 进行更新。

由于我们的目标任务和常见的增强学习的任务稍有不同（我们同时要输出 id 序列和邻接矩阵），因此对于损失函数的计算也稍有不同：需要把 id 序列的采样前和采样后的结果，以及邻接矩阵的采样前和采样后的结果都用来参与计算。

图 11－4 的左边展示了整个系统的大致框架。右边展示了部分搜索出来的局部结构。

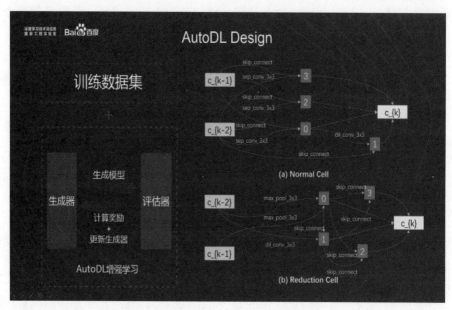

图 11-4　百度 EasyDL 原理概念图

11.3.3　阿里云 PAI

阿里云机器学习 PAI（Platform of Artificial Intelligence）起初是一个定位于服务阿里集团的机器学习平台，致力于让 AI 技术更加高效、简洁、标准的被公司内部开发者使用。对集团内，PAI 服务了淘宝、支付宝、高德等部门的业务。随着 PAI 的算法的不断积累，2015 年底 PAI 作为天池大赛的官方比赛平台在阿里云正式上线，也成为了国内最早的云端机器学习平台之一。随着 PAI 在阿里云的业务的不断发展，2018 年 PAI 平台正式商业化，目前已经在公有云积累了数万的企业客户以及个人开发者，是目前国内领先的云端机器学习平台之一。

阿里云机器学习 PAI 平台的产品架构及上下游关系如图 11-5 所示。

上述架构图包括了整个 AI 业务的四个流程层，其中 PAI 的核心功能：

如图 11-5 所示，PAI 提供 PAI-AutoLearning、PAI-Studio、PAI-DSW 三种建模方式，从左到右，建模的灵活度更高。从右到左，建模的技术要求降低。其中 Studio 中包括了数据预处理、特征工程、机器学习算法、深度学习等基本组件。所有算法组件全部脱胎于阿里巴巴集团内部成熟的算法体系，经受过 PB 级别业务数据的锤炼。

图 11-5　阿里云 PAI 技术架构图

此外，PAI 在模型建模基础上，提供模型在线服务一键部署功能，解决了用户模型部署使用的最后一公里问题。

最后，PAI 还给用户提供了智能生态市场功能，用户可以通过在智能生态市场快速获取业务解决方案或模型算法，进行相关业务与技术的高效对接。

1．PAI-AutoLearning：自动学习

PAI-AutoLearning 自动化建模平台拟在为用户提供低门槛的偏场景化的机器学习建模服务，目前该平台已经内置了图像分类、推荐召回（即将上线）两款经典的机器学习业务场景，用户只需要在产品中做些基础的配置，无需对机器学习建模理论有深入的了解即可完成模型训练。

以图像分类为例，用户只需要在平台上标注不同的图片的类别，AutoLearning 服务会基于迁移学习框架自动生成图像分类模型，该模型可以一键式部署到 PAI-EAS 上形成可调用的 Restful 服务，实现零门槛的机器学习使用体验。阿里云 PAI-AutoLearning 操作界面如图 1 1 － 6 所示。

2．PAI-Studio：可视化建模

PAI-Studio 拖拽式建模平台，将 200 余种经典算法进行封装，让用户可以通过拖拽的方式搭建机器学习实验。阿里云 PAI-Studio 操作界面如图 1 1 － 7 所示。

PAI-Studio 中的所有算法都经历过阿里巴巴集团许多业务、EB 级数据的锤炼。根据算法的不同特点选用 MapReduce、MPI、ParameterSever、Flink 等不同框架进行实现，真正做到成熟、稳定、简单、易用。

同时，在调参方面，如何探寻算法最优的超参数组合是一直以来困扰算法工程师的难题，调参工作不仅考验算法工程师对于算法推导认知的功底，还会带来大量手动尝试的工作量，工作效率很低。PAI-Studio 内置的 AutoML 技术通过智能化的方式降低机器学习实

验搭建的复杂度，通过自研的进化式调参等方式彻底解放用户的调参工作，实现模型参数自动探索、效果自动评估、模型自动向下传导，实现模型优化全链路零干预，大大降低机器学习门槛，节约计算成本。

图 11-6　阿里云 PAI-AutoLearning 操作界面

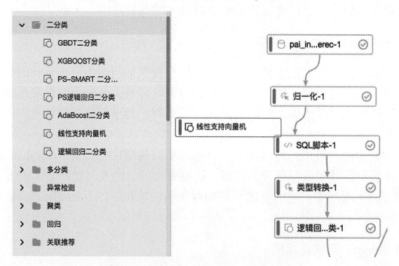

图 11-7　阿里云 PAI-Studio 操作界面

3. PAI-DSW：交互式代码建模

PAI-DSW 交互式建模平台基于原生 JupyterLab 做了大量定制化工作，可以实现交互式的建模工作。支持用户绑定自己的云端存储资源，同时底层可以灵活动态的选用不同类型的 GPU 机器。阿里云 PAI-DSW 操作界面如图 11-8 所示。

另外 DSW 还提供了可视化深度学习神经网络开发功能以及 GPU 资源可视化功能，DSW 内置了大量的开源数据集以及模型文件供开发者使用，支持用户自己安装 Python 依赖文件。如果想使用弹性的 GPU 资源，快速构建深度学习代码，DSW 是最合适的选择。

图 11-8　阿里云 PAI-DSW 操作界面

4. PAI-EAS: 在线服务部署

PAI-EAS 模型在线服务引擎提供了机器学习模型在线服务功能，支持基于异构硬件（CPU/GPU）的模型加载和数据请求的实时响应。您可以通过多种部署方式将您的模型发布成为在线的 Restful API 接口，同时我们提供的资源监控、弹性扩缩、蓝绿部署、版本控制等特性可以支撑您以最低的资源成本获取高并发、稳定的在线算法模型服务。

用户可以将 Studio、DSW、Autolearning 服务生成的模型一键式的发布到 PAI-EAS 形成 Restful 服务，通过 EAS 服务与用户自己业务系统打通，解决模型和客户业务最后一公里的问题。阿里云 PAI-EAS 操作界面如图 11-9 所示。

PAI EAS 模型在线服务

hOSO1NwE2829	正常	OQDokkVa2816	正常	BtBteEBB2794	正常
EAS–hOSO1NwE28... 19/11/28 00:00:00到期		EAS–OQDokkVa2816 19/11/26 00:00:00到期		EAS–BtBteEBB2794 19/11/24 00:00:00到期	
0　　0		0　　0		0　　0	
正式节点　部署服务		正式节点　部署服务		正式节点　部署服务	
升级 服务续费		升级 服务续费		升级 服务续费	

新建资源组　　资源组列表

模型上传部署

ID	服务名称	服务方式	当前版本	模型状态	所属资源组	占用资源	更新时间	操作
2487	testupload	调用信息	v1	Failed ⓘ	公共资源组	实例:1 1核	2019年11月7日 14:45	启动 在线调试 扩缩容 删除
2430	test12345	调用信息	v1	Running	公共资源组	实例:1 1核	2019年10月30日 12:02	停止 在线调试 扩缩容 删除
513	heart_5815620b	调用信息	v1	Running 84%	公共资源组	实例:1 1核	2019年10月9日 15:45	停止 在线调试 扩缩容 删除
451	heart	调用信息	v1	Stopped	公共资源组	实例:1 1核	2019年10月28日 20:28	启动 在线调试 扩缩容 删除
2373	test_pmml_123	调用信息	v1	Stopped	公共资源组	实例:4 2核	2019年10月22日 18:39	启动 在线调试 扩缩容 删除
2372	test_vuchen	调用信息	v1	Running	公共资源组	实例:1	2019年10月18日 10:57	停止 在线调试 扩缩容 删除

图 11-9　阿里云 PAI-EAS 操作界面

第 12 章　深度学习的未来

多年来，深度学习一直处于人工智能革命的最前沿，Alpha Go、人脸识别等颠覆人类认知的 AI 应用不断出现，应用领域从原来的语音识别、自然语言处理和图像识别逐渐扩展到大数据分析等更多领域，许多人相信深度学习将带领我们进入通用 AI 时代。但是从 2018年中期开始，事情慢慢发生变化，自动驾驶并没有如约而至，杨立昆、吴恩达、李飞飞等 AI 知名人士的新闻热度在逐渐下降，Alpha Zero 之后，DeepMind 已经许久没有产出令人惊叹的东西了。深度学习似乎出现了明显的下降迹象，是不是又一次进入低谷，现在下结论为时尚早。

不过，由于有大量应用的助推，例如目标跟踪、视频监控、图像检索、医学图像分析、无人机导航、遥感图像分析、语音识别、机器自动翻译等，使得深度学习在计算机视觉、自然语言处理和语音处理三大领域不断取得令人欣喜的成绩。尤其在计算机视觉领域，Google、Facebook 和 Microsoft 等 IT 巨头一直在积极推动深度学习的研发，世界各地大学也都在积极开展研究。

如图 12-1 所示，深度学习在物体识别（目标分类）、检测、分割和回归（目标跟踪）四个方面发展非常迅速。

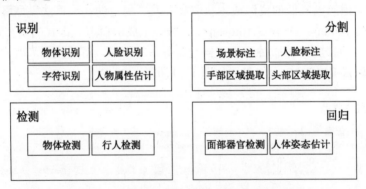

图 12-1　深度学习在计算机视觉领域的应用

12.1　物体识别

物体识别是计算机视觉领域中的一项基础研究，它的任务是识别出图像中有什么物体，并报告出这个物体在图像表示的场景中的位置和方向，识别过程包括图像预处理、图像分割、特征提取和判断匹配。

2012 年举办的物体识别挑战赛（ILSVRC 2012）是深度学习在图像识别领域发展的一个里程碑。以往的物体识别主要依靠对 SIFT 等尺寸不变特征变换方法和支持向量机等机器学习方法的组合应用来提升性能。2012 年，以 Alex Krizhevsky 为主的多伦多大学团队提出的卷积网络 AlexNet（详见 4.7.2）大幅提升了物体识别的性能。物体识别挑战赛 2010 年冠军的错误率为 28%，2011 年为 26%，2012 年锐降至 16%，仅仅一年，错误率下降了 10%。从此，深度学习一跃成为物体识别的核心方法。2013 年获胜的是纽约大学的 Matthew Zeiler 等人创立的 Clarifi 公司。他们在 AlexNet 网络中引入了反卷积层，能够把卷积结果恢复为原始的图像和特征图。这样可以从视觉上直观地确认训练后的网络的优劣，其效果当然优于 AlexNet。

2014 年获胜的前几名公司都使用了深度神经网络。第 1 名是 Google 公司的 GoogleNet，共 22 层，第 2 名是牛津大学的 VGG（Vision Geometry Group）网络，可配置成 16～19 层。网络中每一层的结构都经过精心设计，而非多层网络的简单叠加。

GoogleNet 的识别错误率为 6.67%，已经接近于人类水平（约 5%）。一年后的 ResNet 就超过了人类的识别能力，下降至 4.82%。

VGG 荣获 2014 年 ImageNet 挑战赛分类第二，定位任务第一。其指导思想是网络越深越好。虽然 VGG 提供了更高的精度，但是使用的参数很多，约 140MB，使用的内存比 AlexNet 多很多，但卷积核为 3×3，步幅为 1。

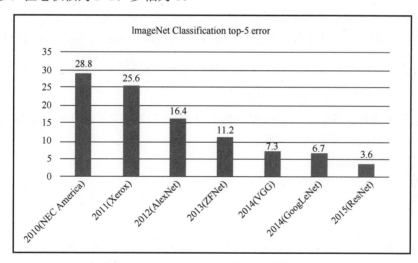

图 12-2　ILSCRV 优胜队伍成绩演变

纵轴是错误识别率，横轴是年份，括弧内是队伍或网络名称

12.2　物体检测

虽然以 AlexNet、GoogleNet 网络的图像识别能力已经超过人类，但是，图像识别中的图像里只有一个物体，任务是分辨出图像里的物体属于哪一类。但是，现实世界中，现实景象通常由许多不同的、重叠的物体、背景和动作组成，依靠 CNN 仅能识别单个物体显然是不够的，因为我们的任务是要分辨出这些不同的物体，识别它们的边界、差异，甚至还有它们之间的相互关系。

识别这么一张复杂的图像，靠什么技术？

Ross Girshick 等人告诉我们，通过对 CNN 进行不断改进，不断推出 R-CNN、Fast

R-CNN、Faster R-CNN 和 Mask R-CNN，把目标检测问题扩展到像素级的图像分割，这样就逐一完成上述复杂的任务。

下面，先介绍物体检测。

物体检测的任务是，在给定的图像中，找到目标物体的位置，并标注出来。或者说，在给定的图像中，有哪些目标？这些目标的位置分别在哪儿？以往，这些目标种类是事先设定的。简单举例，假设目标种类有狗和猫两种，需要在图像中找出猫和狗，并标注出狗和猫各自的位置。可以想象，如果是事先没有设定物体类别，那么，检测的难度将大幅度增加，这是物体检测的发展重点。

物体检测需要在图像中找出所有感兴趣的物体，这与上一节的物体识别很类似，但还是有些区别。

1）物体识别通常是对 N 个已知类别的物体进行识别，其输入是一幅图像，输出是图像中所包含的那个物体的种类标签，对识别算法的评价指标是准确率。

2）物体检测的输入也是一幅图像，但需要识别的物体类别事先没有设定，数量可能有多个，因此，输出是多个物体标签，物体的标签是一个四维数组 (x, y, w, h)，前三维 (x, y, w) 是一个矩形框，用来标定图像中检测到某个物体的区域，第四维 h 用来说明在这个框内所含的物体类别。对物体检测算法的评价指标是交并比（IoU, intersection over union），IoU $=$ $\dfrac{A \bigcap B}{A \bigcap B}$，其中，$A$ 是物体的预测矩形，B 是物体的实际边界矩形。一般认为，如果 IoU$\geqslant$0.5，那么结果是可以接受的，就说检测正确。

物体检测需要首先确定物体的位置，然后才能在选定的位置进行物体检测。因此，在物体检测中，需要考虑以下两个问题：

1）如何筛选候选区域；

2）如何去除冗余的候选区域。

1. R-CNN

为了拥有区域候选能力，在 CNN 基础上，2014 年，Ross Girshick 等人推出了区域卷积神经网络（Regions with Convolutional Neural Network，R-CNN）。R-CNN 是 CNN 最早应用于检测和分割问题的方法，R-CNN 借助边界框（Bounding Box）获取图像，通过选择性搜索（Selective Search）的分割方法从图像中提取候选区域（Region Proposal）。

如何找出边界框的位置呢？R-CNN 采用的方式是：给出一堆可能的框，然后判断这些框是否与图像中的物体对应。所谓选择性搜索方法是通过不同尺寸的窗口的滑动，寻找相近纹理、颜色或亮度的相邻像素。R-CNN 采用选择性搜索的方法给出边界框或称候选区域。换个角度看，选择性搜索通过不同尺寸的窗口在图像中进行滑动，对于每个尺寸，方法都试图通过纹理、颜色或亮度将邻近的像素聚合在一起，实现对物体的识别。

其主要过程分三个阶段：

1）给定一张图片，使用选择性搜索方法，从图片中选出若干个独立的候选区域；

2）将每个候选区域重新设置宽高比，变形使之符合 CNN 输入的标准方形尺寸后，输入到预训练好的 CNN 中，以提取特征；

3）对每个目标（类别）训练一支持向量机（Support Vector Machine, SVM）分类器，识别该区域包含什么目标。

图 12-3 给出了 R-CNN 的目标检测过程。

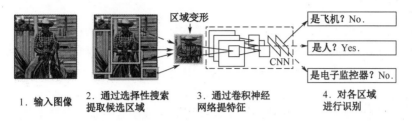

图 12-3　R-CNN 的检测过程（引自"Ross Girshick, Jeff Donahur, Trevor Darrell, and Jitendra Malik(2014): Rich Feature Hierarchies for Accurate Object Detection and Semantic Segmentation. In 580-587"）

R-CNN 把候选区域作为卷积神经网络的输入。

卷积神经网络的输入尺寸是固定的（固定的像素栅格），但是，通过选择性搜索提取的区域的尺寸以及宽高比是各不相同的（尤其是一幅图像中提取多个物体），需要根据卷积神经网络的尺寸要求重新设置宽高比，这就是区域变形。至此，第一个问题"筛选候选区域"已经解决了。

第二个问题"去除冗余区域"实际上就是调整边界框，使其更贴近物体的真实范围。

R-CNN 对候选区域进行简单的线性回归，从而生成调整后的边界框并作为最终结果。回归模型的输入和输出如下：

- 输入：物体在图像中的子区域（sub-region）；
- 输出：子区域中物体的新边界框坐标。

在 R-CNN 中，最后给出结论时使用的方法并不是卷积神经网络，而是 SVM。在 R-CNN 结构的倒数第二层，输出结果作为特征向量，然后使用 SVM 给出最终判断。从这个步骤可以看出，R-CNN 把卷积神经网络作为特征提取器来使用的。

R-CNN 检测的结果既有物体的名称，又有物体的位置。R-CNN 的检测结果如图 12-4 所示。

图 12-4　R-CNN 的检测结果

2. Fast R-CNN

R-CNN 虽然取得了不错的成绩，但是效率太低了，这是因为：

1）提取候选区域的特征慢。R-CNN 首先从测试图中提取 2000 个候选区域，然后将这 2000 个候选区域分别输入到预训练好的 CNN 中提取特征。由于候选区域有大量的重叠，这种提取特征的方法，就会重复计算重叠区域的特征。

2）必须分别训练三个不同的模型。CNN 用来生成图像特征，分类器用来预测类别，回归模型用来调整边界框。

Ross Girshick 对 R-CNN 进行提速和简化，在 2015 年又推出了 Fast R-CNN，其构思非常精巧，流程更为紧凑。同样使用最大规模的网络，Fast R-CNN 和 R-CNN 相比，训练时间从 84 小时减少为 9.5 小时，测试时间从 47 秒减少为 0.32 秒。在 PASCAL VOC 2007 上的准确率相差不，为 66%～67%。

图 12-5 是 Fast R-CNN 的结构模型。

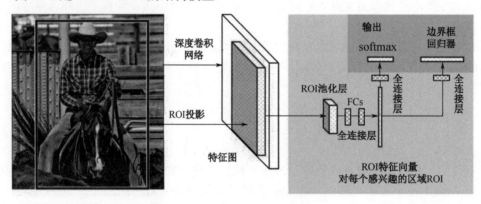

图 12-5　Fast R-CNN 模型

与 R-CNN 相比，Fast R-CNN 在目标候选区域生成方面没有改变，同样用到了选择性搜索算法。不同的是，Fast R-CNN 提出了感兴趣区域（Regions of Interest，RoI）算法，将候选区域映射到 CNN 模型的特征层上，直接在特征层上提取对于区域的深层特征，避免了不断输入不同区域图像的部分。然后将提取到的特征直接用 softmax 预测区域类别，用网络来学习一个边界框回归器。将整个特征提取、分类和边界回归都整理成一个部分，提高了整个模型的效率。

因此，Fast R-CNN 是对 R-CNN 的一种改进，主要改进在于：

1）卷积不再是对每个候选区域进行，而是直接对整张图像，这样减少了很多重复的计算。原来 RCNN 是对每个候选区域分别做卷积，因为一张图像中有 2000 左右的候选区域，肯定相互之间的重叠率很高，因此产生重复计算；

2）用 ROI 池化进行特征的尺寸变换，因为全连接层的输入要求尺寸大小一样，因此不能直接把候选区域作为输入；

3）将回归器放进网络一起训练，每个类别对应一个回归器，同时用 softmax 的全连接层代替原来的 SVM 分类器。

3. Faster R-CNN

这部分参考了广东海洋大学图灵智能创新团队的文章"Faster R-CNN 解读"。

Fast R-CNN 克服了 R-CNN 提取卷积特征时冗余操作的缺点,将目标检测的特征提取、分类和边框回归统一到了一个框中,在速度和精度上都有了不错的结果。但是,Fast R-CNN 的候选区域提取效率不高仍然是一个瓶颈,因为检测目标位置的第一步是生成一堆潜在边界框或感兴趣区域,这些是通过选择性搜索产生的,耗时较长,且难以融入 GPU 运算。

2015 年,由 Shaoqing Ren, Kaiming He, Ross Girshick 和 Jian Sun 组成的微软研究团队提出了 Faster R-CNN,使候选区域提取变得非常高效。在 Faster R-CNN 中,引入了区域生成网络(Region Proposal Network,RPN),将候选区域的提取和 Fast R-CNN 中的目标检测网络融合到一起,这样可以在同一个网络中实现目标检测,大大提高了检测速度。Faster R-CNN 网络基本结构如图 12-6 所示。

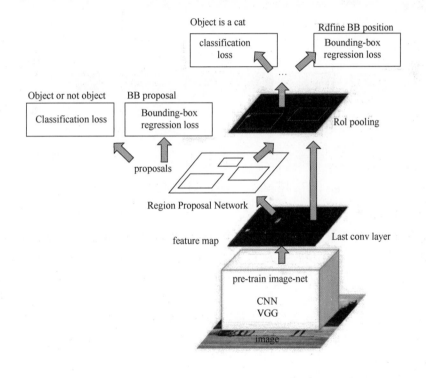

图 12-6　Faster R-CNN 网络基本结构

Faster R-CNN 网络由 5 部分组成:

1)提取特征图的 Conv layer。该部分使用 VGG-net 作为预处理网络,运用多个 conv,relu,pooling 层提取图像特征图,为后面的网络提供图像信息。VGG 是牛津大学计算机视觉组(Visual Geometry Group)和 Google DeepMind 公司研究院一起研发的深度卷积神经网络。VGG 网络用了同样大小的卷积核尺寸(3×3)和最大池化尺寸(2×2),用 ReLU 作为激活函数,常用来提取图像特征。

2)anchor 的生成。Faster R-CNN 对图像生成一系列的 anchor,作为目标检测的先验框,用于多尺度预测,并在后面使用边界框回归(bounding box regression)对其位置进行修正。

3）区域生成网络（RPN）。在特征图上的每个点生成 anchor，然后将其映射回原图，对原图中的 anchor 进行修正、筛选，提取该区域的候选区域（region proposal），也就是所谓的 RoI，送进 RoI pooing 层。

4）RoI pooing，对特征图中的 RoI 划分为 Pool_h×Poo_w（RoI Pooling 后特征图的高和宽）个网格，对每一个网格进行 maxpooling。

5）使用 full connection，softmax 对 RoI 进行分类与边界框回归，确定边界框的位置。

Faster R-CNN 结构图如图 12-7 所示。

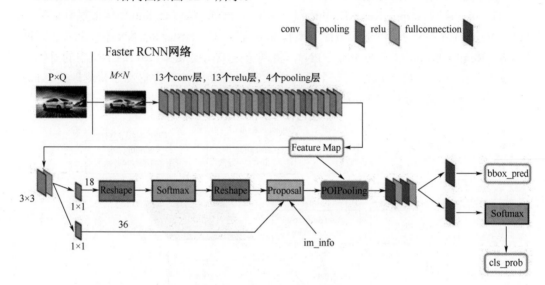

图 12-7　Faster R-CNN 结构图

a．Conv layer

Conv layers 包含 3 种层，分别是 13 个 conv 层、4 个 pooling 层、13 个 relu 层。conv 层的卷积核大小都是 3×3，步长都为 1，并且都做了填充处理，也就是经过 conv 层后图像的大小没有改变，只是深度发生改变。pooling 层的核大小为 2，步长也是 2，因此图像尺寸减小一半。

Faster R-CNN 在将图片传入网络之前，会将图片缩放为 M×N（VGG 为 800×600），从原图到特征图一共经过 4 次 pooling，所以特征图的大小为 M/16×N/16。

b．anchor

anchor 其实是图像上的一个个先验框，用来对后面检测框的修正以及提取候选区域。下面解释 anchor 的生成过程。

anchor 的长宽比有 0.5、1、2 三种比例，每种 anchor 有 8、16、32 三个尺度比例，所以 anchor 一共有 3×3 =9 种，所有 anchor 的中心点都相同。

生成 anchor 主要分为以下步骤：

1）首先设置一个 16×16 的窗口（因为特征图尺寸为原图的 1/16，所以一个特征图上的点对应原图上 16×16 的区域），计算得到[x_ctr, y_ctr, w, h]，也就是 anchor 的中心点坐标以及长宽 4 个量。

2）然后计算 anchor 的面积 size=w×h，将 size 分别除[0.5, 1, 2]3 种比例，再分别对 3 个新的 sizes 开根号作为新的 anchor 的 3 个 w，再将 w×[0.5, 1, 2]得到 h，这样就得到 3 个

anchor 的长宽。

3）将 3 个 anchor 长宽分别再乘以 3 个尺度比例，这样就得到 9 个 anchor，再将 anchor 的表示转换为左上角和右下角的坐标[x_l, y_l, x_r, y_r]。

anchor 的生成过程图示如图 12-8 所示。

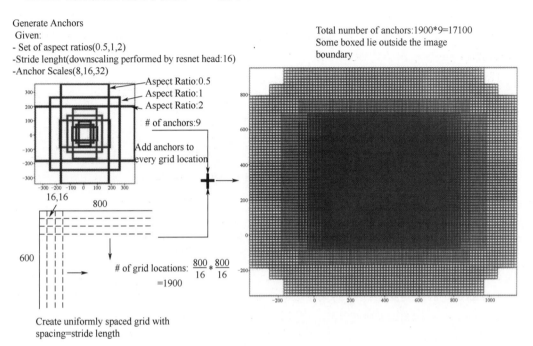

图 12-8　anchor 的生成过程图示

4）此时每个特征图上的点都有 9 个 anchor，也就是一共有(800/16)×(600/16)×9=17100 个 anchor。再将这些 anchor 通过原图与特征图的映射关系，将其 anchor 映射回原图。

c．RPN

RPN 的主要结构是图 12-7 的左下部分，单独画如图 12-9 所示。

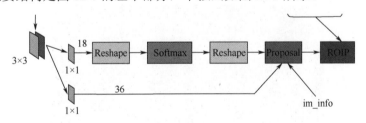

图 12-9　RPN 结构图

首先将特征图在经过一次 conv 卷积（假设网络层为 conv5_3)后，分开两条线进行：

- 先对 conv5_3 使用 1×1×18 的卷积核，对 anchor 进行 softmax 分类，将 anchor 分为正值和负值两类，其中，数字 18 是 2（正、负）×9（anchor 种类）。
- 预测边界框的坐标偏移值。
- 在 Proposal 层综合 im_info（主要用来计算 proposal 的坐标以及限制 proposal 的大小以免超出图像边框）、rpn_box_pred 和 rpn_cls_prob 选择和提取 RoI。

softmax 分类：conv5_3 经过 1×1×18 卷积后，维度变为[W, H, 18]。softmax 就是要将每个点的 9 个 anchor 进行二分类判断（positive 和 negative）。softmax 前后各有一次 reshape，其实只是为了让分类更方便而已。

预测边界框：conv5_3 经过 1×1×36 卷积变为[W, H, 36]，第三个维度为每个 anchor 的 2 个坐标的偏移量，用于后面的边界框回归。

边界框回归：在训练时需要对 anchor 进行转换才能贴合 GT_bbox，最简单的转换是平移加缩放。

转换公式为：

$$t_x = (x - x_a)/w_a, \ t_y = (y - y_a)/h_a,$$

$$t_w = \log(w/w_a), \ t_y = \log(h/h_a),$$

$$t_x^* = (x^* - x_a)/w_a, \ t_y^* = (y^* - y_a)/h_a,$$

$$t_w^* = \log(w^* - w_a), \ t_h^* = \log(h^*/h_a),$$

损失函数为：

$$l(\{p_i\},\{t_i\}) = \frac{1}{N_{cls}}\sum_i L_{cls}(p_i, p_i^*) + \lambda \frac{1}{N_{reg}}\sum_i L_{cls}(t_i, t_i^*),$$

d. RoI proposal

RoI proposal 负责综合所有的关于 anchor 的变换和对 softmax 的分类 positive anchor，在 feature map 上计算出精确的 RoI，将其送入后面的 RoI Pooling 层。

主要步骤为：

- 对 softmax 后的 anchor 按 score 进行排序，提取前 N 个 score 的 anchor。
- 对这些 anchor 进行修正。
- 修正大于图像边缘的 anchor。
- 对 w 或 h 小于设定阈值的 anchor 剔除。

最后传入的 RoI 类似图 12-10 所示。

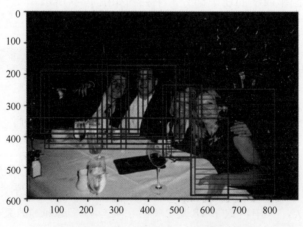

图 12-10 RoI proposal 处理效果图

e. RoI Pooling

Faster R-CNN 最后的分类和边界框的预测需要用到全连接层，所以在将图片传入全连接层时需要将其变为固定大小。但是一般输入的 RoI 大小都不固定，如果利用采样的方法进行变换为所需要的大小，会对图像的结构产生影响。

图 12-11　输入 RoI 图像可能变形

为了解决这个问题，Faster R-CNN 提出了 RoI Pooling 的方法，具体为：

- 将 ROI 划分为 pool_h 和 pool_w 个网格。
- 每个网格的起始和结束坐标计算方法为

```
int hstart = static_cast<int>(floor(ph * bin_size_h));
int wstart = static_cast<int>(floor(pw * bin_size_w));
int hend = static_cast<int>(ceil((ph + 1) * bin_size_h));
int wend = static_cast<int>(ceil((pw + 1) * bin_size_w));
//其中pw, ph是每个网格的坐标值
```

- 计算完之后的每个网格可能会有重叠
- 将每个网格进行 max pooling 操作，这样就得到固定大小的图了。

f. Classification，bounding box predict

就是使用全连接层和 softmax 层进行分类和预测 bounding box 坐标值。

12.3　图像分割

上一节介绍的物体检测的任务是检测出每个图像中含有几个物体，并框出这些物体各自的位置。做到这一点虽然已经很不容易了，但还是不够。通俗地讲，图像分割的任务是在框出各个物体位置的基础上，进一步勾勒出每个物体的轮廓线，如图 12-12 所示，左图是原始图片，右图勾勒出了骑手和马这两类感兴趣物体的轮廓线。

图 12-12　图像分割示意图

图像分割（image segmentation）技术是计算机视觉领域的一个重要研究方向，是图像语义理解的重要一环。图像分割就是把图像分成若干个具有独特性质的区域，并提出感兴趣目标的技术和过程。从数学角度来看，图像分割是将图像划分成互不相交的区域的过程。

近些年来随着深度学习技术的逐步深入，图像分割技术有了突飞猛进的发展，现在已经能在几分之一秒内完成从物体检测到语义分割、实例分割的过程（见图 12-13），同时保证极高的准确性。下面介绍语义分割（semantic segmentation）和实例分割（instance segmentation）。

目标检测　　　　　　　　　语义分割　　　　　　　　　实例分割

图 12-13　从目标检测到语义分割、实例分割

语义图像分割是为图像中的每个像素分配语义类别标签的任务，它不分割对象实例。现在，处理这类任务的主流方法是全卷积网络（Fully Convolutional Networks，FCN）。FCN是由 UC Berkeley 的 Jonathan Long 等人提出的，它将卷积神经网络中的全连接层变成了卷积层，只不过这个卷积层的卷积核的尺寸只有 1×1。

FCN 试图从抽象的特征中，通过双线性插值的方法，恢复出每个像素所属的类别，即从图像级别的分类进一步延伸到像素级别的分类。在 FCN 中，这个双线性插值扩大是通过逆卷积实现的，细节见 FCN 的论文："Jonathan Long, Evan Shelhamer, and Trevor Darrell (2015): Fully Convolutional Networks for Semantic Segmentation. In The IEEE Conference on Computer Vision and Pattern Recognition(CVPR)"。

使用全卷积网络进行分割如图 12-14 所示。

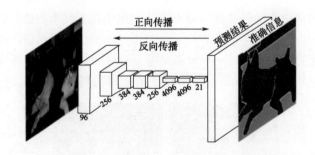

图 12-14　使用全卷积网络进行分割

实例分割是指结合了语义分割和分类的任务。为了区分同一类的不同实例，往往需要为每个独立对象创建单独的、缩小的掩膜，然后再把它的大小调整为输入图像中对象的大小。

实例分割比较有名的网络是 Mask R-CNN。这个网络是在何恺明（Kaiming He）主导下于 2017 年提出的，实际上是把 Faster R-CNN 扩展到了像素级，由原来的两个任务（分类+回归）变为了三个任务（分类+回归+分割），使用了更精确的 RoI align 模块替代 Faster R-CNN 中的 RoI Pooling，并且在 RoI align 模块中插入一个额外的分支，用于生成 mask（分割输出结果），表示给定像素是否属于目标的一部分。Mask R-CNN 架构图如图 12-15 所示。

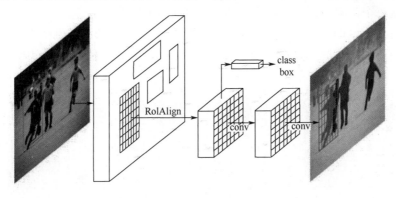

图 12-15　Mask R-CNN 架构图

12.4　回归问题

回归方法通常是根据历史数据，统计分析其中的规律，然后用来预测以后的数据。在图像识别领域，回归方法的主要用途是可以利用神经网络预测人体各部位的坐标，具体地说，就是训练神经网络，使其能够对输入的图像，输出人脸区域的眼睛和嘴巴等器官的坐标，或者头和肩膀等部位的坐标。前者称为面部器官检测，后者称为人体姿态估计。

12.4.1　人体姿态估计

人体的姿态实际上是人体骨架的形态，决定人体骨架形态的是人体骨架中的各个关节，因此，人体姿态估计就是对人体各个关节的位置估计，这些关节是人体姿态估计中的关键点。我们给每个关节标定一个坐标点，两个关节之间的有效连接就是肢体，因为不是所有关节之间的连接都能组成肢体，所以要加上有效连接的限定。图 12-16 是一个典型的人体骨架姿态。

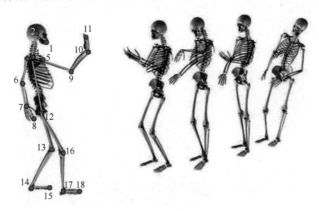

图 12-16　人体骨架姿态

从最早的单人姿态估计到现在的多人姿态估计，通常选用以下两种方法之一来完成姿态估计：

1）如图 12-17（a）所示，先使用单人体检测器，然后再估计检测器检出的每个人的关节，进而恢复每个人的姿态。这种方法被称为自顶向下的方法。

2）如图 12-17（b）所示，先检测出一幅图像中的所有关节（即每个人的关节），然后将检出的关节连接/分组，从而找出属于各个人的关节。这种方法叫做自底向上方法。

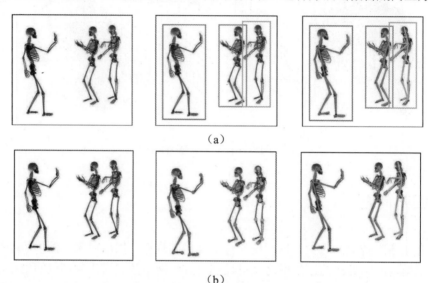

（a）

（b）

图 12-17　多人姿态估计方法

人体姿态估计实际上是人体关键点的定位问题。在估计人体姿态时，由于有些关节小得难以看见，有些关节常常处于遮蔽位置，所以，需要根据整个人体的姿态，特别是相邻的关节的位置使用回归方法估算这些关键的位置，这是比较困难的。好在现在已经发展出了多种人体姿态估计算法，利用这些算法就比较容易完成姿态估算了。比较流行的算法有：OpenPose、DensePose、DeepPose、RMPE（AlphaPose）、Mask R-CNN 等。

下面简单介绍 DeepPose 算法。

DeepPose 算法于 2014 年提出，是一种基于深度神经网络 AlexNet 的姿态估计方法，它将 2D 人体姿态估计问题由原本的图像处理和模板匹配问题转化为 CNN 图像特征提取和关键点坐标回归问题，并使用了一些回归准则来估计被遮挡/未出现的人体关节节点，结果将输出各个关节，包括被遮蔽关节的坐标位置，其使用效果如图 12-18 所示。

图 12-18　使用 DeepPose 估计人体姿态

上图左侧，由于中间那个运动员有部分被遮挡，因此，需要使用回归方法估计右臂遮蔽关节的位置，预测的依据是人体能看到部分的动作或活动。同样，上图右侧人的左半身部分关节也看不见，同样使用回归方法估算出遮蔽关节的位置。

如图 12-19 所示，DeepPose 网络结构包括 7 层 Alexnet 网络结构和额外的回归全连接层，输出为各个关节在图片中的二维坐标 (x_i, y_i)。

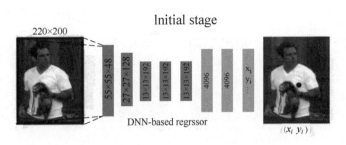

图 12-19　DeepPose 网络结构

这个模型使用了级联回归器（cascaded regressors）对预测进行细化，从而对初始的粗糙预测进行了改进，提高了估计的准确率。第一层网络初步估计各部位的坐标值，第二层网络用第一层的数据，通过微调修正，后续的姿势回归器可以看到更高分辨率的图像，从而学习更细比例的特征，最终获得更高的精度。

12.4.2　面部器官检测

如图 12-20 所示，级联网络结构也可以进行面部器官检测。

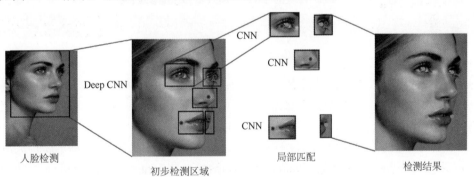

图 12-20　使用级联 CNN 进行人脸检测

首先针对整个脸部使用深度卷积神经网络进行检测，检测出人脸各个器官的初步位置，图中标出了眼睛、鼻子和嘴三种器官。然后将整张人脸分成上下两部分。将上半部分输入网络，网络将微调眼睛和鼻子的位置。同样，将下半部分输入网络，将得到嘴的精确位置估计。

12.5　图像标注生成

图像标注（Image Captioning）是计算机根据图像自动生成相对应的描述文字，是自然语言处理与计算机视觉领域的结合。这项任务以前是很难完成的，现在，我们可以通过 CNN 将图片编码为一个特征向量，再利用 RNN 的语言模型将其解码为句子。如图 12-21 所示，第一张照片生成的标题是"A person riding a motorcycle on a dirt road"，翻译过来就是"在土路上骑摩托车的人"，图像中蕴含的"人物""地点""事件"一样不少地被抽取出来了，太神奇了，就连土路这个特征也准确获取了。

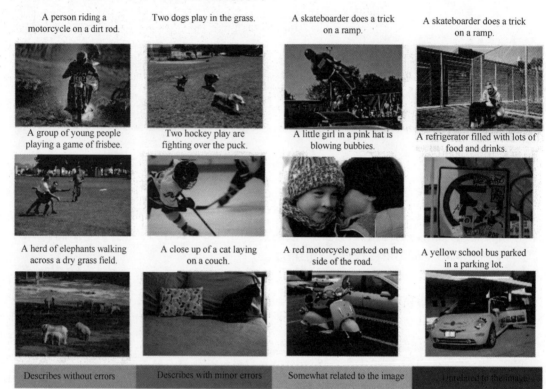

图 12-21　图像标题生成例子

完成图像标注生成至少需要具备两项能力：理解图像中的内容；生成恰当描述内容的自然语言。相对而言，理解图像的内容更加难些，而且，同样的图像，任务不同，所抽取的内容也应该不同。

解决这一难题的是 Oriol Vinyals 等 4 人在论文 *"Show and Tell: Lessons Learned from the 2015 MSCOCO Image Captioning Challenge"*（https://ieeexplore.ieee.org/document/ 7505636）中提出了一种称为 shouw&tell 的算法，这个算法的核心是 NIC（Neural Image Caption）的模型。如图 12-22 所示，NIC 由深层的 CNN 和处理自然语言的 RNN 构成。

NIC 基于 CNN 从图像中提取特征，并将这个特征传给 RNN。RNN 以 CNN 提取出的特征为初始值，循环地生成文本。基于 NIC，可以生成惊人的高精度的图像标题。我们将组合图像和自然语言等多种信息进行的处理称为多模态处理。

注：MSCOCO 是微软团队提供的一个可以用来进行图像识别的数据集，COCO 是 Common Objects in COntext 的缩写。MS COCO 数据集中的图像分为训练、验证和测试集。包含 82783 张训练图片，40504 张验证图片和 40775 张测试图片。每张图片都有 5 个人为注释的标注。

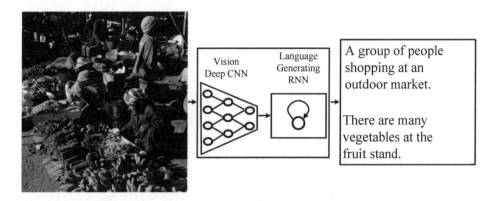

图 12-22　NIC 的整体结构

12.6　图像风格变换

　　所谓图像风格变换，或称风格迁移，是指利用算法学习著名画作的风格，然后再把这种风格应用到另外一张图片上的技术。著名的图像处理应用 Prisma 是利用风格迁移技术，将普通用户的照片自动变换为具有艺术家的风格的图片。如图 12-23 所示，输入两个图像（A 和小方框中图像）后，会生成一个新的图像（B）。两个输入图像中，A 中图像称为"内容图像"，小方框中图像称为"风格图像"。

图 12-23　图像风格变化的例子

　　左侧 A 原始照片是德国图宾根内卡河畔风景，右边 B 是新生成的图像，左下角小方框中的是为生成图像提供式样的风格图像。

　　如果将小方框中的风格图像换成梵高画，深度学习就会绘制出梵高风格的画作。此项研究出自 Leon A. Gatys 等人的论文 *"A Neural Algorithm of Artistic Style"*，论文一经发表就受到全世界的广泛关注。

　　该方法是在学习过程中使网络的中间数据近似内容图像的中间数据。这样一来，就可以使输入图像近似内容图像的形状。此外，为了从风格图像中吸收风格，导入了风格矩阵的概念。通过在学习过程中减小风格矩阵的偏差，就可以使输入图像接近梵高的风格。

12.7　自动驾驶

发达国家从 20 世纪 70 年代开始进行无人驾驶汽车的研究。1984 年，美国国防高级研究计划署（DARPA）与陆军合作，发起自主地面车辆（ALV）计划。为了推进无人驾驶技术的发展，DARPA 于 2004 年～2007 年间共举办了 3 届 DARPA 无人驾驶挑战赛。自 20 世纪 80 年代，美国著名的大学如卡内基·梅隆大学、斯坦福大学、麻省理工学院等都先后加入无人驾驶汽车的研究工作中。但是，多年来，自动驾驶技术一直无法走出实验室。

深度学习的图像语义分割等技术的快速发展，使计算机代替人类驾驶汽车的自动驾驶技术有望投入使用。从 2013 年开始，众多汽车厂商，如奥迪、福特、沃尔沃、日产、宝马等相继在无人驾驶汽车领域进行了布局。

在自动驾驶的环境感知、高精度定位、智能规划、控制执行四大核心技术中，环境感知技术是最基础、最重要的一环，也是最困难的一环，因为要及时、正确识别时刻变化的环境、自由来往的车辆和行人是非常困难的。但这正是深度学习的图像识别与图像语义分割理解技术可以一展身手的机会。

Vijay Badrinarayanan 等人发表的论文 *"SegNet: A Deep Convolutional Encoder-Decoder Architecture for Image Segmentatio"*（https://arxiv.org/pdf/1511.00561v3.pdf）所介绍的基于 CNN 的语义分割神经网络 SegNet，可以像图 12-24 那样高精度地识别行驶环境。

图 12-24　基于深度学习的图像分割的例子

该图对输入图像进行了分割（像素水平的判别）。观察结果可知，在某种程度上正确地识别了道路、建筑物、人行道、树木、车辆等。可见，今后若能基于深度学习使这种技术进一步实现高精度化、高速化的话，自动驾驶的实用化可能也就没那么遥远。

值得介绍的是清华大学和百度公司研究团队 Xiaozhi Chen 等人于 2017 年发表的研究成果 *"Multi-View 3D Object Detection Network for Autonomous Driving"*（https://arxiv.org/pdf/1611.07759.pdf），作者使用激光雷达和摄像机获取数据，然后使用多视图三维网络（MV3D）将激光雷达图像和摄像机图像融合处理，图 12-25 所示。

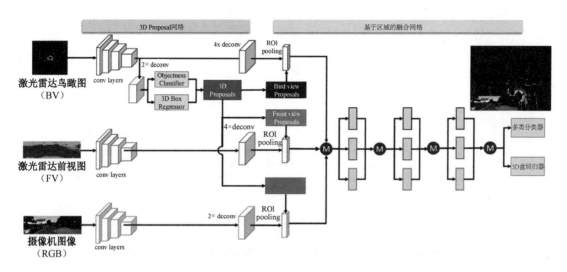

图 12-25　多视图三维网络架构

其处理过程大致如下：

1）MV3D 网络首先利用激光雷达的鸟瞰图来生成三维边界框 proposal；

2）将三维边界框按不同方向投影，获得感兴趣的二维区域 proposal，然后将这些 proposal 作用于摄像机图像和激光雷达鸟瞰图和前视图；

3）产生的感兴趣区域输入到多层网络中，最终获得基于区域的融合结果。

12.8　强化学习

强化学习（Reinforcement Learning，RL）是智能体（Agent）以"试错"的方式进行学习，通过与环境进行交互获得的奖赏指导行为，目标是使智能体获得最大的奖赏。就像人类通过摸索试验来学习一样，让计算机也在摸索试验过程中自主学习。所谓试错方式，就是智能体在自己所属的环境中，一边自行试错，一边寻找最适合行动的学习。

如图 12-26 所示，用更加严谨的方式说明强化学习过程。在 t 时刻，智能体观察到环境的状态为 s_t，智能体采取动作 a_t 与环境进行交互，这个动作导致环境在 $t+1$ 时刻更改成新的状态 s_{t+1}，同时，环境向智能体发送回报值 r_{t+1}。智能体收到回报值后，计算得失，决定对环境采取下一个动作 a_{t+1}。在智能体和环境之间的交互迭代过程，其三个参数：动作 a、环境状态 s、回报（或称收益）r 就组成了一个序列：$s_0a_0r_0s_1a_1r_1\cdots s_na_nr_n$。

其中的关键是，智能体如何根据上一个动作 a 之后的环境状态 s 和收益 r，决定下一时刻对环境采取什么样的动作。

在使用了深度学习的强化学习方法中，有一个叫作 Deep Q-Network（DQN）的方法。该方法基于被称为 Q 学习的强化学习算法。在 Q 学习中，为了确定最合适的行动，需要确定一个被称为最优行动价值函数的函数。DQN 使用了深度学习（CNN）。

在 DQN 的研究中，有让电子游戏自动学习，并实现了超过人类水平的操作的例子。如图 12-27 所示，DQN 使用 CNN 把游戏图像的帧作为输入，最终输出游戏手柄的各个动作的"价值"。

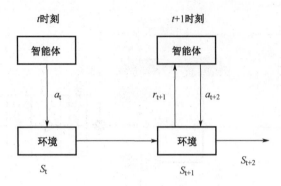

图 12-26　强化学习的基本框架

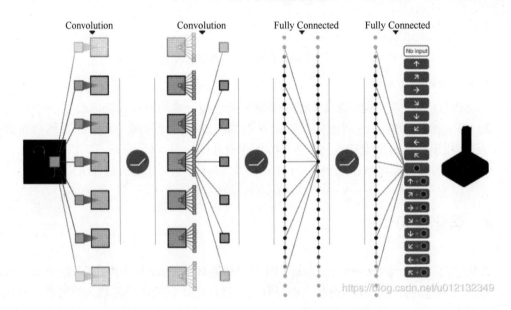

图 12-27　基于 Deep Q-Network 学习电子游戏的操作

在 DQN 中，输入数据只有电子游戏的图像，实际上，DQN 可以用相同的结构学习《吃豆人》、Atari 等游戏，甚至取得了超过人类的成绩。

12.9　深度学习的最新应用

12.9.1　AlphaGo 围棋机器人

阿尔法围棋（AlphaGo）是第一个击败人类职业围棋选手、第一个战胜围棋世界冠军的人工智能机器人，由谷歌旗下 DeepMind 公司戴密斯·哈萨比斯领衔的团队开发。图 12-28 是 AlphaGo 与李世石对战的情景。

图 12-28　AlphaGo 与李世石对战

阿尔法围棋用到了很多新技术，如神经网络、深度学习、蒙特卡洛树搜索法等，使其有了实质性的飞跃。阿尔法围棋系统主要由以下几个部分组成。

（1）策略网络（Policy Network）。给定当前局面，预测并采样下一步的走棋；

（2）快速走子（Fast rollout）。目标和策略网络一样，但在适当牺牲走棋质量的条件下，速度要比策略网络快 1000 倍；

（3）价值网络（Value Network）。给定当前局面，估计是白子胜的概率大，还是黑子胜的概率大；

（4）蒙特卡洛树搜索（Monte Carlo Tree Search）。把以上这四个部分连接起来，形成一个完整的系统。

AlphaGo 的基本原理：在 MCTS 的框架下引入两个卷积神经网络 policy network 和 value network 以改进纯随机的 Monte Carlo 模拟，并借助 supervised learning 和 reinforcement learning 训练这两个网络。

为了进一步提高 policy network 的对弈能力，AlphaGo 采用一种 policy gradient reinforcement learning 的技术，训练了一个 RL policy network。这个网络的学习目标不再是模拟人类的走棋方法，而是更为终极的目标：赢棋。在此基础上 AlphaGo 又开始寻求一个能快速预估棋面价值（棋势）的 value network。value network 的网络结构与前面的 policy network 类似，不同之处是输出层变成了一个单神经元的标量。为了解决训练时的过拟合问题，AlphaGo 通过 RL policy network 的自我对弈，产生了三千万个从不同棋局中提取出来的棋面-收益组合的训练数据。基于这份数据训练出来的 value network，在对人类对弈结果的预测中，已经远远超过了使用 fast rollout policy network 的 MCTS 的准确率。

AlphaGo 把这些 networks 整合在一起的框架就是 APV-MCTS，它的每一轮模拟也包含四个步骤：

Selection：APV-MCTS 搜索树中的每条连边（s,a）都包含三个状态：决策收益 $Q(s,a)$，访问次数 $N(s,a)$ 和一个先验概率 $P(s,a)$。这三个状态共同决定了对一个节点下行为的选择。

Expansion：步骤 1 中的 selection 终止于叶子节点。此时要对叶子节点进行扩展。这里采用 SL policy network 计算出叶子节点上每个行为的概率，并作为先验概率 P(sL,a)存储下来。

Evaluation：使用 value network vθ(s)和 fast rollout policy network pπ 模拟得到的博弈结果对当前访问到的叶子节点进行估值：V(sL)=(1−λ)vθ(sL)+λzL

Backup：更新这一轮模拟中所有访问到的路径的状态：

$$N(s,a) = \sum_{i=1}^{n} I(s,a,i) \qquad Q(s,a) = \frac{1}{N(s,a)} \sum_{i=1}^{n} 1(s,a,i)V(s_L^i)$$

其中，n 是模拟的总次数；I(s,a,i)表示第 i 轮模拟中是否经过边(s,a)；s_L^i 是第 i 轮模拟中访问到的叶子节点。

模拟结束后，算法会选择访问次数 $N(s,a)$ 最大的策略 a 作为当前的走子策略。

AlphaGo 本质上是 CNN、RL、MCTS 三者相结合的产物。其中，MCTS 是 AlphaGo 的骨骼，支撑起了整个算法的框架；CNN 是 AlphaGo 的眼睛和大脑，在复杂的棋局面前寻找尽可能优的策略；RL 是 AlphaGo 的血液，源源不断地提供新鲜的训练数据。三者相辅相成，最终 4∶1 战胜了人类围棋世界冠军李世石。

12.9.2　人机对话

人机对话（Human-Machine Conversation）是指让机器理解和运用自然语言实现人机通信的技术，如图 12-29 所示。通过人机对话交互，用户可以查询信息，如示例中的第一轮对话，用户查询天气信息；用户也可以和机器进行聊天，如示例中的第二轮对话；用户还可以获取特定服务，如示例中的最后两轮对话，用户获取电影票预订服务。

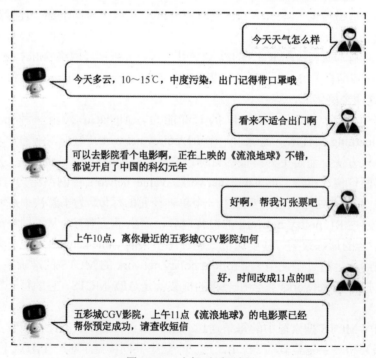

图 12-29　人机对话示例

随着深度学习技术的兴起，以对话语料为基础使用神经网络模型进行对话学习是近几年人机对话的主流研究方法。人机对话根据功能不同可以分为任务完成、问答和聊天三种类型，不同类型采用的技术手段和评价方法也不同。下面我对任务完成型对话进行简单的介绍。

用于完成用户的特定任务需求，比如电影票预订、机票预订、音乐播放等，以任务完成的成功率作为评价标准。这类对话的特点是用户需求明确，往往需要通过多轮方式解决，主流的解决方案是 2013 年 Steve Young 提出的 POMDP 框架，如图 12-30 所示，涉及语言理解、对话状态跟踪、回复决策、语言生成等技术。

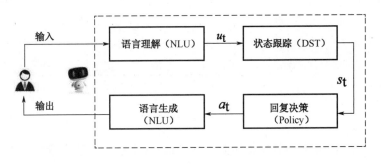

图 12-30　POMDP 框架

（1）语言理解（Natural Language Understanding），理解用户输入中的语义和语用信息。语义信息通常由意图和槽位信息构成，一个意图表示一个用户需求，每个任务有多种类型的意图，每个意图有多个槽位信息。在电影票预定中，意图类型有电影票预定、取消预定、修改预订等意图，槽位有影院、日期、人数等；语用信息主要是指交际功能（Dialogue Act），如询问、回答、陈述等，语言学家 Harry Bunt 等人设计了一套通用的交际功能分类标准，共有 88 类，一般选用其中的几类即可。

（2）对话状态跟踪（Dialogue State Tracking），一个用户需求会包含一个意图和多个槽位信息，而一次对话交互只能提供其中的一部分信息，因此对话状态跟踪是根据每轮对话信息完善用户的完整需求信息。

（3）回复决策（Policy Modeling），根据 DST 输出的结果决策当前的回复动作，如槽位询问、槽位澄清或结果输出等，每个回复动作由一个交际功能和几个槽位构成。

（4）语言生成（Natural Language Generation），根据 Policy 输出的动作生成一个自然语言句子。

系统实现上分为 Pipeline 方式和 End2End 方式。Pipeline 方式指每个技术模块单独实现，然后以管道形式连接成整个系统。End2End 方式是指一个模型同时实现各个技术模块的功能，使模块之间进行充分的信息共享。

12.9.3　视频换脸

Faceswap 是一种利用深度学习手段来交换图片和视频中的面孔的工具。其原理可以概括为五个步骤：视频转图片、人脸检测和校准、Encoder/Decoder 训练、人脸转换、图片转视频。其中使用了两个模型：人脸定位模型和人脸转换模型（Encoder-Decoder）。实现的流程图如图 12-31 所示。

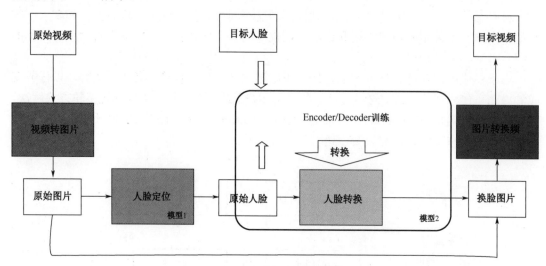

图 12-31　视频换脸流程图

First Step-使用 FFmpeg 工具视频转图片。FFmpeg 支持几乎所有音频、视频格式合并、剪切、格式转换、音频提取、视频转图片、图片转视频。

Second Step-人脸检测和校准：人脸检测和校准是一个相对成熟的领域（识别率达 98% 以上），虽然我们可以自己定制一个人脸检测的算法，但是我们采用通用的人脸识别的函数库 Dlib，毕竟没必要重复造轮子。Dlib 这是一个很有名的库，有 C++、Python 的接口。

使用 dlib 可以大大简化开发，比如人脸检测，特征点检测之类的工作都可以很轻松地实现。

同时也有很多基于 dlib 开发的应用和开源库，比如 face_recogintion 库等等。人脸检测的两种方案如图 12-32 所示。

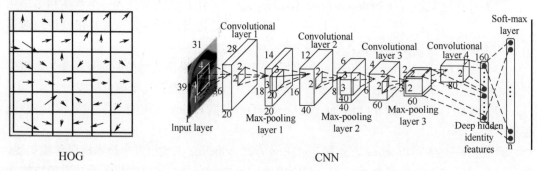

图 12-32　人脸检测的两种方案

Third Step-人脸 Encoder/Decoder 训练：接下来转换人脸，人脸转换的基本原理是什么？假设让你盯着一个人的视频连续看上 100 个小时，接着又给你看一眼另外一个人的照片，让你凭着记忆画出来刚才的照片，你一定画出的照片很像第一个人。使用的模型是 Autoencoder，核心思想：GAN

（1）这个模型所做的是基于原始的图片再次生成原始的图片。

（2）Autoencoder 的编码器（Encoder）把图片进行压缩，而解码器（Decoder）把图片进行还原。Autoencoder 原理如图 12-33 所示。

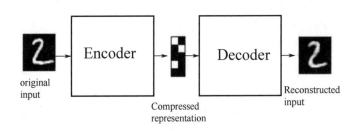

图 12-33　Autoencoder 原理

Fourth Step-人脸转换：我们的目标是将带有 landmark（A 脸）的帧图片转换成新的图片（只换 landmark 区域，A 脸变 B 脸）。首先，生成每一帧图片中 A 脸区域对应的 B 脸区域图片过程是：Decoder_B (Encoder(A)) #输入 A，输出 B，如图 12-34 所示。

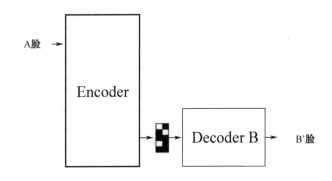

图 12-34　人脸转换原理

接着，将生成的 B 脸图片替换 A 脸区域，根据之前人脸检测生成的文件找到 A 脸的 landmark，再逐帧替换，生成一系列新图。

Fifth Step-图片转视频：将经过 Step4 转换后的图片通过 FFmpeg 组合成视频，将原视频的音频也可以加进去。

12.9.4　无人机自动控制

正如人一样，世界上任何有"生命"的事物构成都是一样的，由载体（人为肉体）和功能灵魂两部分组成，因此，无人机自主智能控制系统也不例外，是由硬件载体和载体所承载的功能灵魂（信息获取与行为决策、控制律与控制逻辑等）组成的（见图 12-35 系统基本构成）。需要指出的是：硬件载体和功能灵魂是相互作用的，不同的载体承载不同的功能灵魂，高智能的灵魂需要高性能的载体，两者是相辅相成的，"创造"无人机自主智能控制系统时必须对二者同时考虑，二者必须相协调。

为能实现无人机自主智能控制，需要载体能扩充、功能能扩展、智能水平可提升、故障重构和自修复能力可完善，系统结构应采用分布式系统，信息感知与获取的传感器（部件）、信息处理分析与决策计算单元、指令执行部件采用相对独立，并分布式配置。这里的分布式配置有两个含义，其一是硬件载体分布配置（见图 12-36），其二是功能控制也是分布的，有主控制中心，也有副控制中心，还有辅助控制（见图 12-37）。相对来说，分布式载体构成与实现容易些，但对于自主智能的功能灵魂，要实现 3 层 10 级的自主智能等级要求，其逻辑与信息架构的"创造"难度是非常之大，经分析研究，可行的逻辑与信息架构如图 12-38 所示的四环结构，第一、第二个环完成第一层级的自主智能控制，实现"高可靠活着"；第一、第二和第三个环完成第二层级的自主智能控制，实现"高品质的工作"；第一、二、三、四环完成第三层级的自主智能控制。实现"为集体使命高效工作"。上面的自主智能控制的框架结构基于"分而治之"的策略，先分层次，然后每个层级采用不同智能决策策略，简化系统的复杂度。

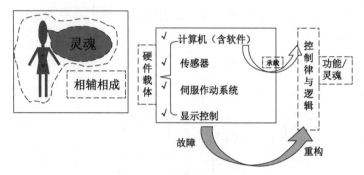

图 12-35　系统基本构成示意图

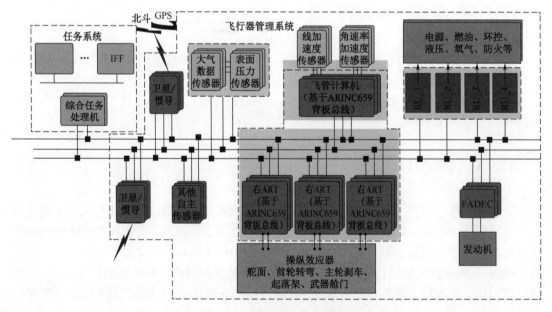

图 12-36　硬件载体分布配置图

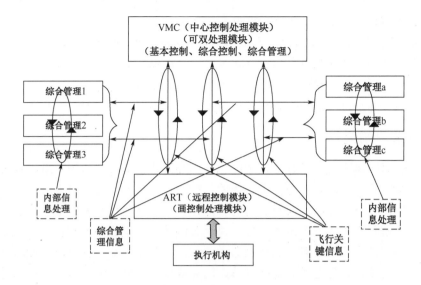

图 12-37　辅助控制图

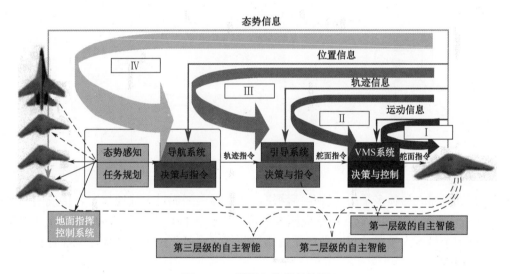

图 12-38　逻辑与信息架构图

12.9.5　机器人行动协同

随着我国科学技术的发展与进步,机器人被越来越多地应用到了各行各业中。在机器人系统日愈趋于智能化的今天,对于机器人之间的协同控制研究显得尤为重要。

协同控制是 20 世纪 70 年代以来,在多学科研究的基础上逐渐发展起来的一门新兴学科。在以往的机器人系统中,重点是对于单个机器人的研究,主流方向是如何改进软件和硬件以满足各种各样的需求,即通过底层嵌入式技术,中层多传感器,上层人工控制决策完成特定的功能。随着科技的发展,该机器人构架已经不能满足复杂的工业和生活要求,为此,对于机器人系统的研究,重点从单个机器人转向群组机器人,进而催促了协同控制这一热门研究方向的诞生。所谓机器人协同控制,就是多个机器人,多个智能体,协同合作，共同完成感知、认知、决策的过程。

主从式机器人群组协同控制中，往往有一个虚拟的领导者。系统的框架表现为一台具有计算和存储能力的计算机，并对分布于各处的机器人的行动进行自上而下的控制。在这种框架中，领导者时刻掌握着每个机器人的信息，通过综合分析，独自做出决策。而机器人群组之间，并没有直接的信息交换和相互作用的过程，如图 12-39 所示。

分布式

分布式是一种应用在各行各业中的思想。和区块链类似，机器人群组的分布式协同控制，和主从式相比，就是一个去中心化的过程。这种框架下的机器人群组，每个个体作为一个具有完全计算、存储、决策能力的智能体。多个智能体之间完成一个特定的任务，形成一个任务群集，构成一个整体任务。每个智能体和周围的环境都构成了一个小系统，构成机器人群组的大系统。对于个体机器人而言，不需要感知全局信息，而是通过系统离散化，和周围的环境、邻近的其他智能体之间完成信息交换，通过数据存储与计算，自主地做出自己子系统最优的决策，每个子系统结合在一起，完成整套协同系统的最优决策。如图 12-40 所示。

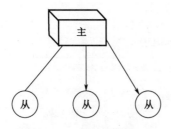

图 12-39　主从式示意图

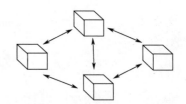

图 12-40　分布式示意图

分布式机器人群体多采用无线传感网络，传感器之间通过无线通信。与传统的网络相比，WSN 具有超大规模、资源严格受限和高度动态性等特征。利用 WSN 的分布式信息处理，为每一个机器人设置节点，设计无线通信网络，由用户定义的结构，来决定机器人需要遵循的规则。

对于每一个机器人而言，通过感知模块获取外界环境，再由通信模块获得区域内其他机器人的状态信息，综合分析生成决策信息，送给机器人的执行机构，最后作用于外界环境。个体机器人之间独立且具有分散性控制器，相互协商，通过无线网络实现信息的交互，继而完成庞杂的总体任务。

12.9.6　医疗自动诊断

近年来，将人工智能应用到人们生活中的各个领域是一个热门的研究课题。人工智能和医疗诊断相结合，能够快速地进行医疗疾病的诊断，减少患者诊断疾病的费用。

医疗自动诊断的主要原理：通过构建本体结构，形式化表达出疾病与疾病之间和症状与症状之间的关系。在对患者进行医疗诊断时，首先利用相似度算法将患者症状和疾病症状进行匹配，再利用训练集训练本体各层症状的权值，最后将症状权值和患者症状与疾病症状之间的匹配相似度进行加权平均，计算患者所患疾病和具体疾病之间的相似度，并利用该相似度的大小衡量患者患疾病的概率。其模型流程如图 12-41 所示。

　　症状匹配通过相似度的大小来体现，相似度越大匹配越好，相似度越小越不适合匹配。假设患者具有的疾病症状是 $X\{x_1, x_2, ..., x_j, ..., x_{k1}\}$，疾病 o 具有的症状是 $Y\{y_1, y_2, ..., y_j, ..., y_{k2}\}$，该症状的先后次序对应本体结构中从上层到下层的节点症状。该患者症状与疾病症状之间的基于相似度症状匹配流程如下所示：

　　（1）根据疾病 o 的症状在疾病与症状的本体结构中的次序，从本体结构的根节点开始依次选取一个症状。

　　（2）利用构建的疾病与症状的本体结构图（12-42 所示）以及相似度公式计算出与该症状相似度最大的患者症状，并记录该症状以及相似度的大小，并将患者症状从患者症状集合中剔除保证以后在相似度计算过程中不会出现患者的该症状。

　　（3）当疾病 o 症状集合中的症状都匹配了患者的症状时候，则进入下一步，否则返回第（1）步。

　　（4）输出疾病 o 的症状集合与患者症状集合的匹配相似度向量。

　　症状权值训练流程图如图 12-43 所示。

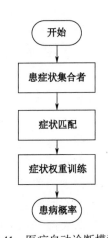

图 12-41　医疗自动诊断模型流程

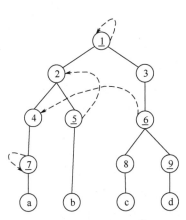

图 12-42　疾病与症状的本体结构图

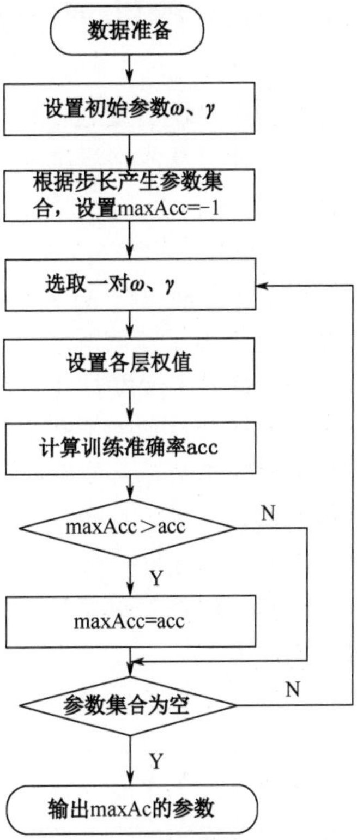

图 12-43　症状权值训练流程图

12.10 深度学习的发展趋势分析

12.10.1 深度学习技术现状

深度学习是本轮人工智能爆发的关键技术。人工智能技术在计算机视觉和自然语言处理等领域取得的突破性进展，使得人工智能迎来新一轮爆发式发展。而深度学习是实现这些突破性进展的关键技术。其中，基于深度卷积网络的图像分类技术已超过人眼的准确率，基于深度神经网络的语音识别技术已达到95%的准确率，基于深度神经网络的机器翻译技术已接近人类的平均翻译水平。准确率的大幅提升使得计算机视觉和自然语言处理进入产业化阶段，带来新产业的兴起。

深度学习是大数据时代的算法利器，成为近几年的研究热点。和传统的机器学习算法相比，深度学习技术有着两方面的优势。一是深度学习技术可随着数据规模的增加不断提升其性能，而传统机器学习算法难以利用海量数据持续提升其性能。二是深度学习技术可以从数据中直接提取特征，削减了对每一个问题设计特征提取器的工作，而传统机器学习算法需要人工提取特征。因此，深度学习成为大数据时代的热点技术，学术界和产业界都对深度学习展开了大量的研究和实践工作。

12.10.2 深度学习发展趋势

深度神经网络呈现层数越来越深，结构越来越复杂的发展趋势。为了不断提升深度神经网络的性能，业界从网络深度和网络结构两方面持续进行探索。神经网络的层数已扩展到上百层甚至上千层，随着网络层数的不断加深，其学习效果也越来越好，2015年微软提出的 ResNet 以 152 层的网络深度在图像分类任务上准确率首次超过人眼。新的网络设计结构不断被提出，使得神经网络的结构越来越复杂。如：2014 年谷歌提出了 Inception 网络结构、2015 年微软提出了残差网络结构、2016 年黄高等人提出了密集连接网络结构，这些网络结构设计不断提升了深度神经网络的性能。

深度神经网络节点功能不断丰富。为了克服目前神经网络存在的局限性，业界探索并提出了新型神经网络节点，使得神经网络的功能越来越丰富。2017 年，杰弗里·辛顿提出了胶囊网络的概念，采用胶囊作为网络节点，理论上更接近人脑的行为，旨在克服卷积神经网络没有空间分层和推理能力等局限性。2018 年，DeepMind、谷歌大脑、MIT 的学者联合提出了图网络的概念，定义了一类新的模块，具有关系归纳偏置功能，旨在赋予深度学习因果推理的能力。

深度神经网络工程化应用技术不断深化。深度神经网络模型大都具有上亿的参数量和数百兆的占用空间，运算量大，难以部署到智能手机、摄像头和可穿戴设备等性能和资源受限的终端类设备。为了解决这个问题，业界采用模型压缩技术降低模型参数量和尺寸，减少运算量。目前采用的模型压缩方法包括对已训练好的模型做修剪（如剪枝、权值共享和量化等）和设计更精细的模型（如 MobileNet 等）两类。深度学习算法建模及调参过程烦琐，应用门槛高。为了降低深度学习的应用门槛，业界提出了自动化机器学习（AutoML）技术，可实现深度神经网络的自动化设计，简化使用流程。

深度学习与多种机器学习技术不断融合发展。深度学习与强化学习融合发展诞生的深度强化学习技术，结合了深度学习的感知能力和强化学习的决策能力，克服了强化学习只适用于状态为离散且低维的缺陷，可直接从高维原始数据学习控制策略。为了降低深度神经网络模型训练所需的数据量，业界引入了迁移学习的思想，从而诞生了深度迁移学习技术。迁移学习是指利用数据、任务或模型之间的相似性，将在旧领域学习过的模型，应用于新领域的一种学习过程。通过将训练好的模型迁移到类似场景，实现只需少量的训练数据就可以达到较好的效果。

参 考 文 献

[1] 【日】山下隆义著. 张弥译. 图解深度学习. 人民邮电出版社，2018 年.

[2] 【日】斋藤康毅著. 陆宇杰译. 深度学习入门，人民邮电出版社，2018 年.

[3] 【美】特伦斯，谢诺夫斯基（Terrence Sejnowski）著. 姜悦兵译. 深度学习，中信出版社，2019 年.

[4] 王万良编著. 人工智能及其应用（第三版）. 高等教育出版社，2016 年.

[5] 周中元，王菁著. 大数据挖掘技术与应用. 电子工业出版社，2019 年.

[6] 王健宗，瞿晓阳著. 深入理解 AutoML 和 AutoDL. 机械工业出版社，2019 年.

[7] 李开复，王咏刚著. 人工智能. 文化发展出版社，2017 年.

[8] 【美】伊恩·古德费洛（Ian Godfellow），【加】约书亚·本吉奥（Yoshu Bengio），【加】亚伦·库维尔（Aaron Courville）著. 赵申剑，黎彧君，符天凡，李凯译. 深度学习，人民邮电出版社，2017 年.

[9] James Stewart Calculus: Early Transcendentals, Seventh Edition Brooks/Cole Cengage Learning.

[10] 【美】Ronald E.Walpole，Raymond H.Myers，Sharon L.Myers，Keying Ye 著. 周勇等译. 概率与统计，机械工业出版社，2014 年.

[11] 【日】中井悦司著. 郭海娇译. 深度学习入门与实战. 人民邮电出版社，2019 年.

[12] 罗晓曙主编. 人工神经网络理论·模型·算法与应用. 广西师范大学出版社，2005 年.

[13] 张立明编著. 人工神经网络的模型及其应用. 复旦大学出版社，1993 年.

[14] 王旭，王宏，王文辉编著. 人工神经元网络原理与应用（第二版）. 东北大学出版社，2007 年.

[15] 焦李成，赵进，杨淑媛，刘芳著. 深度学习、优化与识别. 清华大学出版社，2017 年.

[16] 弗朗索瓦·肖莱编著. 张亮译. Python 深度学习，人民邮电出版社，2018 年.

[17] 北京大学数学力学系编. 高等代数. 人民教育出版社，1978 年.

[18] Christian Lucas. Photo-Realistic Single Image Super-Resolution Using a Generative Adversarial Network.

[19] Qifeng Chen.Photographic Image Synthesis with Cascaded Refinement Network.